普通高等教育"十二五"规划教材

土木工程安全检测与鉴定

主　编　李慧民
副主编　孟　海　陈曦虎
主　审　赛云秀

北　京
冶金工业出版社
2014

内 容 提 要

本书主要介绍了土木工程安全检测与鉴定的基础知识、安全检测的仪器及工具、安全检测的内容及方法、安全鉴定的标准及程序，以及土木工程安全检测与鉴定的案例。内容丰富，由浅入深，紧密结合工程实际，便于操作，具有较强的实用性。

本书可作为高等院校土木工程、安全工程、工程管理、建筑环境与设备工程等专业的教科书，也可供建设单位、施工单位、监理单位及建设主管部门工程技术人员和管理人员参考。

图书在版编目（CIP）数据

土木工程安全检测与鉴定/李慧民主编 . —北京：冶金工业出版社，2014.6
普通高等教育"十二五"规划教材
ISBN 978-7-5024-6632-9

Ⅰ．①土…　Ⅱ．①李…　Ⅲ．①土木工程—安全监测—高等学校—教材　②土木工程—安全鉴定—高等学校—教材　Ⅳ．①TU714

中国版本图书馆 CIP 数据核字（2014）第 144594 号

出 版 人　谭学余
地　　址　北京市东城区嵩祝院北巷 39 号　邮编　100009　电话　（010）64027926
网　　址　www.cnmip.com.cn　电子信箱　yjcbs@cnmip.com.cn
责任编辑　杨　敏　美术编辑　吕欣童　版式设计　孙跃红
责任校对　王永欣　责任印制　牛晓波
ISBN 978-7-5024-6632-9
冶金工业出版社出版发行；各地新华书店经销；三河市双峰印刷装订有限公司印刷
2014 年 6 月第 1 版，2014 年 6 月第 1 次印刷
787mm×1092mm　1/16；14.75 印张；355 千字；224 页
31.00 元

冶金工业出版社　投稿电话　（010）64027932　投稿信箱　tougao@cnmip.com.cn
冶金工业出版社营销中心　电话　（010）64044283　传真　（010）64027893
冶金书店　地址　北京市东四西大街 46 号（100010）　电话　（010）65289081（兼传真）
冶金工业出版社天猫旗舰店　yjgy.tmall.com
（本书如有印装质量问题，本社营销中心负责退换）

前　言

"土木工程安全检测与鉴定"是高等院校土木工程、安全工程等专业的主要专业基础课之一。本书较全面系统地阐述了土木工程安全检测与鉴定的基本理论与方法。第1章主要论述了土木工程安全检测与鉴定的基础知识；第2章针对实际工程需求，主要介绍了检测与鉴定工作中常用的设备仪器及软件；第3章主要探讨了地基基础、木结构、砌体结构、混凝土结构、钢结构、桥梁及隧道工程的检测内容与方法；第4章主要探讨了建筑可靠性鉴定、抗震鉴定、危房鉴定、桥梁及隧道技术状况评定的标准与程序；第5章分别对砖混结构、钢混结构、钢结构、冷却塔、烟囱、桥梁结构等建（构）筑物的实测与鉴定进行了系统分析，给出了8个实际检测鉴定报告。

本书由李慧民任主编，孟海、陈曦虎任副主编，赛云秀任主审。各章编写分工为：第1章由李慧民、苏亚锋、李杨编写；第2章由孟海、裴兴旺、陈曦虎、钟兴润编写；第3章由裴兴旺、李庆森、孟海、赵向东编写；第4章由郭海东、田飞、陈曦虎、钟兴润、李慧民编写；第5章由孟海、裴兴旺、李慧民、陈曦虎、李勤、赵向东、钟兴润、万婷婷编写。

在编写过程中，得到了西安建筑科技大学、中天西北建设投资集团有限公司、陕西通宇公路研究所有限公司、北京建筑大学、中冶集团建筑研究总院、西安市住房保障和房屋管理局、西安工业大学等单位的教师和工程技术人员的大力支持与帮助，并参考了许多专家和学者的有关研究成果及文献资料，在此一并向他们表示衷心的感谢。

由于编者水平有限，书中不足之处，敬请广大读者批评指正。

编　者

2014 年 5 月

目　录

1 土木工程安全检测与鉴定的基础知识

随着国家经济的发展，对房屋、厂房、桥梁、隧道等建设项目安全的内涵提出了新的要求，由过去的狭义概念延伸为现在的广义概念，除了结构的安全外，还包括消防、用电、燃气、地质、生态等方面的安全。建筑物、构筑物等在设计、施工及使用过程中，无时无刻不存在有形或无形的损伤、缺陷等安全隐患。一方面，如果维护不及时或维护不当，其安全可靠性就会严重降低，使用寿命也会大幅度缩短，如使用中正常老化，耐久性就会逐渐失效，可靠性就会逐渐降低，相应的安全系数也会逐年降低。另一方面，周围环境、使用条件和维护情况的改变，自然灾害（地震、火灾、台风等）或人为灾害的突发，地基的不均匀沉降和结构的温度变形等，在设计时都是难以预计的不确定因素，因而难以判断建筑物、构筑物等是否可以继续使用或者需要维修加固，甚至拆除。

土木工程安全检测与鉴定就是通过使用设备、运用技术、采集处理数据和分析结果，得到检测对象本身的特征及周边环境的情况，以便对当前检测对象的使用安全做出分析与鉴定，并提出合理的处理意见，保证检测对象的使用安全。

本书所涉及土木工程安全检测与鉴定的对象为建筑物、构筑物。其中，建筑物包括民用建筑、工业建筑；构筑物包括烟囱、水塔、贮仓、通廊、水池、桥梁、隧道等。

1.1 土木工程结构功能的影响因素

1.1.1 自然环境因素

结构中的材料长期经过大自然的风吹雨打、雪冻和暴晒，会逐渐丧失原有的质量、性能和功效，即人们常说的风化和老化；恶劣的使用环境也会引起结构缺陷和损坏。在长期的劣化环境条件下，外部介质时刻都在侵蚀结构的材料，随着组成材料的劣化，结构的功能将逐渐被削弱，甚至丧失。这是一个不可逆的自然规律，也可以说是结构一种正常的耗损和折旧。按照劣化作用的性质来分，外部环境因素对结构的侵蚀作用一般可分为三类：

（1）物理作用：如高温、高湿、温湿交替变化、冻融、粉尘及辐射等因素对结构材料的劣化。

（2）化学作用：如含有酸、碱或盐等的化学介质的气体或液体、一些有害的有机材料、烟气等侵入结构材料的内部，会产生化学作用引起材料组成成分的不利变化。

（3）生物作用：如一些微生物、真菌、水藻、蠕虫和多细胞作物等对材料的破坏等。

1.1.2 人为因素

人为因素是导致建（构）筑物"先天不足、后天失调"或"先天缺陷、后天损坏"的主要原因。建（构）筑物结构的先天不足（缺陷）主要源于设计和施工，后天失调

（损坏）则是使用和管理问题，分析如下：

（1）设计方面。设计方面既有政策导向、认识偏差、受技术水平所限，也有设计人员经验不足所犯的过失错误，致使结构留下缺陷和隐患。例如，我国有一时期片面强调节约原材料，降低一次性建设投资，因此设计上缺乏科学性地革"肥梁、胖柱、重盖、深基"的命，不少建筑结构被"抽筋扒皮"，致使结构可靠度偏低，使用寿命缩短；又如，有的建筑在设计时，虽然设计人员尽最大可能考虑了影响安全使用的诸多因素，在结构上采取了多种处理措施，但由于当时的技术水平所限，实际结构与原先设计构思仍有一定差异（经常遇到的有诸如建筑场地勘察有误随之基础方案不合理，结构体系选择上的失误或计算简图取用上的差异等）。再如，少数缺乏经验的设计人员犯过失错误，有的漏算少算荷载，选用计算方法有误，因而少配钢筋，也有的构造措施不合理等，均可能在建筑结构中留有隐患，即所谓的"先天不足"。

最后，不得不指出，已有建筑物原设计标准偏低或多或少存在安全隐患。由于历史原因，我国建（构）筑物可靠度设置水准经历过多次变动，总体上仍处于一个较低的水平。此外，随着规范标准的不断完善，尤其是我国抗震设防等级的提高，致使相当多的已有建（构）筑物不能满足现行抗震规范的要求，面临抗震鉴定和抗震加固的任务。例如深圳地区，1990 年以前设计、施工的建筑物按基本烈度 6 度考虑，1990 年以后基本烈度调整为 7 度，至今深圳的已有建筑物尚未按提高的抗震设防要求进行抗震加固。实际上，类似深圳情况的其他地区也为数不少。

（2）施工方面。我国工程项目的施工管理水平和施工人员的素质相对较差，质量控制与质量保证制度不够健全，又受到各个历史时期经济形势和政治因素的影响，施工质量相对也是较差的，对结构留有的隐患也是较为严重的。主要表现在：某些时期特别是 1958～1960 年期间，片面强调脱离实际、不讲科学的所谓高速度、"放卫星"，不重视施工质量，造成不少工程存有缺陷和隐患。

近些年来，最引起人们关注的是由于低素质施工队伍带来的施工工程质量低劣状况。媒体报道的业主投诉商品房质量问题的案例屡见不鲜。加之相关部门管理不严，存在着种种混乱和违纪现象，如无证施工、越级施工及层层转包等。因此，在建工程由于质量问题，如混凝土强度等级未达到设计要求、少放或漏放钢筋甚至钢筋放置错误、轴线偏移等，就需要检测与处理，且类似的工程项目非常常见。更有甚者，极少数施工企业为牟取暴利，采用劣质或低等级建筑材料，偷工减料等等，导致建筑质量低劣，达不到设计要求，甚至出现灾难性的"豆腐渣工程"。

此外，较好的施工企业，由于任务繁重，工期紧赶进度，而其技术设备、施工管理、质量控制、施工人员素质和技术水平等跟不上发展所需，也常会出现施工质量达不到设计要求的情况，这同样会造成结构存有缺陷。

（3）使用和管理方面。使用不当和管理不善是建（构）筑物"后天失调"（造成损坏）的根本原因。

使用不当或不合理造成结构损坏的原因是多方面的：诸如长期超载使用或随意改变使用功能；为达装饰效果，随意改变甚至拆除承重墙体或在承重墙（包括剪力墙）开设尺寸较大的洞口；为了扩大使用面积，未经有关部门鉴定设计，就对原建筑进行扩建甚至增层改造；又如工业厂房，厂方单纯强调提高产量或长期超载堆料使用，致使其经常处于超负荷工作状态，加速了建（构）筑物的早衰和破损。

管理不善将会使结构存在的隐患暴露甚至进一步恶化，主要表现在：建（构）筑物使用年久失修；在建（构）筑物正常使用期间，应每隔 5～10 年进行检查维修，如果维修不好或没有维修，则可能在尚未达到设计使用年限就已丧失某项或数项功能。对于前面提到的种种使用不当的行为未予及时制止，放弃管理。对于即将服役期满或已超期服役的建（构）筑物，未及时组织技术力量进行检测、鉴定、大修或加固等。

1.1.3 偶然因素

偶然因素是指建（构）筑物遭受偶然作用袭击而导致结构损坏甚至破坏。偶然作用的特点在设计基准期内不一定出现，而一旦出现其量值很大且持续时间很短。例如爆炸、地震、撞击以及自然灾害中的风灾、水灾、滑坡、泥石流和突发事故中的火灾等。必须要说明的是，后者往往是使用不当或施工不当而引发的。

我国是一个多自然灾害的国家，不仅有 2/3 的大城市处于地震区，历次地震都在不同程度上对建筑物造成了损坏甚至破坏，而且风灾、水灾年年不断，损失惨重，很难准确统计。

1.1.4 市场因素

随着我国经济体制的变革，市场经济体制的建立和发展，建筑物已成为商品，产权者（业主）可自主更迭。新业主将根据市场发展的需要和自己产业发展或生活的需要，往往要求改变原建筑物的使用功能和标准，如原办公楼改造成宾馆，大型仓库改造成综合商城、大型超市，工业厂房由于技术改造、设备更新等要求对原厂房进行相应的改造。这些使用功能的改变，往往使楼面活荷载增大或设备增重，都将导致原结构可靠度降低。

1.1.5 其他因素

这里所说的其他因素是指除上述诸因素以外的应对原建筑物进行结构鉴定、加固或改造的种种特殊原因。例如，由于 2008 年北京奥运会、2010 年上海世博会的特殊需要，对某些建筑物进行鉴定、加固改造和装饰。又如，可能由于原建筑物的检测鉴定、加固改造不当，引发新的缺陷和损坏，这时必须重新采取安全措施，即进行所谓"第二次手术"。

1.2 土木工程结构的病害

在现场检测过程中，要清晰记录结构的各种病害，以便于后期对结构的具体损伤机理进行分析及结果评定，这就需要准确认识各种结构的病害特征和损伤机理。下面就依次对地基基础、砌体结构、混凝土结构、钢结构的损伤机理及常见病害进行介绍。

1.2.1 地基基础的病害

（1）湿陷性黄土地基被水浸湿下沉。黄土状土和黄土在我国特别常见，地层全、厚度大，从东向西分布在黑龙江、吉林、内蒙古、山西、陕西、甘肃、宁夏、青海等地总面积约 63.5 万平方千米。这种土在天然含水量少时往往具有较高的强度和较小的压缩性，但遇水浸湿后，水分子浸入土颗粒之间，破坏联结薄膜，并逐渐溶解盐类，同时水膜变厚使土的抗剪强度迅速降低，在土自重压力或附加压力的作用下，土体结构逐渐破坏，土颗粒向大孔中滑动，土体骨架挤紧，从而发生湿陷现象。在湿陷性黄土地基上建造的房屋，如果事先未对地基进行有效的处理，在施工中或建成后使用过程中因地基被水浸湿而导致房屋的沉陷，会造成墙体裂缝，墙身倾斜，或过量下沉。

（2）膨胀土地基干湿变形。膨胀土在我国四川、云南、贵州、河南、河北、湖北、广西等省、自治区分布较为广泛。这种土吸水后体积膨胀，失水后体积收缩。因此，作为房屋的地基，就会造成基础位移，房屋和地坪开裂、变形，甚至遭到严重破坏。这是由于土体吸水膨胀时，裂隙闭合产生自由水的压力，与斜坡裂隙网中水头压力之和使基础隆起；土体失水后干缩时，裂隙张开，自由水压力消失，基础因荷载沉降，裂隙土体持续干缩位移，基础也随之持续位移。建在三级阶地上的房屋，随着地基干、湿变化会出现开裂和变形，平房和三层以下的建筑更为普遍和严重。房屋裂缝部位以外墙居多，门窗、外墙转角处更为集中。裂缝的形式为水平状，同时伴有墙体外倾，基础向外转动等。

（3）季节性冻土的冻害——土的冻胀、融陷特性。土颗粒冻结时，发生体积膨胀隆起成丘。冻胀主要是大气的负温度传入土中时，土中的自由水首先冻结成冰晶体，随着土温继续下降，结合水的最外层也开始冻结，使冰晶体逐渐扩大，结合水膜变薄，使得水膜中的离子浓度增加，产生的渗附压力和分子引力。在这两种引力的作用下，未冻区水膜较厚处的结合水便被吸引到水膜较薄的冻结区，并参与冻结，使冰晶体不断扩大，在土层中形成冰夹层，土体随之发生隆胀，出现冻胀现象。位于冻胀区的基础，会受到冻胀力的作用。如果冻胀力大于基底上的荷载，基础就会被抬起。土层解冻时，土中的冰晶体融化，土中含水量大大增加，加之土颗粒排水能力差，土层处于饱和、软化状态，强度大大降低，使房屋基础发生下陷。这个过程称为冻胀和融陷现象。

当房屋两端冻胀力大，中间冻胀力小时，纵墙形成正弯曲变形，裂缝出现在主拉应力垂直的方向，会在门窗口刚度薄弱处产生裂缝，呈正"八"字形。当房屋中间冻胀力大，两端冻胀力小时，会形成反向弯曲变形而产生倒"八"字形裂缝。当地基土质有差异时，房屋也会产生局部冻胀，哪里冻胀抬高，裂缝就出现在哪里。当墙基为浅基础时，基底土质的冻胀力外边大，里边小，会产生向外弯曲的力矩，造成纵墙内大外小的水平裂缝（见图1-1）。当基础埋置较深时，基底冻不着，但基础的外侧受冻，其冻胀力把基础向内推移，外墙出现外大内小的水平裂缝（见图1-2）。当冻土融化时，往往南墙基础向阳吸热多，冻土融化早而且速度快，这时南墙基土质水分多，土壤软化，承载力降低，会造成单侧基础沉陷，或向一侧滑动，或房体倾斜。

（4）软土地基发生病害的主要原因及破坏症状。房屋建筑在软土地基上，因土质不均匀、房屋体形复杂、上部结构荷载差异大，或房屋整体刚度差等原因，造成基础的不均匀沉降，在上部结构相应部位会发生开裂或其他破坏现象。软土地基基础沉降对墙体损坏的常见部位及症状如下：

1）当房屋整体刚度较差时，对于房屋平面为矩形，立面长高比大于3∶1的砖混结构，由于没有混凝土圈梁及构造柱，其整体刚度就较差。即使地层均匀，荷载分布也较均匀，一般情况下在房屋纵墙上也会产生弯曲变形，在薄弱部位处出现正"八"字形斜裂缝（见图1-3）；如果遇到土质不均匀、荷载不均匀，可能会发生两端沉降大、中间沉降小的反向弯曲变形。在纵墙上会出现倒"八"字形的斜裂缝（见图1-4）。

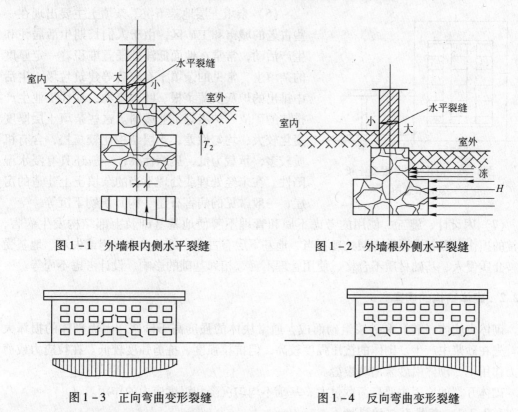

图1-1　外墙根内侧水平裂缝　　　　图1-2　外墙根外侧水平裂缝

图1-3　正向弯曲变形裂缝　　　　　图1-4　反向弯曲变形裂缝

2）当建筑物整体刚度较好，立面长高比小于3：1时，即使房屋整体刚度较好，层层有混凝土圈梁、角角有混凝土构造柱，地层均匀，有时也会因软土地基承载力不够或上部荷载过大而造成房屋基础产生均匀的沉降，这往往在底层的地面上产生隆起。

（5）房屋高差产生沉降差。房屋立面高度差异较大且连为一体，房高部分地基有较大的沉降，低层部分沉降小，使靠近高层的低层墙体上出现局部倾斜，纵墙上出现斜裂缝。

1）高差大产生不均匀沉降。例如，某楼房中间A区为四层，两端B区为二层，中部沉降大，两端沉降小，在B区二层纵墙上发生正"八"字形裂缝（见图1-5）。

2）房屋高差产生沉降差，在多层楼房前的门斗上，尤为常见，如图1-6所示。由于主楼下沉量超过门斗柱基的下沉量，门斗的A-B段会出现局部倾斜。当门斗横梁嵌固在主楼内，且梁柱采用小框架结构

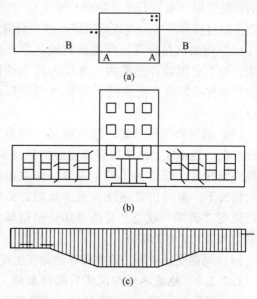

图1-5　房屋高差大产生不均匀沉降

（a）平面图；（b）立面图；（c）沉降曲线

时，沉降差常使门斗框架结构开裂。若门斗两侧为砖墙时常使墙体产生斜裂缝。

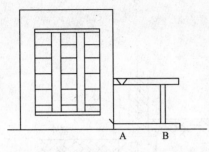

图1-6 门斗A-B混凝土梁
裂缝示意图

（6）杂填土层地基下沉。杂填土主要出现在一些古老的城市和工矿区，由于人们长期生活居住和生产活动，常常在地面低洼处任意堆积着一定厚度的杂填土，常见的杂填土有碎砖等建筑垃圾，生活中排出的炉灰及蔬菜根、叶等废物，现代工业生产排放的矿渣、炉渣等工业废料。这些杂填土层厚度变化较大，均匀性差，土层结构比较疏松，含有机质较多，承载力低，压缩性高，一般还具有浸水湿陷性。在未经处理或处理不当的杂填土上建造的房屋，一般常见的病害有建（构）筑物下沉等。

（7）因设计、施工、使用的考虑不周和管理不善使地基基础及上部结构发生病害，通常的损伤原因有淤泥质土层处理不当、地基下层有古墓、地基受水浸泡或失水、地基受有害介质侵入、基础材质不合格、使用管理不善、相邻基础的影响、设计考虑不周等。

1.2.2 砌体结构的病害

砌体由块体（砖）和砂浆组砌而成，通常块体的强度高于砂浆，因而砌体的损坏大多首先在砂浆中产生。砌体的抗压强度较高，但抗拉强度、抗剪强度较低。在拉应力或剪应力作用下，砌体沿砂浆出现裂缝。

砌体开裂的原因主要有荷载过大、基础不均匀沉降和温度应力的作用。

1.2.2.1 荷载引起的裂缝

（1）拉应力破坏。砖砌的水池、圆形筒仓等构筑物常会发生由于拉应力过大而引起砌体开裂的现象。当砖的标号较高而砂浆与砖的粘结力不足时，就会造成粘结力破坏，裂缝沿齿缝开展（垂直开展或阶梯形开展）；当砖的标号较低，而砂浆强度较高时，砌体就会产生通过砖和灰缝而连成的直缝，这些裂缝多先发生在砌体受力最大或有洞口的部位。

（2）弯曲抗拉破坏。弯曲抗拉破坏多产生于挡土墙、地下室围墙和建筑物上部压力较小的挡风墙上。弯曲抗拉裂缝有沿齿缝和沿直缝两种形式（图1-7）。

（3）轴压和偏压破坏。轴压破坏主要发生在独立砖柱上。当砖柱上出现贯穿几皮砖的纵向裂缝时，该纵向裂缝就已经成为不稳定裂缝。即在荷载不增加的情况下，裂缝仍将继续发展。此时，砖柱实际上已处在"破坏"状态。受压破坏是砖砌体结构中最常见和最具危害的破坏。

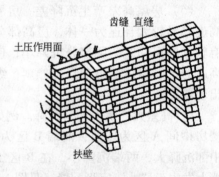

图1-7 砌体的弯曲抗拉裂缝

（4）局部受压破坏。这类破坏通常发生在受集中力较大处，如梁的端部。

1.2.2.2 地基不均匀沉降引起的裂缝

当地基发生的不均匀沉降超过一定限度后，会造成砌体结构的开裂。通常又分为以下两种情况：

（1）中间沉降较多的沉降（又称盆式沉降）。在软土地基中通常中部的沉降较大，这时房屋将从底层开始出现沿45°角方向的斜裂缝，其特点是下层的裂缝宽度较大。

（2）一端沉降较多的沉降。当地基软硬不均时，如一部分位于岩层，另一部分位于土层，这时房屋将沿顶部开始出现沿45°角方向的斜裂缝，其特点是顶层的裂缝宽度较大。当不均匀沉降稳定以后，这类裂缝将不再发展。

1.2.2.3 温度裂缝

由于结构周围温度变化（主要是大气温度变化）引起结构构件热胀冷缩的变形称为温度变形。砖墙的线膨胀系数约为 $5 \times 10^{-6}℃^{-1}$、混凝土的线膨胀系数为 $1.0 \times 10^{-5}℃^{-1}$，也就是说在相同温度下，钢筋混凝土构件的变形比砖墙的变形要大1倍以上。在昼夜温差大的炎热地区，屋顶受阳光照射温度上升，屋面混凝土板体积膨胀，板下墙体限制了板的变形，在板的推力下，墙向外延伸，墙体中产生拉应力、剪应力，当应力较大时，将产生水平裂缝。在转角处，水平裂缝贯通形成包角裂缝（图1-8）。除顶层的水平裂缝和包角裂缝外，在房屋两端的窗洞口的内上角及外下角还可能出现因温度应力引起的"八"字形裂缝。房屋愈长，屋面的保温、隔热效果愈差，屋面板与墙体的相对变形愈大，裂缝愈明显。

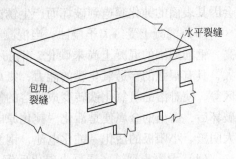

图1-8 顶层水平裂缝和包角裂缝

1.2.3 混凝土结构的病害

混凝土结构是钢筋混凝土结构、预应力混凝土结构和素混凝土结构的总称，也是目前我国应用最广泛的一种结构形式。在讨论混凝土结构的检测前先了解混凝土结构的损伤机理及病害是有必要的。混凝土是结构工程中广泛应用的一种工程材料，它具有较高的抗压强度，但它的抗拉强度较低，因而在混凝土结构的抗拉区通常都是要配置抗拉强度较高的钢筋。因此混凝土结构的损坏，既包含了混凝土的风化和侵蚀，又包含了钢筋的锈蚀，在多数情况下，钢筋的锈蚀更为突出。以下对混凝土结构常见的病害进行介绍。

（1）钢筋锈蚀。为了保证混凝土结构的耐久性，受力钢筋在混凝土结构中规定了混凝土保护层最小厚度。混凝土保护层具有防止钢筋锈蚀的保护作用。这是因为混凝土中水泥水化产物的碱性很高，pH 值为 12~13，在这种高碱性的环境中，钢筋表面形成一层致密的氧化膜处于钝化状态，从而防止了混凝土中钢筋的锈蚀。但是，通常钢筋混凝土结构是带裂缝工作的，即使处在正常使用阶段，在受拉区的混凝土仍会出现裂缝，但裂缝的宽度受到限制。过去认为混凝土开裂后，裂缝处的钢筋会逐步锈蚀，但是混凝土结构规范的耐久性专题研究组经过大量调查发现，尽管混凝土的裂缝宽度达到 0.4mm 以上，只要构件处于干燥的环境，裂缝处的钢筋几十年也没有出现锈蚀的现象。只有在潮湿的环境，在有水和氧气侵入的条件下，钢筋才会锈蚀。首先形成氢氧化铁，随着时间的推移，一部分氢氧化铁进一步氧化，生成疏松的、易剥落的沉积物——铁锈（$Fe_2O_3 \cdot Fe_3O_4 \cdot H_2O$）。铁锈的体积膨胀（一般增加 2~4 倍）可把混凝土保护层胀开，而使钢筋外露。随着钢筋锈蚀的发生，混凝土开裂、剥落，钢筋和混凝土的粘结力就不断丧失，钢筋截面积就减小，承载能力下降，从而降低了结构的安全度，结构损坏事故就可能发生。钢筋锈蚀速度与环境条件有很大的关系，有的研究认为，相对湿度低于40%时钢筋就不会锈蚀。室外钢筋的锈蚀速度普遍较室内快，这是因为室外构件经常受到雨水的冲淋。

（2）混凝土的碳化。混凝土的碳化是大气中的二氧化碳气体（CO_2）对混凝土的作用。在工业区，其他酸性气体如二氧化硫（SO_2）、硫化氢（H_2S）等也会引起混凝土"碳化"（准确地说是中性化）。严格地讲，碳化反应不限于水泥水化物中的氢氧化钙，在其他一些水泥水化物或未水化物中也会发生其他类型的碳化反应。但是氢氧化钙的碳化影响最大。由于混凝土碳化的结果，混凝土的凝胶孔隙和部分毛细管可能被碳化产物碳酸钙（$CaCO_3$）等堵塞，混凝土的密实性和强度会因此有所提高。但是，由于碳化降低了混凝土孔隙液体的pH值（碳化后pH值为8~10），当碳化逐步深入达到钢筋表面时，钢筋就会因其表面的钝化膜遭到破坏而产生锈蚀。

（3）混凝土受氯离子侵蚀。当混凝土中含有氯离子（Cl^-）时，即使混凝土的碱度较高，钢筋周围的混凝土尚未碳化，钢筋也会出现锈蚀。这是因为氯离子的半径小，活性大，具有很强的穿透氧化膜的能力，氯离子吸附在膜结构有缺陷的地方，如位错区或晶界区等，使难溶的氢氧化铁转变成易溶的氯化铁。致使钢筋表面的钝化膜局部破坏。钝化膜破坏后，露出的金属便是活化－钝化原电池的阳极。由于活化区小，钝化区大，构成一个大阴极、小阳极的活化－钝化电池，钢筋就产生所谓的侵蚀现象。

（4）混凝土裂缝。混凝土碳化后钢筋就会有生锈的危险，但碳化并不是钢筋锈蚀的充分条件。钢筋生锈的内部条件是钝化膜遭到破坏，钢筋锈蚀的外部条件是必须有水。混凝土的裂缝引起水的通路，为水及其他有害物质进入混凝土提供了便利的条件，钢筋的锈蚀就会发生。钢筋锈蚀产生的后果有钢筋截面面积减小、混凝土保护层开裂剥落、粘结性能退化、钢筋脆性破坏等。

（5）混凝土的冻融破坏。混凝土的冻融破坏系指在水饱和或潮湿状态下，由于温度正负变化，建筑物的已硬化混凝土内部孔隙水结冻膨胀，融解松弛，产生疲劳应力，造成混凝土由表及里逐渐剥蚀的破坏现象。一般认为，混凝土在大气中遭受冻融破坏主要是因为在某一冻结温度下存在结冰水和过冷的水，结冰的水产生体积膨胀，过冷的水发生迁移而引起水压力和渗透压力的结果。

冻融破坏最常见的现象是由于水泥石的崩裂，部分砂浆呈粉状剥落而露出粗骨料，也有在构件的端部、混凝土路面板的接头处、构筑物平行于水面线处产生线状裂缝，还有像桥面板那样，出现喷火口状开孔的"崩胀"现象等。一般水工混凝土构筑物和港口结构的冻融破坏比较严重，我国的东北、西北和江淮地区的水工混凝土构筑物的冻融破坏尤为突出。在一般的工业与民用建筑中，常受水冲淋的构件易出现冻融破坏，如电厂冷却塔的部分梁、柱。

（6）混凝土发生碱骨料反应。碱骨料反应一般是指水泥中的碱和骨料中的活性氧化硅发生反应，生成碱－硅酸盐凝胶并吸水产生膨胀压力，致使混凝土出现开裂现象。碱－硅酸盐凝胶吸水膨胀的体积增大3~4倍，膨胀压力为3.0~4.0MPa。碱骨料反应通常进行得很慢，所以由碱骨料反应引起的破坏往往经过若干年后才会出现。其破坏特征为：表面混凝土产生杂乱无章的网状裂缝，或者在骨料颗粒周围出现反应环。在破坏的试样里可以鉴定出碱－硅酸盐凝胶的存在，在裂缝或空隙中可发现碱－硅酸盐凝胶失水后硬化而成的白色粉末。

为防止混凝土中碱骨料反应，可采用的措施有：

1）控制水泥中的碱含量，采用低碱水泥；

2）采用火山灰水泥或粉煤灰水泥，可以降低孔隙液中的 pH 值；

3）采用低水灰比混凝土，提高混凝土的密实度，防止水的渗入。

此外，掺加引气剂也会减小碱骨料反应膨胀，这是因为反应产物能嵌进分散的孔隙中，降低膨胀压力。

1.2.4 钢结构的病害

钢结构是由型钢和钢板等制成的钢梁、钢柱、钢桁架等构件组成，各构件或部件之间采用焊缝、螺栓或铆钉连接的结构。其特点是强度高、自重轻、整体刚性好、变形能力强、建筑工期短，工业化程度高，可以进行专业化生产，故用于建造大跨度和超高、超重型的建筑物特别适宜。我们从以下几方面了解钢结构的病害。

1.2.4.1 钢结构的缺陷类型

钢结构的缺陷主要有：

（1）制造缺陷。在制造中产生的缺陷主要有几何尺寸偏差、结构焊接和铆接质量低劣、底漆和涂料质量不好等。

（2）安装缺陷。主要有结构位置的偏差、运输和安装时由于机械作用而引起构件的扭曲和局部变形、连接节点处构件的装配不精确、安装连接质量差、漏装或少装某些扣件或缀板、焊缝尺寸偏差。

（3）使用缺陷。在使用过程中，由于材料的腐蚀和由腐蚀引起的横断面面积的减少，在交变荷载作用下金属内部结构强度发生变化和疲劳现象以及引起的连接破坏等。

1.2.4.2 钢结构的损坏类型

钢结构的损坏类型主要有：

（1）整体性的破坏：裂缝、断裂、构件切口；

（2）几何形状变形、弯曲和局部扭曲；

（3）连接破损：焊缝、螺栓和铆钉产生裂缝、松动与破坏；

（4）结构变位：挠度过大、偏斜等；

（5）腐蚀破损；

（6）疲劳破坏。

1.2.4.3 钢结构损坏原因

（1）力作用引起的损坏，如断裂、裂缝、失稳、弯曲和局部挠曲、连接破坏等，其损坏原因可能是：

1）设计状况与结构实际的工作状况不符。如确定荷载和内力不正确而导致选择构件和节点断面错误；

2）结构构件、节点的实际作用与计算简图过于简化或理论化而造成的应力状态差异；

3）母材和熔融金属中有导致应力集中并加速疲劳破坏的缺陷和隐患；

4）安装和使用过程中没有考虑附加荷载和动力作用，如过大的超载、檩条变位、吊车轨道接头偏心和落差过大等。修理时没有进行相应的计算和必要的加固，特别是因为过大的变形变位将引起较大的内力。

（2）温度作用引起的破坏，如高温下构件的翘曲和损坏、低温下的脆性破坏、受热时防护涂层的破坏等。温度达 200~250℃时，钢结构由于受热膨胀而导致表面油漆涂层破坏；当温度升至 300~400℃时，钢结构由于受热将继续膨胀，但受到约束的作用从而在钢结构中产生热应力，而应力分布不均匀，造成结构构件扭曲；温度超过 400℃时，钢材内部晶格发生变化使钢材强度急剧下降。

在热车间，由于温度变化会使钢结构产生相当大的位移，使之与设计位置产生偏差，当有阻碍自由变位的支撑或其他约束时，则结构构件将产生周期性附加应力，在一定条件下将导致构件扭曲或开裂。

在低温条件下，特别是有严重应力集中的结构构件，负温可导致冷脆裂缝。

（3）化学作用产生的损坏，如涂层的剥落、钢材的锈蚀等。钢材防腐涂层剥落后，由于化学和电化学作用，钢材受到腐蚀，使钢结构有效截面受到损坏，结构的耐久性下降。工业厂房中的钢结构，以大气腐蚀（电化学腐蚀）为主，当有侵蚀性介质时还会出现综合腐蚀。

屋顶漏水、管道漏气、排水系统出现故障的区域，往往是由于局部遭到腐蚀，构件截面被削弱而引起的。尤其要注意的是深层钢结构构件的腐蚀，会加速钢材应力集中并发生冷脆破坏。

1.2.4.4　钢结构的缺陷和损坏对结构构件的影响

钢结构的缺陷和损坏对不同的结构构件的影响不同，下面就钢结构厂房中几个常用的重要构件进行分析。

（1）屋盖结构。屋盖结构是工业厂房中最易受损坏和破坏的构件之一，主要表现为压杆失稳和节点板出现裂缝或破坏。制造和安装的缺陷往往使屋架的可靠性和耐久性降低。屋架杆件初弯曲、焊接缺陷（焊缝不足、咬边、焊口不良等）、节点偏心、檩条错位等都产生附加内力，使节点板工作条件恶化，形成过大的集中应力，造成板件裂缝或脆断。因此，良好的制造和安装质量，是保证屋架安全性和耐久性的重要条件之一。

（2）柱子。工业厂房的柱子比其他构件处于较有利的工作条件。柱子一般按多种荷载的总作用计算，特别是有吊车时，柱子的计算内力较大，其选择的截面也较大，故正常使用条件下柱子的内力小于计算值。因为多种荷载同时作用的概率是很小的，这样，柱子在工作应力不大、截面又有较大的安全储备以及较好的力学性能和较高的防腐性能的条件下，一般在静力和动力荷载作用下，造成静力或疲劳破坏的概率较小。通过调查，柱子的典型损坏表现在以下几个方面：

1）重级工作制吊车的厂房，在柱子与吊车梁和制动梁的连接处，若采用刚性连接，在循环应力作用下极易形成疲劳裂缝，造成疲劳破坏。

2）由于生产工艺中违反操作规程，常引起运输货物、磁盘及吊车撞击柱子，使柱肢受扭曲和局部损伤，特别是柔性腹杆的双肢柱更易受损。此外，还有在工艺管线安装中对柱子造成的损坏等。

3）柱子在刚架平面内或平面外，由于设计和施工安装等原因所造成的偏差，虽不会降低结构承载力而造成危险，但可造成维护构件的损坏和相邻连接节点的损坏，而吊车轨道偏离会导致厂房难以正常使用。

4）由于地基原因，沿厂房长度或宽度的不均匀沉降不仅会给结构带来附加内力，也会造成厂房难以正常使用。

5）由于长期性潮湿或腐蚀介质作用，柱基和连接处遭受腐蚀损坏。

（3）吊车梁。吊车梁结构包括吊车梁、制动梁或制动桁架，以及它们与柱子间的连接节点。

吊车梁结构工作条件复杂，根据使用经验和现场调查资料来看，重级工作制吊车梁结构工作 3~4 年后即出现第一批损坏。主要表现为吊车梁和制动梁与柱子连接节点受到损坏；吊车梁上翼缘焊缝以及附近腹板出现疲劳裂纹；铆接吊车梁上翼缘铆钉产生松动和角钢呈现裂纹。调查还表明，吊车梁结构损坏程度又与吊车梁的轻重级有关，重级和特重级工作制吊车梁结构破坏最突出，尤其是硬钩吊车；中级和轻级工作制吊车梁的损坏一般较轻。

吊车梁结构损坏的主要原因是：

1）吊车轮压是移动集中荷载，具有动力特征，吊车梁在动荷载作用下，其动力特征反应十分复杂，致使吊车梁长期在不稳定状态和交变应力状态下工作，易引起应力集中和疲劳破坏。

2）钢轨的偏心。钢轨因安装公差与吊车梁中心不一致，使得钢轨的偏心逐渐增大。试验证明，当钢轨偏心量 $e \geq 3t$ 时（e 为偏心距，t 为吊车梁腹板厚度），在实腹吊车梁上翼缘与腹板的连接处会出现裂缝或在加劲肋与上翼缘的连接处出现裂缝；在桁架式吊车梁的节点板处会出现裂缝。

3）由于钢轨偏心、水平制动力和啃轨力的作用，造成主梁节点和辅助桁架的损伤。因此保证安装和维护吊车梁结构的质量，对改善吊车工作状况、提高吊车梁结构的使用寿命具有重要意义。

（4）其他结构构件。除主要承重结构外的其他用途或与工艺过程有关的结构，如冶炼车间的工作平台。

其他结构的损坏主要是违反技术使用规定，造成超载、撞击、污染等。厂房辅助结构构件（如平台、楼梯、围护板、门等）的破坏主要是机械损坏、机械磨损和腐蚀损坏等。

1.3 土木工程安全检测与鉴定的学习

"土木工程安全检测与鉴定"是土木工程专业的一门基础理论与实践应用相结合的课程。学习本门课程要有扎实的数学、理论力学、材料力学和结构力学等方面的知识，并能理解各种相关规范的规定和要求。本书主要针对土木工程中常遇到的钢筋混凝土结构、砌体结构以及地基基础等，阐述其损伤机理及相应的检测方法，最终完成鉴定报告的编制。

土木工程安全检测应强调实践性环节，应掌握常用仪器、设备的使用方法，能够正确处理检测数据，形成最终的检测报告。

土木工程安全鉴定应重点了解鉴定标准的主要条文，包括评定等级的方法、评定等级的依据等。

本书开始阐述了土木工程检测与鉴定的相关基础知识，如影响因素、常见建筑结构的损伤机理及其病害；然后描述了不同类型检测仪器的使用方法和涉及检测相关软件的简单操作；紧接着从结构类型入手讲述了实际检测的内容与操作程序以及检测报告的完成；接下来从检测的目的着手讲解了鉴定报告的编制；最后给出了若干实际检测鉴定的案例，方便读者加深对全书内容的理解。

通过本书的学习我们需要掌握土木工程安全检测与鉴定的相关理论知识，懂得基本的检测原理与方法，并合理选择、正确运用检测仪器，对照检测规范和评定标准能够正确判断出建（构）筑结构的使用状态，最后编制安全检测与鉴定报告，并在其中提出处理意见。这些也为以后损伤结构的加固提供理论依据及信息支撑。

2 土木工程安全检测仪器及工具

土木工程安全检测过程中，对建筑物、构筑物等检测时，主要涉及一些常见检测项目，如对检测项目的结构进行测量及实际构件尺寸的现场绘制；对检测项目的主要构件垂直度和倾斜度的测量；对检测项目垂直位移的检测等。而在现场检测过程中，随着科学技术的不断发展，越来越多先进的便携检测仪器的出现，简化和方便了整个检测过程，如现场对砌体结构、混凝土结构强度进行快速检测的回弹仪；对楼板厚度进行快速检测的楼板厚度检测仪；对混凝土内部缺陷进行检测的混凝土雷达等。这些便携仪器的出现和使用，推动了整个现场检测技术的发展和进步。本章就土木工程安全检测过程中常用的便携式检测仪器及其相应后期数据处理过程中使用的工具软件进行相关介绍，旨在让从事现场检测的工程技术人员对安全检测仪器及工具有相关的了解与认识，对于实际检测过程及数据处理工作提供参考与指导。

2.1 检测仪器及设备

为了方便和快速地掌握现场检测项目的各类信息，现场检测过程中常常用到一些便携的检测仪器，相对于实验室检测相比，其特点为检测过程快，数据可靠稳定，表 2-1 介绍了常见的现场检测仪器。

表 2-1 现场检测常用的便携式检测仪器

主要检测仪器	功能
钢卷尺	尺寸测量
测距仪	尺寸测量
数码相机	拍照记录
响鼓锤	空鼓现象的测定
混凝土回弹仪	混凝土构件强度的测定
砖回弹仪	砌体构件强度的测定
砂浆回弹仪	砌体结构砂浆强度的测定
砂浆贯入仪	砌体结构砂浆强度的测定
楼板厚度检测仪	楼板厚度的测定
混凝土钢筋检测仪	钢筋位置的测定
混凝土雷达	混凝土厚度、内部缺陷的测定
钢筋锈蚀检测仪	钢筋锈蚀程度的测定
超声波探伤仪	混凝土厚度、内部缺陷的测定
裂缝宽度观测仪	裂缝宽度的测定

续表2-1

主要检测仪器	功　能
裂缝测深仪	裂缝深度的测定
游标卡尺	钢板厚度测定
红外热成像仪	外墙检查

2.1.1　卷尺、激光测距仪——尺寸、高度测量

对于检测项目图纸不全或丢失时，对项目结构的主要构件的尺寸大小和项目的建造高度等信息进行核实时，需要通过对项目的实际尺寸等信息进行量测，其常用的仪器是钢卷尺及激光测距仪。钢卷尺主要用于较小构件尺寸的快速量测，如门窗的高度及宽度，而较大构件或高层的量测需使用激光测距仪进行快速检测，如建（构）筑物的层高。激光测距仪如图2-1a所示。

2.1.2　数码相机——拍照记录

现场检测过程中，对于项目的必要信息进行拍照记录，而在拍照记录的过程中，拍摄的照片需清晰明了，照片要能够清楚直观地反映出结构的特点，拍摄及记录采用整体加局部的原则，并对拍照部位进行逐一记录和简要说明，方便后期整理和编写检测报告使用。数码相机如图2-1b所示。

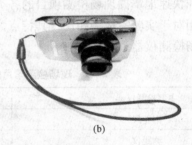

(a)　　　　　　　　　　　　　(b)

图2-1　激光测距仪和数码相机
(a) 激光测距仪；(b) 数码相机

2.1.3　经纬仪——建（构）筑物垂直度、倾斜度检测

建（构）筑物产生倾斜的原因主要是地基承载力的不均匀、建（构）筑物体型复杂形成不同荷载及受外力风荷、地震等影响引起建筑物基础的不均匀沉降。测定建（构）筑物倾斜度随时间而变化的工作称为倾斜观测。倾斜观测一般是用水准仪、经纬仪、垂球或其他专用仪器来测量建筑物的倾斜度，现将常用的测量方法介绍如下。

经纬仪观测法：利用经纬仪可以直接测出建（构）筑物的垂直度，换算得出倾斜度，其原理是用经纬仪测出建筑物顶部的倾斜位移值，则可计算出建（构）筑物的倾斜度。该方法是一种直接测量建筑物倾斜的方法。经纬仪如图2-2所示。

2.1.3.1　基本原理

如要测某一建筑物的垂直度，先在离建筑物高度1.5倍远的地方架设经纬仪，瞄准建筑物顶部，利用经纬仪投测下来，做一标记，量出其与底部的水平距离，用正倒镜投点法观测两个测回，取平均值即可，如图2-3所示。

2.1.3.2 仪器操作步骤

检测墙、柱和整栋建（构）筑物倾斜一般采用经纬仪测定，操作步骤如下：

（1）经纬仪位置的确定。测量墙体、柱及整栋建（构）筑物的倾斜时，经纬仪位置如图

图2-2 经纬仪

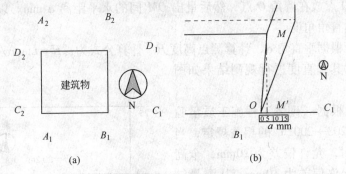

(a)　　　　　　　　　　(b)

图2-3 经纬仪架设位置及垂直度测量示意
(a) 经纬仪架设位置；(b) 垂直度测量原理

2-3a所示，其中原则上要求经纬仪至墙、柱及建筑物的间距 L 大于墙、柱及建筑物的宽度；这里取 B 点为例来展开说明，将经纬仪架设在 B_1 点，尽量保持仪器在 B_1 与 B_2 一条直线上，如图2-3所示。

（2）仪器整平。先转动照准部，使水准管平行于任意一对脚螺旋的连线，如图2-4a所示，两手同时向内或向外转动这两个脚螺旋，使气泡居中，注意气泡移动方向始终与左手大拇指移动方向一致；然后将照准部转动90°，如图2-4b所示，转动第三个脚螺旋，使水准管气泡居中。再将照准部转回原位置，检查气泡是否居中，若不居中，按上述步骤反复进行，直到水准管在任何位置，气泡偏离零点不超过一格为止。

（3）瞄准目标：1）松开望远镜制动螺旋和照准部制动螺旋，将望远镜朝向明亮背

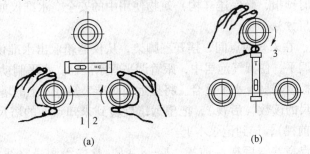

(a)　　　　　　　　　　(b)

图2-4 经纬仪的整平

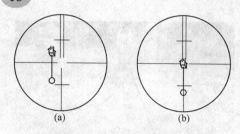

图 2-5　经纬仪瞄准目标

景，调节目镜对光螺旋，使十字丝清晰。2）利用望远镜上的照门和准星粗略对准目标，拧紧照准部及望远镜制动螺旋；调节物镜对光螺旋，使目标影像清晰，并注意消除视差。3）转动照准部和望远镜微动螺旋，精确瞄准目标。测量水平角时，应用十字丝交点附近的竖丝瞄准目标底部，如图 2-5 所示。

2.1.3.3　数据测读

（1）在 B_1 点首先将经纬仪的目镜聚焦，将竖向卡丝瞄准墙、柱以及建筑物顶部（这里为 M 点）并锁死水准仪的水平制动螺栓；（2）转动目镜向下投影到 M 点的正下方 M' 点，将卡尺 0.00 点放在墙角 O 点，然后量出 OM' 间的水平距离 a mm。以 M 为基准，采用经纬仪测出垂直角角度。

结果整理：根据垂直角 α，计算测点高度 H。计算公式为：$H = L\tan\alpha$。

某项工程对其垂直度进行观测结果如图 2-6 所示。

数据解读：根据《砌体工程施工质量验收规范》（GB 50203—2002）的相关规定，当全高超过 10m 时，允许偏差为 20mm，全高不足 10m 时，允许偏差为 10mm。从测量结果可以看出，最大垂直度偏差测量值为 82mm，该房屋全高为 20.2m，偏差超出了规定范围。

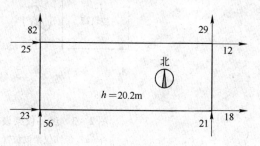

图 2-6　某住宅楼垂直度测量结果

2.1.4　水准仪——建（构）筑物沉降观测及梁、板、屋架等水平构件挠度检测

2.1.4.1　建（构）筑物沉降

建（构）筑物沉降观测是用水准测量的方法，周期性地观测建（构）筑物上的沉降观测点和水准基点之间的高差变化值。工程建筑物竣工建成运营后很长一段时间，沉降变形是不可避免的。如果变形在一定的限度之内属正常现象，但一旦超过某一限度，就会危及建（构）筑物的安全。沉降观测的目的是通过变形观测保证建（构）筑物安全，测定当前状态起至沉降稳定期间的绝对沉降量和差异沉降，对建（构）筑物进行健康监测，对意外变形做出及时预报，确保建（构）筑物使用中的安全。水准仪如图 2-7a 所示。

A　水准仪使用方法

（1）操作要点。在未知两点间，摆开三脚架，从仪器箱取出水准仪安放在三脚架上，利用 3 个机座螺丝调平，使圆气泡居中，跟着调平管水准器。水平制动手轮是调平的，在水平镜内通过三角棱镜反射，水平重合。将望远镜对准未知点 a 上的塔尺，再次调平管水准器重合，读出塔尺的读数（后视），把望远镜旋转到未知点 b 的塔尺，调整管水平器，读出塔尺的读数（前视），记到记录本上。

计算公式：两点高差 = 后视 - 前视。$h = a - b$。拿二等测量路线举例，如图 2-7b 所示。

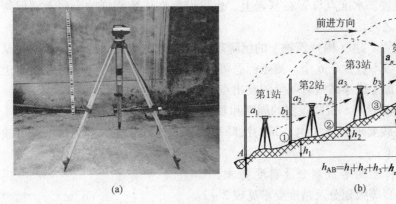

图 2-7　水准仪示意图及二等水准测量前进路线

(a) 水准仪；(b) 二等水准测量前进路线

(2) 校正方法。将仪器摆在两固定点中间，标出两点的水平线，称为 a、b 线，移动仪器到固定点一端，标出两点的水平线，称为 a'、b' 线。计算如果 $a-b \neq a'-b'$ 时，将望远镜横丝对准偏差一半的数值。用校针将水准仪的上下螺钉调整，使管水平泡吻合为止。重复以上做法，直到相等为止。

(3) 水准仪的具体使用方法。其包括水准仪的安置、粗平、瞄准、精平、读数 5 个步骤。

1) 安置。安置是将仪器安装在可以伸缩的三脚架上并置于两观测点之间。首先打开三脚架并使高度适中，用目估法使架头大致水平并检查脚架是否牢固，然后打开仪器箱，用连接螺旋将水准仪器连接在三脚架上。

2) 粗平。粗平是使仪器的视线粗略水平，利用脚螺旋置圆水准气泡居于圆指标圈之中。在整平过程中，气泡移动的方向与大拇指运动的方向一致。

3) 瞄准。瞄准是用望远镜准确地瞄准目标。首先是把望远镜对向远处明亮的背景，转动目镜调焦螺旋，使十字丝最清晰。再松开固定螺旋，旋转望远镜，使照门和准星的连接对准水准尺，拧紧固定螺旋。最后转动物镜对光螺旋，使水准尺的像清晰地落在十字丝平面上，再转动微动螺旋，使水准尺的像靠于十字竖丝的一侧。

4) 精平。精平是使望远镜的视线精确水平。微倾水准仪，在水准管上部装有一组棱镜，可将水准管气泡两端折射到镜管旁的符合水准观察窗内，若气泡居中时，气泡两端的像将符合成一抛物线形，说明视线水平。若气泡两端的像不相符合，说明视线不水平。这时可用右手转动微倾螺旋使气泡两端的像完全符合，仪器便可提供一条水平视线，以满足水准测量基本原理的要求。注意气泡左半部分的移动方向，总与右手大拇指的方向不一致。

5) 读数。用十字丝，直接读水准尺上的读数。现在的水准仪多是倒像望远镜，读数时应由上而下进行。先估读毫米级读数，后报出全部读数。

注意：水准仪使用步骤一定要按上面顺序进行，不能颠倒，特别是读数前的符合水泡调整，一定要在读数前进行。

B　工作步骤

（1）水准点设置。水准点设置在基岩上，也可设置在压缩性低的土层上，但须在地基变形的影响范围之内。

（2）观测点设置。建（构）筑物上的沉降观测点选择在能反映地基变形特征及结构特点的位置，测点数不宜少于6个。测点标志可用铆钉或圆钢锚固于墙、柱或墩台上，标志点的立尺部位应加工成半球或有明显的突出点。

（3）观测周期及时间。沉降观测的周期和观测时间，根据具体情况来定。

（4）精度及路线要求。建（构）筑物沉降观测一般选择二等水准测量，进行线路闭合观测。

C 建筑物沉降检测等级划分及精度要求

建筑物沉降检测等级划分及精度要求见表2-2。

表2-2 建筑物沉降检测等级划分及精度要求

等 级	检测点测站高差中误差/mm	适 用 范 围
特级	±0.05	特高精度要求的特种精密工程的沉降检测
一级	±0.15	地基基础设计为甲级的建筑的沉降检测、重要的古建筑等
二级	±0.50	地基基础设计为甲、乙级的建筑的沉降检测，地下工程施工及运营中沉降检测等
三级	±1.50	地基基础设计为乙、丙的建筑的沉降检测，地表、道路沉降检测，中小型工程施工及运营中沉降检测等

D 工作实例

某办公大楼主体沉降观测任务，监测该建筑物该阶段的沉降变化，为该建筑物鉴定提供科学依据。通过前期布点，在建筑物上设置D-1、D-2、D-3、D-4、D-5、D-6六个沉降观测点，在规定范围以外选择基准点D-0，如图2-8所示。该建筑物沉降观测持续30日，共进行了10次观测。

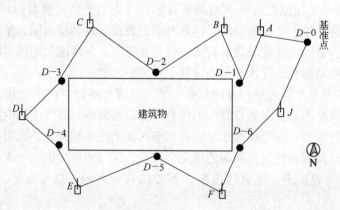

图2-8 某项工程沉降观测观测点布置及闭合路线示意

（1）使用的仪器。本工程沉降观测，采用精密水准仪，人工记录观测数据。由沉降观测点、基准点、工作基点组成附合、闭合水准线路。在监测网控制下，采用几何水准测量方法如图2-8所示，按二级变形测量的精度要求，往返测奇数站照准标尺顺序为：后、前、前、后；往返测偶数站照准标尺顺序为：前、后、后、前。施测各沉降观测点，每期沉降观测，均保持观测线路、方法、测站、观测人员及使用的仪器不变。

（2）执行标准。沉降观测执行现行有关国家标准及行业技术标准，具体包括：《建筑变形测量规范》（JGJ 8—2007）、《测绘成果质量检查与验收规范》（GB/T 24356—2009）。

（3）报警。根据实际观测数据对工程做出险情预报是一个重大的技术问题，关系着建筑物安全和社会稳定等多方面因素，必须根据工程的具体情况，综合考虑各种实际因素，在实测数据的基础上及时做出判断。根据国家标准《建筑地基基础设计规范》（GB 50007—2002）第5.3.3条有关规定，结合该地区经验，确定本工程绝对沉降和局部沉降的报警值分别为：

1）单点平均沉降速率报警值为1mm/天。

2）单点累计沉降报警值为30mm。

（4）观测成果。自 $20 \times \times .8.23 \sim 20 \times \times .9.23$ 期间沉降观测成果如表 2 - 3 所示。

表 2 - 3 沉降变化分析表

观测时间	沉降量/mm				沉降速率
	最 大	最 小	差异沉降量	平 均	/mm · d⁻¹
$20 \times \times .8.23 \sim$ $20 \times \times .9.23$	$\dfrac{-1.23}{D-7}$	$\dfrac{-0.47}{D-3}$	-0.76	-0.89	0.031

（5）结果分析。××办公楼在房屋鉴定监测期间沉降观测各项精度指标均满足《建筑变形测量规范》（JGJ/8—2007）要求。由上述分析及沉降观测结果可知：××办公楼在房屋鉴定监测期间，沉降均匀，差异沉降量小，这幢楼沉降速率均满足《建筑变形测量规范》（JGJ/8—2007）规定的日沉降稳定性 0.02 ~ 0.04mm/d 的指标要求。

2.1.4.2 梁、板、屋架等水平构件挠度检测

梁、板结构跨中变形测量的方法是在梁、板构件支座之间用仪器找出一个水平面或水平线，然后测量构件跨中部位、两端支座与水平线（或面）之间的距离，所测数值计算分析即是梁板构件的挠度。

具体做法如下：

（1）将标杆分别垂直立于梁、板构件两端和跨中，通过仪器或拉线为基准测出同一水准高度时标杆上的读数。

（2）将测得的两端和跨中的读数相比较即可求得梁、板构件的跨中扰度值，即

$$f = f_0 - \frac{f_1 + f_2}{2}$$

式中 f_0, f_1, f_2 ——分别为构件跨中和两端标杆的读数。

用水准仪量标杆读数时，至少测读 3 次，并以 3 次读数的平均值作为跨中标杆读数。

网架的挠度值，采用水准仪和激光测距仪两种仪器相结合的方法共同测量。先用激光测距仪测网架各个节点距地面的高度，然后用水准仪测量各个地面点的相对高差值，即挠度值。依据有关标准的规定，网架结构的实测挠度值不得超过相应设计值的15%，用这种方法测量挠度，检测人员均可在地面进行操作，测量结果也比较准确。

2.1.5 混凝土回弹仪——混凝土强度检测

（1）主要功能。用于混凝土强度检测。

（2）仪器构成。仪器构成如图2-9所示。

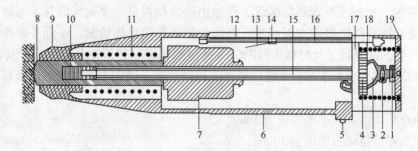

图2-9　回弹仪结构示意图

1—紧固螺母；2—调零螺钉；3—挂钩；4—挂钩销子；5—按钮；6—机壳；7—弹击锤；8—弹击杆；
9—盖帽；10—缓冲压簧；11—弹击拉簧；12—刻度尺；13—指针尺；14—指针块；15—中心导杆；
16—指针轴；17—导向法兰；18—压簧；19—尾盖

（3）检测原理。回弹法是一种非破损检测方法，回弹法是根据混凝土的表面硬度与抗压强度存在一定的相关性而发展起来的一种混凝土测试方法。测试时，用具有规定动能的重锤弹击混凝土表面，初始动能发生部分能量被混凝土吸收，剩余的能量则回传给重锤；被混凝土吸收的能量取决于混凝土表面的硬度，混凝土表面硬度低，受弹击后表面塑性变形和残余变形大，被混凝土吸收的能量就多，回传给重锤的能量就少；相反，混凝土表面硬度高，受弹击后塑性变形小，吸收的能量少，回传给重锤的能量多，因而回弹值就高，从而间接地反映了混凝土的抗压强度，如图2-10所示。回弹法测试混凝土强度现场操作如图2-11所示。

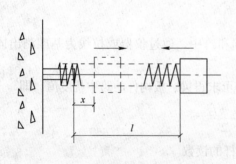

图2-10　回弹法的原理示意图

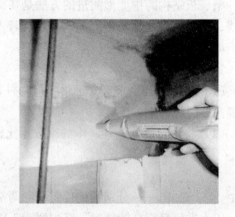

图2-11　回弹法测试混凝土强度

（4）检测步骤：

1）检测准备。检测前，一般需要了解工程名称、设计、施工和建设单位名称；结构构件名称、外形尺寸、数量及混凝土设计强度等级；水泥品种、安定性、强度等级；砂石种类；外加剂或掺和料品种，结构或构件所处环境条件及存在的问题。其中以了解水泥的安定性最为重要，若水泥的安定性不合格，则不能采用回弹法检测。

一般检测混凝土结构或构件有两类方法：一类为全部检测；另一类是抽样检测。全检主要用于有怀疑的独立结构或构件以及某些有明显质量问题的结构或构件。

2）测区布置。取一个结构或构件作为1个评点时，每个构件的测区数不得少于10个，并均匀布置，如图2-12所示。

3）清除抹灰。选定测区之后须对混凝土表面的抹灰进行打磨处理，减小误差。

4）回弹读数。测试时，回弹仪应始终与测试面垂直，并不得打在气孔和外露石子上。每个测区必须测足16个点，同1个测点只允许弹击1次，且测点需要均匀布置。

5）碳化测定。用电锤在混凝土检测位置进行凿孔，其深度应大于砌筑砂浆的碳化深度，清除孔洞中的粉末和碎屑，且不得用水擦洗，然后将浓度为1%～2%的酚酞试剂滴在孔洞内壁边缘处，未碳化的混凝土变为红色，已碳化的混凝土不变色，当已碳化与未碳化界限清晰时，采用碳化深度测定仪或游标卡尺测量已碳化与未碳化混凝土交界面的垂直距离。测量碳化深度，读数应精确至0.5mm。碳化测定如图2-13所示。

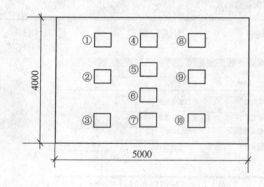

图2-12　测区布置

图2-13　碳化测定

（5）数据基本计算：

1）基本计算。数据处理及回弹值的修正必须严格执行相应规程，第一，求测区平均回弹值；第二，回弹仪角度修正；第三，浇筑面修正；第四，强度换算；第五，计算推定强度。

2）举例说明。某10层混凝土住宅，梁柱设计强度C25，对其进行混凝土强度回弹检测。本例仅列出其中一个测区的检测及计算结果。

①测试：按要求布置16个测位，对该房屋B/8-柱子进行回弹。

②记录：见表2-4。

③计算：通过相应的计算软件，如图2-14所示，将现场记录的相关数据进行计算，得出检测过程中各构件的相应推定强度，见表2-5。

（6）回弹法检测混凝土抗压强度数据处理软件。软件界面主要由以下九部分组成（见图2-14）：标题栏、菜单条、工具栏、状态栏、滚动条、构件列表区、数据区、检测信息及结果区、批处理结果区。

表2-4　混凝土强度回弹法检测记录

工程名称：　　　　　　　　　　　　　　　　　　　　　　　第　页，共　页

编　号		混凝土回弹值																	碳化深度 /mm
构件名称	测区	1	2	3	4	5	6	7	8	9	10	11	12	13	14	15	16	平均值	
一层楼梯梁	1	42	42	45	45	46	46	48	48	49	48	48	48	42	42	41	41		
	2	41	42	41	42	45	42	41	40	43	40	40	40	42	40	48	45		
	3	45	42	42	43	42	41	46	45	42	45	42	42	42	41	42			
	4	45	48	48	48	48	46	47	48	48	48	45	46	48	48	48			
	5	48	48	42	42	46	42	41	42	43	46	46	48	45	45	45			
	6	42	45	46	46	43	43	42	41	40	46	48	45	45	43	42			
	7	47	45	47	45	45	47	47	47	45	47	45	45	47	45	45			
	8	42	45	46	42	45	42	45	43	42	45	45	45	42	45	45			
	9	42	45	42	42	45	42	45	42	42	45	42	42	45	42	45			
	10	45	43	42	43	42	44	44	48	48	54	45	54	44	46	49	44		

测面状态	□侧面　□表面　□底面　□干　□潮湿	回弹仪	型号：	回弹仪检定证号：
测试角度	□水平　□向上　□向下		率定值：	测试人员资质证号：

测试：　　　　　记录：　　　　　计算：　　　　　测试日期：　　年　　月　　日

回弹法测强数据处理软件 - 九阶强
文件(F)　编辑(E)　查看(V)　工具(T)　计算(C)　帮助(H)

构件名称	一层楼梯梁	设计强度等级C	25	强度平均值	39.4	平均碳化深度	2.0
生产日期	2005年01月01日	构件推定强度	24.1	强度标准差	9.30	最小测区强度	12.9
测试日期	2006年01月01日	仪器型号		仪器编号		仪器检定号	
测面状况	干燥　光洁　水平0　侧面　☑泵送	测试人员		上岗证号			

缺省值　全部应用

序号	构件名称	有效		0	1	2	3	4	5	6	7	8	9	10	11	12	13	14	15	16	碳化(mm)	平均回弹
1	一层楼梯梁	有效	1区		42	42	45	45	46	46	48	48	49	48	48	48	42	42	41	41	2.0	45.2
			2区		41	42	41	42	45	42	41	40	43	40	40	40	42	40	48	45	2.0	41.4
			3区		45	42	42	43	42	41	46	45	42	45	42	42	42	41	42		2.5	42.4
			4区		45	48	48	48	48	46	47	48	48	48	45	46	48	48	48		2.0	47.7
			5区		48	48	42	42	46	42	41	42	43	46	46	48	45	45	45		2.0	44.5
			6区		42	45	46	46	43	43	42	41	40	46	48	45	45	43	42		1.0	43.5
			7区		47	45	47	45	45	47	47	47	45	47	45	45	47	45	45		1.5	45.8
			8区		42	45	46	42	45	42	45	43	42	45	45	45	42	45	45		2.0	43.6
			9区		42	45	42	42	45	42	45	42	42	45	42	42	45	42	45		1.0	43.5
			10区		45	43	42	43	42	44	44	48	48	54	45	54	44	46	49	44	2.0	45.1

图2-14　混凝土强度计算分析（软件版）

表2-5　回弹法检测混凝土强度检测结果

楼　　层	混凝土强度推定值/MPa
1层-楼梯间-梁	24.1
1层-楼梯间-柱	25.2
⋮	⋮

2.1.6 数显回弹仪——混凝土强度检测

数显回弹仪是数字化、便携式仪器，可用于回弹法检测混凝土抗压强度、超声-回弹综合法检测混凝土抗压强度。该仪器体积小，携带方便，主机与传感器通过无线方式传输，操作方便，如图2-15所示。

液晶屏
键盘
充电口
U盘口 打印口
(a)
(b)

图2-15 数显回弹仪
(a) 数显回弹仪主机；(b) 带无线传输的机械回弹仪

(1) 主要功能：

1) 主机与机械回弹仪传感器之间采用无线方式传输。

2) 主机能够自动记录回弹值、检测日期、时间。

3) 主机可设定正常回弹值范围。

4) 主机可外接微型打印机进行现场数据打印。

5) 可通过主机接口将测量数据保存到U盘。

6) 机械回弹仪传感器采用非接触式设计，防尘效果好。

7) 机械回弹仪传感器具有电量实时监测功能，低电量报警，电量不足自动关机。

(2) 数显回弹仪主机：

1) 回弹测试：设置构件的参数，接收机械回弹仪发送的数据并设置回弹的碳化值，根据不同的规范计算回弹值。

2) 数据处理：查看和修改测量数据、记录已设置的构件参数。

3) 数据清除：删除全部的回弹数据。

4) 数据传输：将测量数据传输到U盘或通过串口传输到电脑。

5) 数据打印：进行数据打印并且根据已设置的曲线规范计算出最小强度、平均强度、标准差、强度推定等值。

6) 系统设置：进行曲线选择、蜂鸣功能、时间设置、存储方式的设置，设置后按存储生效。

7) 无线测试：机械回弹仪发送数据时，测试主机是否可以接收数据，只有信号为100%才能保证数据不丢失。

(3) 机械回弹仪。带无线传输的机械回弹仪主要由无线传感器模块、USB充电线和机械回弹仪三部分组成。

1) 回弹测试：选择回弹测试并等待主机发送回弹参数后进行回弹测试，每弹击完一组测区值将发送到主机上。

2）回弹校准：将弹击的机械回弹值和数显回弹值设置成一致。

3）ID 设置：等待主机为机械回弹仪设置 ID 值，设置成功后才能发送和接收数据。

4）无线测试：进行无线测试并向主机发送无线测试数据包。

（4）检测步骤：与混凝土回弹仪步骤相同。

2.1.7　砂浆回弹仪——砂浆强度检测

（1）主要功能。用于砌体砂浆的强度检测。回弹法推定既有建筑砌体中的砌筑砂浆抗压强度，不适合验收评定砂浆抗压强度或推定高温、长期浸水、化学腐蚀及火灾等情况下的砂浆强度。回弹法测砂浆强度现场操作如图 2 - 16 所示。

图 2 - 16　回弹法测砂浆强度

（2）检测原理。回弹法是根据砂浆表面硬度推断砌筑砂浆立方体抗压强度的一种检测方法，是一种非破损的原位检测技术，砂浆强度回弹法的原理与混凝土强度回弹法的原理基本相同，即应用回弹仪检测砂浆表面硬度，用酚酞试剂检测砂浆碳化深度，以这两项指标换算为砂浆强度。所使用的砂浆回弹仪也与混凝土回弹仪相似。

（3）回弹法特点。操作简便、检测速度快、仪器便于携带、准备工作不多等是回弹法的优点；其缺点是检测结果有一定的偏差。

（4）检测步骤：

1）选定测区及测位。在承重墙的墙面上选定测区，在测区内确定测位，测位面积宜大于 $0.3m^2$，并避开门窗洞口及预埋件附近的墙体。

2）清除抹灰。测位选定之后，测定前应将砖墙上的抹灰铲除露出灰缝，用小砂轮将灰缝的砂浆磨平，当清水墙灰缝有水泥砂浆勾缝时，应将勾缝砂浆清除（包括原浆勾缝）。

3）选择测点。应仔细选择测点，砌筑砂浆应与砖粘结良好，缝的厚度适中（9～11mm）。每个测位内均匀布置 12 个弹击点，选定弹击点应避开砖的边缘、气孔或松动的砂浆。相邻两弹击点的间距不应小于 20mm。

4）回弹读数。在每个弹击点上，使用回弹仪连续弹击 3 次，第 1、2 次不读数，仅记读第 3 次回弹值，精确至 1 个刻度。检测过程中，回弹仪应始终处于水平状态，其轴线应垂直于砂浆表面，且不得移位。

5）测定碳化。在每一测位内，选择 1～3 处灰缝，使用工具在测区表面打凿出直径约 10mm 的孔洞，其深度应大于砌筑砂浆的碳化深度，清除孔洞中的粉末和碎屑，且不得用水擦洗，然后将浓度为 1%～2% 的酚酞试剂滴在孔洞内壁边缘处，当已碳化与未碳化界限清晰时，采用碳化深度测定仪或游标卡尺测量已碳化与未碳化砂浆交界面到灰缝表面的垂直距离。测量砂浆碳化深度，读数应精确至 0.5mm。

（5）数据基本计算：

1）基本计算。从每个测位的 12 个回弹值中，分别剔除最大值、最小值，将余下的

10 个回弹值计算算术平均值（R），精确至 0.1。取该测位各次碳化深度测量值的算术平均值（d），精确至 0.5mm。分别按下列式子计算各个测位的砂浆强度换算值：

$d \leqslant 1.0$mm 时：$\qquad f_{2ij} = 13.97 \times 10^{-5} R^{3.57}$

1.0mm $< d < 3.0$mm 时：$\qquad f_{2ij} = 4.85 \times 10^{-4} R^{3.04}$

$d \geqslant 3.0$mm 时：$\qquad f_{2ij} = 6.34 \times 10^{-5} R^{3.60}$

式中 f_{2ij}——第 i 个测区第 j 个测位的砂浆强度值，MPa；

$\qquad d$——第 i 个测区第 j 个测位的平均碳化深度，mm；

$\qquad R$——第 i 个测区第 j 个测位的平均回弹值。

计算每个测位的砂浆强度换算值 f_{2ij} 后，再按下式计算测区的砂浆抗压强度平均值：

$$f_{2i} = \frac{1}{n_1} \sum_{j=1}^{n_1} f_{2ij}$$

2）实例说明。某六层砖混住宅，墙体设计强度 M7.5，对其进行砂浆回弹检测。本例仅列出其中一个测区的检测及计算结果。

①测试：按要求布置 5 个测位，测取该房屋 A/②～⑤墙体砌筑砂浆的回弹值。

②记录：见表 2-6。

③计算：计算出每个测位的平均回弹值 R，精确到 0.1，计算结果见表 2-7。

根据每个测位的平均回弹值 R 和平均碳化深度值 d，由 $d \leqslant 1.0$mm 的公式计算出每个测位的砂浆强度换算值 f_{2ij}。计算结果见表 2-7。

由 1.0mm $< d < 3.0$mm 时的公式计算该测区的砂浆强度平均值 f_{2ij}。计算结果见表 2-7。

该房屋二层 A/②～⑤墙体（测区）砌筑砂浆抗压强度平均值为 8.1MPa。

表 2-6 砂浆回弹法检测砌筑砂浆抗压强度原始记录表

构件位置	测位编号	测点回弹值										碳化深度
二层 A/ ②～⑤	1	22	24	26	24	23	25	24	24	24	27	3.0
	2	23	24	24	25	24	24	25	25	24	27	3.0
	3	24	25	28	24	25	25	24	25	25	28	3.0
	4	25	27	24	23	24	25	24	24	25	29	3.0

表 2-7 砂浆回弹法检测砌筑砂浆抗压强度计算表

构件位置	测位编号	碳化深度	回弹最大值	回弹最小值	回弹平均值	测位强度	测区平均值
二层 A/ ②～⑤	1	3.0	32	22	25.9	7.8	8.1
	2	3.0	32	22	26.7	8.7	
	3	3.0	29	23	26.7	7.7	
	4	3.0	29	23	26.2	8.1	

2.1.8 砂浆贯入仪——砂浆强度检测

（1）主要功能。用于砌筑砂浆强度的现场快速检测，为最新的便携式砂浆强度现场

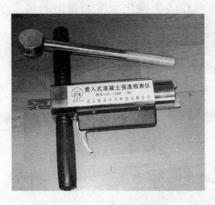

图 2 - 17　贯入式砂浆强度检测仪

检测仪器。

（2）工作原理。其是采用机械贯入方式，通过测钉的贯入深度来检测砂浆的抗压强度。贯入法检测是根据测钉贯入砂浆的深度和砂浆抗压强度间的相关关系，采用压缩工作弹簧加荷，把一测钉贯入砂浆中，由测钉的贯入深度通过测强曲线来换算砂浆抗压强度的一种新型的现场检测方法。贯入式砂浆强度检测仪如图 2 - 17 所示。

（3）性能特点：1）操作简单；2）检测结果准确；3）试验费用低廉等优点，深受好评，也是目前现场砂浆强度检测中使用最为广泛的一种检测技术。

（4）仪器主要构成：

1）贯入仪主机（见图 2 - 18a）。它采用机械贯入方式，依靠特种装置的弹簧提供检测所需的能量，由于弹簧的每次压缩量相同，因而使每次释放的能量相同，这样就保证了检测的准确性、可靠性。

2）贯入深度测量尺（见图 2 - 18b）。它是用来测量贯入仪主机测试产生的测孔深度，所测数据为实际深度，不需要计算，任意点调零。

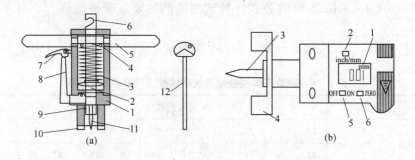

图 2 - 18　贯入式混凝土强度检测仪主要仪器构成

（a）贯入仪主机：1—主体；2—贯入杆；3—工作弹簧；4—调整螺母；5—把手；6—加力槽；7—扳机；

8—挂钩；9—测钉座；10—扁头；11—测钉；12—加力器；

（b）贯入深度测量尺：1—显示屏；2—转换开关；3—测头；4—扁头；5—电源开关；6—归零键

（5）工作步骤：

1）测区测点布置：

①检测砌筑砂浆抗压强度时，应以面积不大于 $25m^2$ 的砌体构件或构筑物为一个构件。

②按批抽样检测时，应取龄期相近的同楼层、同品种、同强度等级砌筑砂浆且不大于 $250m^2$ 砌体为一批，取样数量不应少于砌体总构件的 30%，且不应少于 6 个构件。基础砌体可按一个楼层计。

③被检测灰缝应饱满，其厚度不应小于 7mm，并应避开竖缝位置、门窗洞口、后砌

洞口和预埋件的边缘。

④多孔砖砌体和空斗墙砌体的水平灰缝深度应不大于30mm。

⑤检测范围内的饰面层、粉刷层、勾缝砂浆、浮浆以及表面损伤层等，应清除干净；应使待测灰缝砂浆暴露并经抽样检查平整后再进行检测。

⑥每一构件应测试16点，测点应均匀分布在构件的水平灰缝上，相邻测点水平间距不宜小于240mm，每条灰缝测点不宜多于2点。

2）贯入检测：

①用砂轮片将砌缝表面打磨平整。

②将测钉插入贯入杆的测钉座中，测钉尖端朝外，固定好测钉。

③用摇柄旋紧螺母，直至挂钩挂上为止，然后将螺母退至贯入杆顶端。

④将贯入仪扁头对准灰缝中间，并垂直贴在被测砌体灰缝砂浆的表面，握住贯入仪把手，扳动扳机，将测钉贯入被测砂浆中。

3）贯入深度的测量：

①将测钉拔出，用吹风器将测孔中的粉尘吹干净。

②将贯入深度测量表扁头对准灰缝，同时将测头插入测孔中，并保持测量表垂直于被测砌体灰缝砂浆的表面，从表盘中直接读取测量表显示值并记录在表2-8中，贯入深度应按下式计算：

$$d_i = 20.00 - d_i'$$

式中　d_i——第 i 个测点贯入深度测量表读数，精确至0.01mm；

　　　d_i'——第 i 个测点贯入深度值，精确至0.01mm。

③直接读数不方便时，可用锁紧螺钉锁定测头，然后取下贯入深度测量表读数。

④当砌体的灰缝经打磨仍难以达到平整时，可在测点处标记，贯入检测前用贯入深度测量表测读测点处的砂浆表面不平整度读数 d_i^0，填入表2-8内，然后再在测点处进行贯入检测，读取 d_i'，则贯入深度应按下式计算：

$$d_i = d_i^0 - d_i'$$

式中　d_i——第 i 个测点贯入深度值，精确至0.01mm；

　　　d_i^0——第 i 个测点贯入深度测量表的不平整度读数，精确至0.01mm；

　　　d_i'——第 i 个测点贯入深度测量表读数，精确至0.01mm。

4）数据记录与处理。将检测数据记录在现场砂浆贯入强度数据记录表上，对砂浆的品种、检测环境、构件名称的信息进行记录，如表2-8所示。

这样就完成了一次完整的检测工作，砂浆抗压强度的具体计算可查测强曲线便知砂浆强度，具体参考《贯入法检测砌筑砂浆抗压强度技术规程》（JGJ/T 136—2001）。

实际工程中：将现场检测的砂浆数据通过砂浆强度数据计算分析软件进行处理，例如：表面不平整度读数 $d_i^0 = 3.25$，填入表2-8中的序号1处，然后再在测点处进行贯入检测，读取 $d_i' = 6.45$，这样贯入深度就为3.20，将16组数据输入砂浆强度数据计算软件中便知砂浆强度结果即5.5，如图2-19所示。计算结果如表2-9所示。

5）测定碳化。在每一测位内，选择1~3处灰缝，使用工具在测区表面打凿出直径约10mm的孔洞，其深度应大于砌筑砂浆的碳化深度，清除孔洞中的粉末和碎屑，且不得用水擦洗，然后将浓度为1%~2%的酚酞试剂滴在孔洞内壁边缘处，当已碳化与未碳化

表2-8　砂浆抗压强度贯入检测记录

工程名称：××市希望小学　　　　　　构件名称及编号：一层楼梯间

贯入仪：　　　　　　　　　　　　　　设备使用状态：良好

砂浆品种：混合砂浆　　　　　　　　　检测环境：干燥

共　页　第1页

序号	不平整度读数 d_i^0/mm	贯入深度测量表计数 d'_i/mm	贯入深度 d_i/mm	序号	不平整度读数 d_i^0/mm	贯入深度测量表计数 d'_i/mm	贯入深度 d_i/mm
1	3.25	6.45	3.20	9			
2	2.44	5.14	5.70	10			
3	3.12	7.21	4.09	11			
4	0.12	4.42	4.30	12			
5	⋮	⋮	⋮	13			
6				14			
7				15			
8				16			
备注							

贯入深度平均值 $m_{dj} = \dfrac{1}{10} \sum\limits_{i=1}^{10} d_i =$

砂浆抗压强度换算值：$f_{2,j}^c =$

记录：　　　　　　　检测：　　　　　　　检测日期：2012 年 10 月 10 日

图2-19　砂浆强度数据计算分析（软件版）

表2-9 贯入法检测某项目砌体砂浆强度结果

楼　　层	推定强度/MPa
1层楼梯间	5.5
1层过道	5.8
2层楼梯间	6.1
⋮	⋮

界限清晰时，采用碳化深度测定仪或游标卡尺测量已碳化与未碳化砂浆交界面到灰缝表面的垂直距离。测量砂浆碳化深度，读数应精确至0.5mm。

（6）常见仪器故障及排除：

1）现象1：无法挂起钩。原因：挂钩磨损或螺母磨损。处理方法：返回厂家更换挂钩或更换螺母。

2）现象2：贯入力很低。原因：工作弹簧断裂。处理方法：返回厂家更换弹簧，重新校准。

3）现象3：挂钩后释放不了。原因：贯入杆端头被卡住。处理方法：贯入杆另一端用锤用力敲击一下。

4）现象4：贯入深度测量表测头断了。原因：人为摔坏。处理方法：更换测头或重新购买一只贯入深度测量表。

5）现象5：测钉插不进去。原因：贯入仪主机空弹了。处理方法：松开小螺帽，将测钉座口扩开。

（7）注意事项：

1）每次试验前，应清除测钉上附着的水泥灰渣等杂物，同时用测钉量规检验测钉的长度，测钉能够通过测钉量规槽时，应重新选用新的测钉。

2）操作过程中，当测点处的灰缝砂浆存在空洞或测孔周围砂浆不完整时，该测点应作废，另选测点补测。

3）在加力状态下，贯入端方向严禁对着自己或他人，以防发生事故。

4）在未装贯入钉前应避免加力弹射，以防损坏测钉座。

2.1.9 楼板厚度检测仪——楼板（墙）厚度检测

楼板厚度检测仪，是一种便携式无损检测方法对混凝土或其他非铁磁体介质的厚度进行测量的仪器。仪器主要由信号发射、接收，信号处理，显示等单元组成，当探头接收到发射探头电磁信号后，信号处理单元根据电磁波的运动学特性进行分析，自动计算出发射—接收探头的距离，该距离即为所测试的楼板（墙）的厚度。使用时，发射探头和接收探头分别放置在楼板的相对测试面，分别发射和接收电磁场，仪器根据接收到的信号强度，测量楼板厚度值。

（1）主要功能。用于测量楼板厚度。

（2）工作原理。仪器利用电磁波幅值衰减的原理来测量楼板厚度。发射探头发射出稳定的交变电磁场，根据电磁理论，电磁场的强度随着距离衰减，与主机相连的接收探头接收电磁场，并根据电磁场的强度来测量楼板的厚度，如图2-20所示。

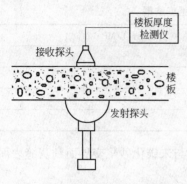

图 2-20　楼板厚度无损检测
仪器工作原理

测量时，发射探头置于被测楼板的一面（即底面），并使其表面与楼板贴紧；接收探头置于被测楼板的另一相对面（即顶面），接收探头在发射探头对应的位置附近移动，寻找当前值最小的位置，楼板厚度值即是上述过程中的最小值。

（3）仪器构成。仪器主要由四部分组成：主机、发射探头、接收探头、延长杆。

（4）测试过程：

1）测试准备。确定测量位置→连接延长杆→连接主机与接收探头→打开发射探头开关→将发射探头表面紧贴楼板底面→打开仪器电源。

2）设置参数。设置待测楼板的设计厚度、楼板类型等信息。

3）确定测量位置及区域。勘察测试现场后，确定测量点的位置，并约定测量顺序。注意：测量点应尽量远离钢梁等大体积金属物体，距离应大于 10cm 以上。

4）开始测试。测量时，测试人员持主机在被测楼板上方，另一人持发射探头在被测楼板下方，测试人员通过对讲机通知下方人员将发射探头支撑在被测楼板上，使探头表面与楼板下表面（底面）贴紧；测试人员将接收探头与楼板上表面（顶面）贴紧，在发射探头对应的位置附件移动接收探头，观察信号值变化，该值较强的区域即是测量区域。

5）读取测量结果如表 2-10 所示。

表 2-10　某项目楼板厚度检测结果

楼　层	实测厚度/mm			
	测点一	测点二	测点三	平均值
二　层	107	105	105	106
三　层	105	105	102	104
⋮	⋮	⋮	⋮	⋮

检测位置为各层楼道板，设计板厚 100mm，从检测结果可以看出，楼板厚度与原设计基本相符。

2.1.10　混凝土钢筋检测仪——钢筋直径、位置、保护层厚度检测

混凝土钢筋检测仪，是一种便携式无损钢筋测量仪器，能够在混凝土表面测量钢筋位置、钢筋直径和混凝土保护层厚度，测量钢筋位置、走向及分布。

（1）主要功能。测定钢筋直径、位置和走向及分布，测量钢筋的保护层厚度。

（2）检测原理。设备采用电磁感应法进行检测，其原理是：探头等计量仪器中的线圈，当交流电流通电后便产生磁场，在该磁场内有钢筋等磁性体存在，这个磁性体便产生电流，由于有电流通过便形成新的反向磁场。由于这个新的磁场，计量仪器内的线圈产生反向电流，结果使线圈电压产生变化。由于线圈电压的变化是随磁场内磁性体的特性及距离而变化的，利用这种现象便可测出混凝土中的钢筋保护层、直径及位置等。混凝土钢筋检测工作原理如图 2-21a 所示。

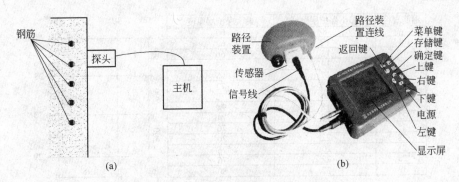

图 2 - 21 混凝土钢筋检测原理及仪器
(a) 检测仪工作原理；(b) 混凝土钢筋检测仪

（3）仪器组成：

1）主机。主机如图 2 - 21b 所示。

2）传感器。传感器具有指向性，当传感器轴线与钢筋走向平行时最灵敏，反之，当传感器轴线与钢筋走向垂直时探测信号最弱。因此，在测量钢筋时，应保持传感器轴线与钢筋走向平行，在垂直于钢筋走向的方向移动传感器进行扫描测量。

3）路径装置（探头）。路径装置可以实时、准确地记录传感器移动的位移量。

（4）测试过程：

1）钢筋位置检测。结合设计资料了解钢筋布置状况，检测时避开接头和绑丝，钢筋间距应满足钢筋探测仪要求。将探头贴于混凝土表面，缓慢移动或转动，当探头靠近钢筋或与钢筋趋于平行时，感应电流增大，反之减小。探头移动到信号最强时，此时探头中心线与钢筋轴线重合，在相应位置作好标记，按上述步骤将相邻的其他钢筋位置逐一标出，最后测量钢筋间距。

2）保护层厚度检测。确定好钢筋位置后，设定构件探测仪的量程范围及钢筋公称直径，再沿被测钢筋轴线选择相邻钢筋影响较小的位置，并应避开钢筋接头和绑丝，读取第一次检测的混凝土保护层厚度检测值。在被测钢筋的同一位置应重复检测 1 次，读取第 2 次检测的混凝土保护层厚度检测值。当同一处读取的 2 次检测值相差大于 1mm 时，该组检测数据应无效，并查明原因，在该处应重新进行检测。仍不满足时，应剔凿验证。

3）钢筋直径检测。标记被测钢筋相邻位置和排列方向，然后由钻孔确定被测钢筋实际保护层厚度，最后进行钢筋直径测量。测量时应避开钢筋接头和绑丝。每根钢筋重复测量 2 次，第 2 次检测时探头应旋转 180°，两次检测数据一致时方有效。需注意，当前探测仪检测钢筋公称直径的精度不能满足非破损检测的需要，因此应局部剔凿用游标卡尺测量钢筋，测量时需根据相关钢筋产品标准确定量测部位，并根据量测结果通过产品标准查出其对应的公称直径。

（5）检测结果。某项工程的检测结果如图 2 - 22 所示。

（6）钢筋测量的一般原则：

1）扫描面应比较平整，无较高的突起物。如果表面过于粗糙而无法清理时，可以在扫描面上放置一块薄板，在测量结果中将薄板的厚度减掉。

2）扫描过程中尽量使传感器保持单向匀速移动。

钢筋直径	最小保护层厚度	最大保护层厚度
6	8	60
8	12	62
10	12	66
12	14	68
14	14	68
16	16	72
18	16	72
20	18	74
22	18	74
25	20	76
28	22	76
25	20	76
28	22	76
32	22	80

图 2-22　实测钢筋保护层厚度、钢筋间距、钢筋直径

3）扫描方向应垂直于钢筋走向，否则可能会造成误判。对于网状钢筋，一般应首先定位上层钢筋，然后在两条上层钢筋中间测量来定位下层钢筋。

2.1.11　混凝土雷达仪——钢筋直径、位置、保护层厚度检测

（1）主要功能。测定钢筋直径、位置和走向及分布，测量钢筋的保护层厚度。

（2）检测原理。雷达天线向被检测构件的混凝土中发射毫微秒级电磁波，由于构件中钢筋、混凝土的介电常数不同，使电磁波在不同介质的界面处出现反射，并由混凝土表面的雷达天线接收、放大并利用识别技术进行相应的数据处理，即根据雷达天线发射电磁波至反射波返回的时间差与在正常混凝土中电磁波传播的速度，来确定反射体距被检测结构表面的距离，从而检测出混凝土内部钢筋的位置、深度等参数，如图 2-23a 所示。利用混凝土雷达仪检测钢筋现场操作，如图 2-23b 所示。

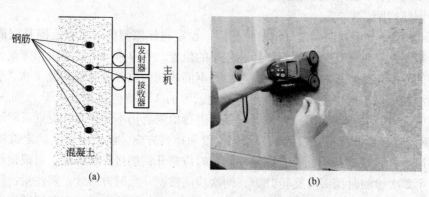

图 2-23　混凝土雷达仪工作原理及工作场景
（a）混凝土雷达仪工作原理；（b）利用混凝土雷达仪检测钢筋

雷达检测宜用于结构及构件中钢筋间距的大面积扫描检测。当检测精度满足要求时，可用于钢筋的混凝土保护层厚度的检测。雷达检测与钢筋探测仪相比具有以下特点：

1）钢筋探测仪必须用探头在钢筋附近往复移动定位并逐根作标记，速度慢，雷达仪采用天线进行连续扫描测试，一次测试可达数米，因而效率大大提高。

2）雷达探测深度超过一般的电磁感应式钢筋探测仪，可达 200mm，能满足大多数构

件的要求。

3）雷达仪测试结果以所测部位的断面图像形式显示，直观、准确，而且图像可以存储、打印，便于事后整理、核对、存档。

（3）检测方法。雷达法检测时，根据被测结构及构件中钢筋的排列方向，雷达天线应沿垂直于选定的被测钢筋轴线方向扫描，应根据钢筋的反射波位置来确定钢筋间距和混凝土保护层厚度检测值。

当存在如下情况之一时，应选取不少于30%的已测钢筋，且不少于6处（当实际检测数量不到6处应全部选取），采用钻孔、剔槽等方法验证。

1）认为相邻钢筋对检测结果有影响时。

2）钢筋实际根数、位置与设计有较大偏差或无资料可供参考。

3）混凝土含水率较高。

4）钢筋以及混凝土材质与校准试件有显著差异。

为达到检测所需的精度要求，应根据被检结构及构件所采用的素混凝土，对雷达仪进行介电常数的校正。表2-11为某种雷达仪的相对介电常数与深度修正值的关系，有条件的时候，可在现场凿打混凝土楼板，实测钢筋验证标定。经过修正后，雷达仪的深度测值与实际深度误差可在5%以内。

表2-11 相对介电常数与深度校正值

深度校正值	-3	-2	-1	0	+1	+2	+3
混凝土相对介电常数	6.2	6.8	7.4	8.0	8.9	9.8	10.7

雷达仪的测试结果分A模式和B模式两种形式。A模式测定时，显示屏上显示的是测点的雷达波反射波形，B模式测定时显示的是天线移动过程中所扫描的混凝土内部剖面图，相比B模式更加直观。

（4）数据处理。钢筋的混凝土保护层厚度平均检测值为：

$$C_i = (C_1 + C_2 + 2C_c - 2C_o)/2$$

式中 C_i——第 i 测点混凝土保护层平均检测值，精确到1.0mm；

C_1，C_2——第1、2次检测的混凝土保护层厚度检测值，精确到0.1mm；

C_c——混凝土保护层修正值，为同一规格钢筋的混凝土保护层厚度实测验证值减去检测值，精确到1.0mm；

C_o——探头垫块厚度，精确到0.1mm；不加垫块时 $C_o = 0$。

检测钢筋间距时，可根据实际需要采用绘图的方式给出结果。当同一构件检测钢筋不少于7根（6个间隔）时，也可给出被测钢筋的最大间距、最小间距，并可计算平均值。

2.1.12 钢筋锈蚀检测仪——钢筋锈蚀检测

钢筋锈蚀检测仪（图2-24）是依据《建筑结构检测技术标准》（GB/T 50344—2004）中的电化学测定方法（自然电位法）而研制的专用仪器，采用极化电极原理，通过铜/硫酸铜参考电极来测量混凝土表面电位，利用通用的自然电位法判定钢筋锈蚀程度。自然电位法是目前采用范围最广的一种定性测量钢筋锈蚀程度的方法，和表面电阻法等其他方法比较，具有测量操作简单、受周围环境影响小、重复性好、可连续跟踪等优点。

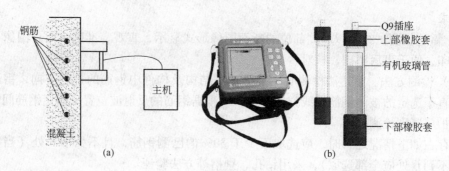

图 2 – 24 　钢筋锈蚀检测仪

（a）仪器连接方法；（b）主机及硫酸铜电极

（1）主要功能。钢筋锈蚀检测仪的主要功能是检测混凝土中钢筋锈蚀状况。

（2）钢筋锈蚀机理。钢筋混凝土中钢筋发生锈蚀主要是电化学反应的结果。混凝土浇筑后，水泥的水化反应产生强碱环境，钢筋会在该环境中发生氧化反应（又称钝化反应），从而在钢筋的外表面产生一层致密的氧化层，就是常说的钝化膜。完整的钝化膜能够将钢筋和外部环境隔离开来，阻止钢筋的锈蚀。当混凝土受外力破坏或化学侵蚀造成钝化膜局部消失时，失去保护的钢筋在具有氧气和水的环境中就会逐渐发生锈蚀。

（3）工作原理。

半电池自然电位法检测原理：检验钢筋锈蚀状况，目前国内外常用的方法是半电池电位法——钢筋在混凝土中锈蚀是一种电化学过程。此时，在钢筋表面形成阳极区和阴极区，在这些具有不同电位的区域之间，混凝土的内部将产生电流。钢筋和混凝土的电学活性可以看作是半个弱电池组，钢筋的作用是一个电极，而混凝土是电解质，这就是半电池电位检测法的名称来由。半电池电位法是利用 $Cu + CuSO_4$ 饱和溶液形成的半电池与钢筋 + 混凝土形成的半电池构成一个全电池系统。由于 $Cu + CuSO_4$ 饱和溶液的电位值相对恒定，而混凝土中钢筋因锈蚀产生的化学反应将引起全电池的变化。因此，总结电位分布和钢筋锈蚀间的统计规律，就可以通过电位测量结果判定钢筋锈蚀情况，评估钢筋锈蚀状态。

（4）仪器组成。钢筋锈蚀检测仪由主机、硫酸铜电极、信号线、接地线构成。

（5）测试步骤：

1）准备硫酸铜电极。检测前，首先配制 $Cu + CuSO_4$ 饱和溶液。电位梯度测试的原理要求混凝土成为电解质，因此必须对钢筋混凝土结构的表面进行预先润湿。

2）确定测区。测区宜选择结构混凝土有钢筋锈蚀迹象或可能发生钢筋锈蚀的区域，面积不宜大于 $5m \times 5m$。

3）布置测点：

①在待测构件表面布置测线，X 向测线和 Y 向测线构成正方形的网格，测线的交点即为测点；

②测点处混凝土表面应平整、清洁，必要时用砂轮或钢丝刷打磨，并将粉尘等杂物清除；

③测区混凝土应预先充分浸湿，以减少通路的电阻，但测试时表面不得有液态水

存在。

4）连接地线。在合适的位置凿开混凝土露出钢筋，钢筋表面应除锈或清除污物，以保证导线与钢筋有效连接。用接地线的电夹把钢筋夹好。

5）连接仪器：将接地线的插头插入仪器左侧的地线插座，用信号线将硫酸铜电极和仪器连接好。握住有机玻璃管，轻轻转动同时向下拉橡胶套，把橡胶套摘下。

6）设置测点间距，进入测试界面，并根据需要，设置测试方向。

7）将电极放置在测点上，观察电位值显示，当该值稳定后，记录该点电位。

8）重复上一步操作，直到该行（列）测点测试结束。重复上述几步操作，直到整个测区测试结束。

现场电位梯度测试不需要凿开混凝土，使用两个相距20cm的硫酸铜电极。

根据电位梯度测试的测试原理，一个测区内，一旦连接好两个电极开始测试后，两个电极的前后顺序不可调换。

9）检测结果读取。

2.1.13 超声波探伤仪——混凝土内部缺陷位置、大小检测

（1）主要功能。超声波探伤仪的主要功能是确定混凝土内部缺陷的具体位置、缺陷的大小。

（2）测试原理。超声脉冲波的传播速度与材料的密实度有直接的关系，对于原材料、配合比、龄期及测试距离一定的混凝土构件来说，混凝土密实，声速则高；当存在空洞或裂缝时，超声脉冲波将绕过空洞或裂缝传播，因此传播的路程大，声时长，声速低。同时，由于空气的声阻抗率远小于混凝土的声阻抗率，脉冲波的缺陷的界面处会发生反射和散射，使声能衰散，特别是高频波，最终接收到的波幅、频率都将明显降低，并且由于反射和散射，波形还会出现畸变。因此，通过测试超声波在混凝土中的声时、声速以及接收波的振幅、频率等声学参数，可判定混凝土中的缺陷，如图 2-25a 所示。

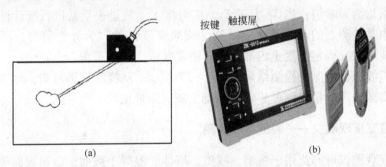

图 2-25 超声波探伤原理及仪器
（a）测试原理；（b）主机及超声波探头

（3）仪器组成。超声波探伤仪由主机、超声波探头及其他配件组成。

（4）仪器使用方法。当结构构件具有两对相互平行的测试面时，宜采用对测法（图 2-26a），结构构件具有一对相互平行的测试面时，宜采用斜测法（图 2-26b）；当结构构件的测试距离较大时，为提高测试灵敏度，可在测区适当的位置钻出平行于

构件侧面的测试孔，将换能器深入孔中进行测试，此时孔径宜为 45～50mm，深度视测试需要而定。

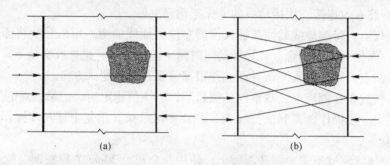

图 2-26　超声波探伤仪测量方法布置
(a) 对测法测区布置；(b) 斜测法测区布置

（5）缺陷位置的测试。混凝土结构内部缺陷的检测是根据声时、声速、声波衰减量、声频变化等参数来评判的。测试内部缺陷时，首先应判断可能存在质量缺陷的部位，这时可以较大的间距（300mm）划出第一级网格，测定网格点处的声时值；然后在声时变化较大的区域，以较小的间距（如 100mm）划出第二级网格，测定网格点处的声时值，并将数值较大的声时点或异常点连接起来，所圈定的区域即可初步定为缺陷区。

（6）缺陷大小的测试。在确定缺陷位置后，可进一步确定缺陷的尺寸。

（7）数据处理及检测结果。将一测区各测点的波幅、频率或由声时计算的声速值由大至小按顺序排列，将排在后面明显小的数据视为可疑，再将这些可疑数据中最大的一个连同其前面的数据计算出平均值 m_x 及标准差 s_x，并代入下式计算出异常情况的判断值 X_0：

$$X_0 = m_x - \lambda_1 \cdot s_x$$

将判断值 X_0 与可疑数据的最大值 X_n 相比较，如 X_n 小于或等于 X_0，则 X_n 及排列于其后的各数据均为异常值；当 X_n 大于 X_0，应再将 X_{n+1} 放进去重新进行统计计算和判别。

当测区中某些测点的声速值、波幅值（或频率值）被判为异常值时，可结合异常测点的分布及波形状况确定混凝土内部存在不密实区或空洞的范围。

某款超声波探伤仪测缺检测结果如图 2-27 所示。从检测结果可知，该测区的内部混凝土无不密实区，声参量无明显异常，混凝土浇筑质量正常。

2.1.14　裂缝宽度观测仪——裂缝宽度检测

裂缝宽度观测仪可广泛用于桥梁、隧道、墙体、混凝土路面、金属表面等裂缝宽度的定量检测。设备主要由主机及摄像头构成，测量时，主机实时显示裂缝图像，可通过自动和手动得到裂缝宽度数据，且可将采集的图像数据保存起来。

（1）主要功能。裂缝宽度观测仪的主要功能是测量裂缝宽度。

（2）工作原理。仪器利用摄像头拍摄裂缝图片，通过液晶屏显示，停止捕获后，仪器获得当前帧图片，通过操作主界面，可对当前图片进行处理，自动识别裂缝轮廓，达到自动判读功能。

（3）仪器组成。仪器由主机和摄像头组成，如图 2-28a 所示。

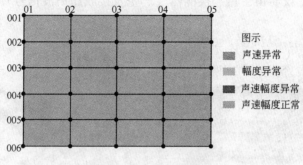

图 2-27 某测缺检测结果

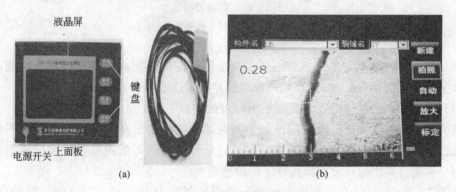

(a) (b)

图 2-28 裂缝宽度观测仪

（a）主机和摄像头；（b）某裂缝宽度观测仪数据显示示意图

（4）检测步骤：

1）测试准备；

2）仪器校准；

3）设置参数；

4）开始测量；

5）数据查看；

6）数据传输；

7）数据分析。

（5）数据采集。某项目裂缝数据采集图像如图 2-28b 所示，该裂缝宽度为 0.28mm。

2.1.15 裂缝测深仪——裂缝深度检测

（1）基本原理。仪器采用超声波衍射（绕射）原理的单面平测法，对混凝土结构裂缝深度进行检测。仪器有自动检测和手动检测两种检测方式：1）自动检测方式是利用超声波在混凝土中的传播特性，结合相应几何计算方法实现混凝土等非金属材料构件的裂缝深度的检测方法；2）手动检测方式是根据超声波在介质中传播过程中遇到裂缝时，波形相位的变化、测试距离与裂缝深度之间的关系而使用的测试方法。该方法操作简单，容易掌握，是常用的测试方法。

（2）仪器组成。仪器由主机、换能器（产生及接收超声波信号）组成，如图 2 – 29 所示。

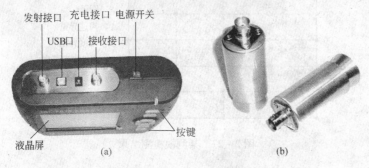

图 2 – 29　裂缝测深仪
（a）主机；（b）换能器

（3）测试条件。利用本仪器对结构混凝土裂缝深度检测时，要求被测的裂缝内无耦合介质（如水、泥浆等），以免造成超声波信号经过这些耦合介质发生"短路"。

（4）自动检测方法。分 3 步完成裂缝深度的测试工作：

第一步：不跨缝测试，得到构件的平测声速。该步要求在构件的完好处（平整平面内，无裂缝）测量一组特定测距的数据，并记录每个测距下的声参量，通过该组测距及对应的声参量，算出超声波在该构件下的传输速度。

如图 2 – 30a 所示，在构件的完好处分别测量测距为 $L0$、$L1$、$L2$、$L3$…时的声参量，计算出被测构件混凝土的波速。条件允许时，尽量进行不跨缝数据测试，以获得准确的声速和修正值。当不具备不跨缝测试条件时，可以直接输入声速。需要指出的是，声速是对应于构件而非裂缝，无需在测量每个裂缝时都测量声速，在同一个构件下，只测量一次声速即可。

第二步：跨缝测试，得到一组测距及相应的声参量。如图 2 – 30b 所示为跨缝测试示意图，测量一组与测距 $L0$、$L1$、$L2$…相对应的超声波在混凝土中的声参量，为第三步的计算准备数据。该组测距在测量前设定，用初始测距 $L0$ 累加测距调整量 ΔL 来得到。

第三步：计算裂缝深度。

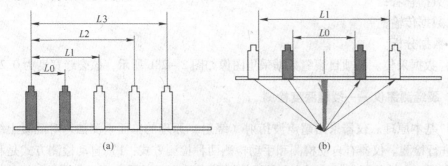

图 2 – 30　裂缝测深仪自动检测示意图

（5）手动检测方法。手动检测方式根据波形相位发生变化时测距和裂缝深度之间的关系而得到缝深。

手动检测的首要目的就是寻找波形相位变化点，如图 2 - 31 所示，从（a）到（b）再到（c）缓慢移动换能器的过程中就会出现波形相位变化的现象。移动过程中只要发现波形相位发生跳变（见图 2 - 31b），就立即停止移动，记录当前的位置并输入到仪器，即可得到缝深。

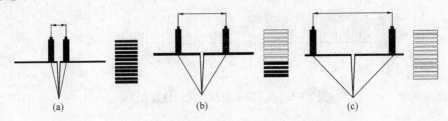

图 2 - 31　裂缝测深仪手动检测示意图
（a）测距较小；（b）临界点附近；（c）测距较大

2.1.16　游标卡尺——钢结构板材厚度检测

（1）主要功能。游标卡尺的主要功能是测量钢板厚度；测量工件的宽度、外径、内径和深度。

（2）检测原理。游标卡尺（图 2 - 32）由带固定卡脚的主尺和带活动卡脚的副尺（游标）组成。在副尺上有副尺固定螺钉。主尺上的刻度以 mm 为单位，每 10 格分别标以 1、2、3…，以表示 10mm、20mm、30mm…。这种游标卡尺的副尺刻度是把主尺刻度 49mm 的长度，分为 50 等份，即每格为 0.98mm。主尺和副尺的刻度每格相差：1 - 0.98 = 0.02mm，即测量精度为 0.02mm。如果用这种游标卡尺测量工件，测量前，主尺与副尺的 0 线是对齐的，测量时，副尺相对主尺向右移动，若副尺的第 1 格正好与主尺的第 1 格对齐，则工件的厚度为 0.02mm。同理，测量 0.06mm 或 0.08mm 厚度的工件时，应该是副尺的第 3 格正好与主尺的第 3 格对齐或副尺的第 4 格正好与主尺的第 4 格对齐。

（3）使用方法（游标卡尺的刻线原理与读数方法）。读数方法，可分三步：

1）根据副尺零线以左的主尺上的最近刻度读出整毫米数。

2）根据副尺零线以右与主尺上的刻度对准的刻线数乘上 0.02 读出小数。

3）将上面整数和小数两部分加起来，即为总尺寸。

如图 2 - 33 所示，副尺 0 线所对主尺前面的刻度 64mm，副尺 0 线后的第 9 条线与主

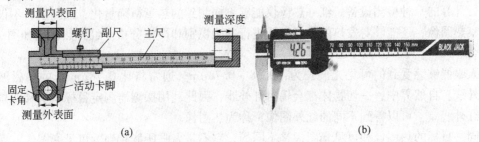

图 2 - 32　游标卡尺
（a）常规游标卡尺；（b）电子游标卡尺

尺的一条刻线对齐。副尺 0 线后的第 9 条线表示：

$$0.02 \times 9 = 0.18\text{mm}$$

所以被测工件的尺寸为：

$$64 + 0.18 = 64.18\text{mm}$$

图 2-33　0.02mm 游标卡尺的读数方法

（4）游标卡尺的使用与注意事项：

1）使用前，应先擦干净两卡脚测量面，合拢两卡脚，检查副尺 0 线与主尺 0 线是否对齐，若未对齐，应根据原始误差修正测量读数。

2）测量工件时，卡脚测量面必须与工件的表面平行或垂直，不得歪斜。且用力不能过大，以免卡脚变形或磨损，影响测量精度。

3）读数时，视线要垂直于尺面，否则测量值不准确。

4）测量内径尺寸时，应轻轻摆动，以便找出最大值。

5）游标卡尺用完后，仔细擦净，抹上防护油，平放在盒内，以防生锈或弯曲。

2.1.17　红外热像仪——外墙检查等

红外热像仪外观是一个手持式照相机。利用测量目标物体的红外线辐射生成目标的热像图，仪器内的软件再将这样的热像图转换成可以定量分析的热像图，其中包括目标物体的实际温度和温度分布。它可以得到和分析可定量的热像图。

（1）主要功能。使用红外热像仪，可以检测到空气泄漏、水分积累、管道堵塞、墙壁后面的结构特征以及过热的电气线路等，并对数据进行可视化记录归档。通过用这种工具对表面进行扫描，可以快速发现通常代表潜在问题的温度变化，并以详细的图形报告的形式对数据进行记录。

（2）检测原理。红外热像仪（热成像仪或红外热成像仪）是通过非接触探测红外能量（热量），并将其转换为电信号，进而在显示器上生成热图像和温度值，并可以对温度值进行计算的一种检测设备。红外热像仪能够将探测到的热量精确量化，或测量，不仅能够观察热图像，还能够对发热的故障区域进行准确识别和严格分析。红外热像仪如图 2-34 所示。

人眼能够感受到的可见光波长为：$0.38 \sim 0.78\mu\text{m}$。通常将比 $0.78\mu\text{m}$ 长的电磁波称为红外线。自然界中，一切物体都会辐射红外线，因此利用探测器测定目标本身和背景之间的红外线差，可以得到不同的红外图像，称为热图像。

同一目标的热图像和可见光图像是不同的，它不是人眼所能看到的可见光图像，而是目标表面温度分布图像，或者说，红外热图像是将人眼不能直接看到的目标的表面温度分布，变成人眼可以看到的代表目标表面温度分布的热图像。

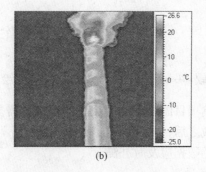

（a）   （b）

图 2-34 红外热像仪

（a）手持式红外热像仪；（b）红外热像仪对于构筑物的成像结果

2.1.18 桥梁检测车——桥梁检测

　　桥梁检测车是一种可以为桥梁检测人员在检测过程中提供作业平台，装备有桥梁检测仪器，用于流动检测和（或）维修作业的专用汽车。它可以随时移动位置，能安全、快速、高效地让检测人员进入作业位置进行流动检测或维修作业。工作时不影响交通而且可以在不收回臂架的情况下慢速行驶。

　　工作原理是由液压系统将工作臂弯曲深入到桥底对桥梁进行检测。桥梁检测车由汽车底盘和工作臂组成。根据专用工作装置的不同，桥梁检测车主要分为吊篮式和桁架式两种。

　　桁架式桥梁检测车（图 2-35a）采用通道式工作平台，稳定性好，承载能力大，使用时检测人员能方便地从桥面进入平台或返回桥面，如配置升降机则可大大增加下桥深度。

　　吊篮式桥梁检测车也称折叠臂式桥梁检测车（图 2-35b），其结构小巧，受桥梁结构制约少，工作灵活，既可检测桥下也可升起检测桥梁上部结构，可有线、无线操作，灵活方便，有时候还可以作为高空作业车使用，价格相对桁架式桥梁检测车低。其基本结构充分体现了折叠臂式随车起重运输车、高空作业车的特点。

（a）   （b）

图 2-35 桥梁检测车

（a）桁架式桥梁检测车全景；（b）吊篮式桥梁检测车全景

2.2 工作软件

2.2.1 绘图软件——建（构）筑物结构的测绘

对于检测项目图纸不全或丢失的情况，需要通过对实际建筑物的主要结构图进行量测，测量完成之后，及时绘制实测图，并将所测结果整理汇总并进行描绘，绘图过程中发现有未测量的数据应及时补测。

（1）现场量测。

绘制主要结构图，如下信息需进行现场量测：轴网的轴线尺寸，主要受力构件的截面尺寸（梁柱的截面、墙体的厚度、板的厚度、门洞的位置及开间大小），各层建筑的标高。几何量的检测应采用钢尺，有的构件虽然不是承重构件，但作为结构上的载荷也应仔细测量并记录。其中对一些与承载能力有关的隐蔽工程，如钢筋的间距、数量和直径都应凿除混凝土表面仔细测量，仔细记录检测数据（必要时还应取样检测其强度），对于基础应开挖以后，测量基础的大小、埋置深度，从而评价地基的力学性能，必要时应进行勘探。进而现场详细记录所测信息并草绘平面图，某项目的现场草绘平面图，如图 2 - 36a 所示。

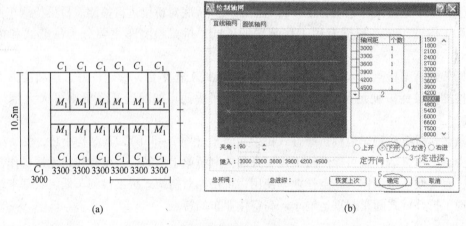

图 2 - 36　绘图过程
（a）现场平面图（原始版）；（b）绘制轴网

（2）绘制平面图。依据现场采集的房屋各构件及尺寸，采用绘图软件绘出建筑物的平面图。具体绘图步骤分为：1）绘制轴网；2）定义轴线尺寸；3）绘制柱子；4）插入门窗；5）插入楼梯等主要几项。

第一步：通过现场量测的轴网尺寸、各房间的开间及进深尺寸等信息绘制轴网，如图 2 - 36b 所示。

第二步：标注轴网的相应尺寸。

第三步：绘制墙体不留门窗洞，先绘制成通墙，插入门窗时会自动开门窗洞，这里需要对墙的类型（混凝土、砖砌）、墙的高度、墙的尺寸（120 墙、240 墙、370 墙等）等信息进行相应的定义。

第四步：绘制完墙体之后，紧接着绘制柱子，根据现场对柱子的检查数据汇总，定义柱子的类型（混凝土、砖砌）、柱的高度、柱子的界面尺寸等信息。

第五步：确定门洞位置，依据现场对门、窗的实测值，定义门的宽度、高度及门的位置；依据窗的实测值对窗的高度、宽度、窗台高度及位置信息进行定义。

第六步：插入楼梯，依据现场对楼梯的位置、踏步总数、楼梯高度、楼梯间的宽度等信息进行定义并插入楼梯。最后成图如图 2-37 所示。

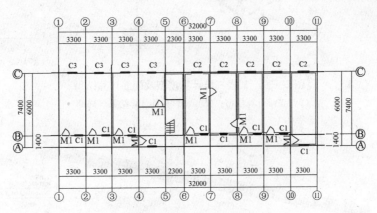

图 2-37　现场平面图（成型版）

（3）裂缝展开图绘制。裂缝展开图绘制如图 2-38 所示。

图 2-38　某梁的裂缝展开图

2.2.2　PKPM 软件——结构内力分析

结构内力分析是土木工程安全检测过程中重要的一个环节，PKPM 软件建模进行内力分析并得出相应模型及内力图的一般过程为：进入 PKPM 相应模块—建立轴线网格—楼层定义—加载—调整设计参数—楼层组装—进入计算模块，选择合适模块—结构内力分析—分析结果图形和文本显示—然后选择需要的内力图。某楼三维计算模型及配筋计算结果如图 2-39 所示。

2.2.3　MIDAS/Civil 软件——桥梁结构内力分析

MIDAS/Civil，中文迈达斯，是一款有关结构设计的有限分析软件，该软件是针对土木结构，特别是分析如预应力箱梁桥梁、悬索桥、斜拉桥等特殊的桥梁结构形式，可以做非线性及细部的分析软件。

根据桥梁结构特点，采用空间梁单元建立有限元模型，某桥梁几何模型如图 2-40 所示。按照设计标准荷载对全桥进行正常使用极限状态分析，其中汽车荷载考虑冲击系数，以确定其内力控制截面和内力控制值。

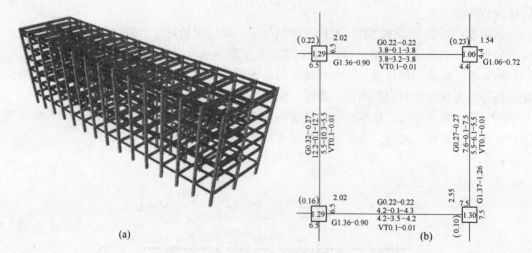

(a)

(b)

图 2-39　某楼三维计算模型及配筋计算结果

（a）三维计算模型；（b）构件配筋计算结果（局部）

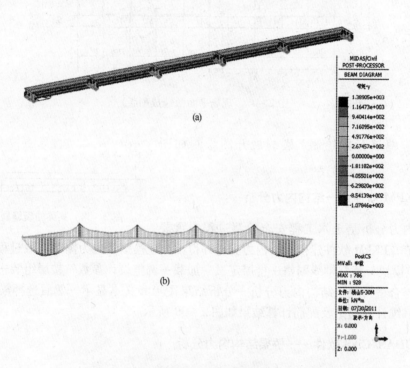

图 2-40　某桥梁荷载试验计算模型及内力图

（a）MIDAS 主梁模型；（b）MIDAS 主梁汽车荷载下内力图

3 土木工程安全检测

安全检测在土木工程中占有极其重要的地位，关乎着业主、社会乃至国家的利益，是对潜在危机的发现和安全使用状态的确定。它是在确定的目标下通过特定的方法得出需要的结论，对下一步的工作提供依据。

首先，进行安全检测需要一定的知识储备，如掌握必要的安全检测基础知识和了解建（构）筑物等本身的信息和使用条件。其次，不同结构形式（如木结构、砌体结构、混凝土结构、钢结构及其他的组合结构）的建（构）筑物的检测内容、检测方法等千差万别，需要从中选择最优的方案。最后，对检测的结果进行系统的分析、比对，得出最后的结论，形成最终的检测报告。

3.1 检测的基础知识

土木工程安全检测起着承上启下的作用，是对安全隐患确定的过程和鉴定加固的依据。建筑物检测、构筑物检测都是土木工程安全检测的主要内容。因此对安全检测的分类、内容、目的和方法等要有一定的理解和把握。

3.1.1 检测的目的

土木工程安全检测的目的是为结构可靠性评定和加固改造提供依据，或者对施工质量进行检验评定，为工程验收提供资料。根据检测对象的不同，检测的范围可分为两种：一种是对建（构）筑物整体、全面的检测，对其安全性、适用性和耐久性做出全面的评定，如建（构）筑物需要加层、扩建；使用要求改变，需要局部改造；建（构）筑物发生了地基不均匀沉降，引起上部结构多处裂缝、过大的倾斜变形；建（构）筑物需要纠倾；由于规划或使用要求，建（构）筑物需移位，适用于烂尾楼搁置若干年后要重新启动，以及地震、火灾、爆炸或水灾等发生后对建（构）筑物损坏的调查等。另一种是专项检测，如建（构）筑物局部改造或施工时对某项指标有怀疑等，一般只需检测有关构件，检测内容也可以是专项的，如只检测混凝土强度，或检测构件的裂缝情况，或根据《混凝土工程施工质量验收规范》（GB 50204—2011）的实体检验要求，只在现场检测梁、板构件的保护层厚度。

3.1.2 检测的分类

按结构用途不同来分，有民用建筑结构检测、工业建筑结构检测、桥梁结构检测等。

按结构类型及材料不同来分，有砌体结构检测、混凝土结构检测、钢结构检测、木结构检测等。

按分部工程来分，有地基工程检测、基础工程检测、主体工程检测、维护结构检测、粉刷工程检测、装修工程检测、防水工程检测、保温工程检测等。

按分项工程来分，有地基、基础、梁、板、柱、墙等内容的检测。

按检测内容不同可以分为几何量检测、物理力学性能检测、化学性能检测等。

按检测技术不同可以分为无损检测、破损检测、半破损检测、综合法检测等。

除地基基础及整体结构使用条件之外，本章土木工程安全检测的整体脉络是按照结构类型及材质进行区分，即按照木结构、砌体结构、混凝土结构、钢结构、桥梁结构进行分类阐述。

3.1.3 检测的内容

在土木工程建（构）筑物检测中，根据结构类型和鉴定的需要，常见的检测和调查内容见图 3 - 1。

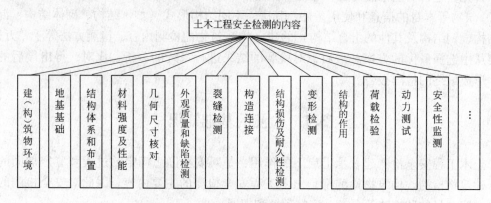

图 3 - 1 土木工程安全检测的基本内容

（1）建（构）筑物环境。现场查看确定建（构）筑物所处环境（干燥环境，如干燥通风环境、室内正常环境；潮湿环境，如高度潮湿、水下水位变动区、潮湿土壤、干湿交替环境；含碱环境，如海水、盐碱地、含碱工业废水、使用化冰盐的环境），以及环境作用的组成、类别、位置或移动范围、代表值及组合方式，机械、物理、化学和生物方面的环境影响，结构的防护措施。

（2）地基基础。明确地质、水文条件，地基的实际性能和状况，基础的沉降等。

（3）结构体系和布置。通过查阅图纸、现场调查等来了解结构的体系和构件的布置，确定建（构）筑物的重要性，是一般建筑结构、重要工程结构还是特殊工程结构，明确建（构）筑物的抗震设防要求和保证构件承载能力的构造措施，以及结构中是否存在达到使用极限状态限值的构件和节点，结构的用途是否符合设计要求。

（4）材料强度及性能。材料强度的检测、评定是结构可靠性评定的重要指标，如钢筋混凝土结构的混凝土强度、钢筋强度，砌体结构的砌块强度、砂浆强度，钢结构的钢材强度等，以及其他一些影响结构可靠性的材料性能，如钢材力学性能及化学成分、冷弯性能等。

（5）几何尺寸核对。几何尺寸是结构和构件可靠性验算的一项指标，截面尺寸也是计算构件自重的指标，几何尺寸一般可查设计图纸，如果是老建筑物图纸不全，或图纸丢失，需要现场实测其建筑物的平面尺寸、立面尺寸，开间、进深、梁板构件的跨度，墙柱构件的高度，建筑物的层高、总高度、楼层标高，构件的截面尺寸，构件表面的平整度等，有设计竣工图纸时，也可将几何尺寸的检测结果对照图纸进行符合，评定其施工质量，为可靠性鉴定提供依据。

（6）外观质量和缺陷检测。检测混凝土构件的外观是否有露筋、蜂窝、孔洞、局部振捣不实等，砌体构件是否有风化、剁凿、块体缺棱掉角等，砂浆灰缝是否有不均匀、不饱满等，钢结构构件表面是否有夹层、非金属夹杂等。

（7）结构损伤及耐久性检测。检测内容包括结构构件破损、受到撞击等，混凝土碳化深度、砌体的抗冻性等，侵蚀性介质含量检测和钢材锈蚀程度等。

（8）变形检测。水平构件的变形是检测其挠度，垂直构件的变形是检测其倾斜。

（9）裂缝检测。确定裂缝的位置、走向，裂缝的最大宽度、长度、深度和数量等。

（10）构造和连接。构造和连接是保证结构安全性和抗震性能的重要措施，特别是砌体结构和钢结构。

（11）结构的作用。作用在结构上的荷载，包括荷载种类、荷载值的大小、作用的位置，恒载可以通过构件截面尺寸、装饰装修材料做法、尺寸检测等，按材料密度和体积计算其标准值，如果是活荷载或灾害作用，应检测或调查荷载的类型、作用时间，还应包括火灾的着火时间、最高温度，飓风的级别、方向，水灾的最高水位、作用时间，地震的震级、震源等。

（12）荷载检验。为了更直接、更直观地检验结构或构件的性能，对建（构）筑物的局部或某些构件进行加载试验，检验其承载能力、刚度、抗裂性能等。

（13）动力测试。对建（构）筑物整体的动力性能进行测试，根据动力反应的振幅、频率等，分析整体的刚度、损伤，看是否有异常。

（14）安全性监测。重要的工程和大型的公共建筑在施工阶段开始时应进行结构安全性监测。

3.1.4 检测方案及方法

3.1.4.1 检测方案制定

接受委托并查看现场和有关资料后，应制定建筑结构的检测方案，有时对于招标的项目，检测方案相当于投标标书，应包括下列主要内容：

（1）工程概况，主要包括建筑物层数，建筑面积，建造年代，结构类型，原设计、施工及监理单位等。

（2）检测目的或委托方的检测要求，确定是安全性评定还是质量纠纷，确定责任等。

（3）检测依据，主要包括检测所依据的标准及有关的技术资料等；对于通用的检测项目，应选用国家标准或行业标准；对于有地区特点的检测项目，可选用地方标准；没有国家标准、行业标准或地方标准的，可选用检测单位制定的检测细则。

（4）检测项目和选用的检测方法，以及检测的数量和检测的位置。

（5）检测单位的资质和检测人员情况，包括项目负责人、技术负责人、现场安全员等。

（6）仪器、设备及仪器设备功率、用电量等情况。

（7）检测工作进度计划，包括现场时间、内业时间、合同履行期限等。

（8）所需要的配合工作，包括水电要求、配合人员要求、装修层的剔除及恢复等。

（9）检测中的安全措施，包括检测人员的安全措施及对被检建（构）筑物的生产和使用的安全措施。

3.1.4.2 检测方法及抽样方案

外观质量和缺陷通过目测或仪器检测，抽样数量是100%。下列部位为检测重点：出现渗水漏水部位的构件；受到较大反复荷载或动力荷载作用的构件；暴露在室外的构件；腐蚀性介质侵蚀的构件；受到污染影响的构件；与侵蚀性土壤直接接触的构件；受到冻融影响的构件；容易受到磨损、冲撞损伤的构件。

几何尺寸和尺寸偏差的检测，宜选用一次或二次计数抽样方案；结构构造连接的检测应选择对结构安全影响大的部位进行抽样；构件结构性能的荷载检验，应选择同类构件中荷载效应相对较大和施工质量相对较差的构件或受到灾害影响、环境侵蚀影响构件中有代表性的构件。

材料强度等按检测批检测的项目，应进行随机抽样，且最小样本容量应符合通用标准《建筑结构检测技术标准》（GB/T 50344—2004）的规定。

3.1.5 检测的基本程序

（1）委托。委托方发现建（构）筑物有异常或对建（构）筑物有新的使用需求，委托有资质的部门进行检测，检测部门接受委托后开始工作，并提供基本情况说明。

（2）资料收集、现场考察。检测部门要求委托方提供有关资料，包括地质勘察报告、设计竣工图纸、施工记录、监理日志、施工验收文件、维修记录、历次加固改造竣工图、用途变更、使用条件改变以及受灾情况等。根据上述资料进行现场考察、核实，确定建（构）筑物的结构形式、使用条件、环境条件和存在问题，必要时可走访设计、施工、监理、建设方等有关人员。

（3）检测方案。检测方案是检测方与委托方共同确定合同的基础，建筑结构的检测方案应依据检测的目的、建筑结构现状的调查结果来制定，检测方案宜包括建（构）筑物的概况、检测的目的、检测依据、检测项目、选用的检测方法和检测数量等，以及采用的仪器设备和所需要委托方配合的现场工作，如现场需要的水、电条件是否具备，抹灰层的剔凿、装修层拆除与恢复，现场检测的安全和环保措施等，还包括现场检测需要的时间和提交检验报告的时间。

（4）确认仪器、设备状况。检测时应确保所使用的仪器设备在检定或校准周期内，并处于正常状态。仪器设备的精度应满足检测项目的要求。

（5）现场检测。检测的原始记录，应记录在专用记录纸上，要求数据准确，字迹清晰，信息完整，不得追记、涂改，如有笔误，应进行更改。当采用自动记录时，应符合有关要求。原始记录必须由检测人员及记录人员签字。

（6）数据分析处理。现场检测结束后，检测数据应按有关规范、标准进行计算、分析，当发现检测数据数量不足或检测数据出现异常情况时，应再到现场进行补充检测。

（7）结果评定。对检测数据进行分析，分析裂缝或损伤的原因，并评定其是否符合设计或规范要求，是否影响结构性能。

（8）检测报告。检测机构完成检测业务后，应当及时出具检测报告。检测报告经检测人员签字、检测机构法定代表人或者其授权的签字人签字，并盖检测机构公章或者检测专用章后方可生效。

3.2　资料搜集及现场调查

3.2.1　调查内容和途径

3.2.1.1　初步调查工作内容

初步调查主要是了解建（构）筑物和环境的总体情况和主要问题，初步分析和判断承重系统的可靠性，制订详细调查的工作计划，主要工作内容见表3-1。详细调查是整个调查工作的核心，目的是全面、准确地掌握建（构）筑物和环境的实际性能和状况，主要工作包括使用条件的调查和检测、建（构）筑物核查、建（构）筑物使用状况的检测、承重系统实际性能检测等，见表3-2。补充调查是在详细调查结束之后或在可靠性分析评定的过程中，根据需要所增添的专项调查，目的是为结构分析或可靠性评定提供更充足和可靠的依据。

表 3-1　初步调查的主要工作内容

工 作 内 容	具 体 内 容
收集和审阅图纸资料	岩土工程勘察报告、设计计算书、设计变更记录、施工图、施工及施工变更记录、竣工图、竣工质检及验收文件、定点观测记录、事故处理报告、维修记录、历次加固改造图纸等
了解建（构）筑物历史	原始施工以及维护、维修、加固、改造、用途变更、受灾等情况
了解和勘察建（构）筑物环境	气象条件、地理环境、使用环境
了解和勘察建（构）筑物状况	建（构）筑物实际的组成、结构布置、结构体系、构件形式等；建（构）筑物存在的主要问题（如四周散水破坏、墙体裂缝等外观情况）等
了解建（构）筑物使用计划	设备更换计划、工艺更新方案、检查维护计划等
初步分析调查结果	建（构）筑物存在的主要问题、承重系统总体的可靠性水平
制订工作计划	详细调查的工作计划、检测方案

表 3-2　详细调查的主要工作内容

工 作 内 容		具 体 内 容
使用条件的调查和检测		建（构）筑物历史、环境、荷载和作用
建（构）筑物核查	承重系统	地基类型和基础形式
		结构布置和结构体系
		承重构件及节点的形式、尺寸和构造
		支撑布置和杆件尺寸
		圈梁、构造柱的布置和构造
	维护系统	屋面防、排水方式和构造
		墙体门窗的布置和连接

工 作 内 容	具 体 内 容	
建（构）筑物核查	维护系统	地下防水构造
		防护设施的设置
	其他系统	地下管网的布置
		通风方式和设施
建（构）筑物使用状况的检测	承重系统	地基处理质量缺陷和地基变形
		承重构件及节点的质量缺陷和损伤
		支撑杆件及节点的质量缺陷和损伤
		圈梁、构造柱的质量缺陷和损伤
		承重构件和支撑杆件的变形
		结构体系的整体位移和变形
		结构整体或局部振动
	维护系统	屋面、墙体门窗、楼面地面的质量缺陷和损伤
		防护设施的设置和使用状况
	其他系统	地下管网的渗漏
		通风系统的功能缺陷和损伤
承重系统实际性能检测	材料力学性能	
	构件的挠度、抗裂、裂缝宽度和承载能力	
	结构动力特性	
	地基土层的物理力学性质	
	地基承载能力	

3.2.1.2　详细调查工作内容

在绝大多数情况下，对建（构）筑物和环境的调查检测都是集中在一个较短的时间里进行的，往往还要保证或不影响建（构）筑物的正常使用，受到许多客观条件的限制，这是建（构）筑物安全性评定必须面对的一个普遍问题，这时可通过三条途径对建（构）筑物和环境进行调查和检测。

3.2.1.3　调查途径

A　实物检测

通过对其环境中各种实物的观察、检查、测量、试验等获取相关信息，检测结果可直接反映建（构）筑物和环境当前的特性和状况，比较客观和准确，是一条重要的调查途径，但有下列几点需要说明：

（1）实物检测本身不得明显降低承重系统或承重构件的可靠性，应避免或有限度地使用有负面影响的检测方法，如可能降低钢筋混凝土梁承载力的钻芯取样法（测试混凝土强度），局部消减钢筋面积的应力释放法（测定钢筋工作应力）等，在特定场合下还应避免影响建（构）筑物的正常使用。

（2）对于变异性较大或随时间明显变化的测试量，如平台活荷载、屋面灰荷载等，通过短时间的实物检测难以获得完备的信息。

（3）建（构）筑物安全性评定所依据的信息不仅包括当前的信息，还包括历史信息和涉及未来变化的信息，实物检测一般只能获得当前信息。

B　资料查阅

通过搜集、查阅有关建筑物和环境的资料获取相关信息，可反映建（构）筑物和环境过去的历史、当前的性状和未来可能的变化，能够获得的信息量较大，如通过实物检测较难得到的承重构件的内部构造、大型设备的自重等信息，一般可通过资料查阅得到，是获取建（构）筑物及其环境信息的重要途径，但也有下列几点需要说明：

（1）资料反映的情况可能和实际存在偏差，通过资料查阅得到的信息宜经过现场或其他方面的查证后再利用。

（2）应注意收集和查阅涉及建（构）筑物和环境未来变化的有关资料。建（构）筑物安全性的分析方法本质上是建立在历史、当前信息基础上的预测方法，其适用条件是影响建（构）筑物和环境的主要因素在未来时间里保持稳定或具有特定的变化规律，这些资料所反映的正是这些因素未来可能的变化情况。

C　人员调查

通过对人员的调查和征询获取相关的信息，调查对象主要是建（构）筑物的设计、施工、使用、管理、维护等人员，具有信息量大、覆盖面广、简便易行的优点，可在一定程度上弥补实物检测、资料查阅方法的缺陷，但它所获得的信息不可避免地要受到主观因素的影响，因此在建（构）筑物的安全性评定中一般只将其作为参考信息利用。如果要以其作为结构分析或安全性分析的技术依据，一般要求被调查人员以正式文件的方式提供。

3.2.2　使用条件的调查

3.2.2.1　环境

环境包括气象条件、地理环境和使用环境，主要调查内容见表3-3。

表3-3　环境调查内容

环 境	调 查 内 容
气象条件	建筑物方位、风玫瑰图、降水量、大气湿度、气温、土壤冻结深度等
地理环境	地形、地貌、地质构造
使用环境	建筑物用途、工艺流程、主要设备的布置、腐蚀性介质、周围建筑和设施等

使用环境中的腐蚀性介质对结构材料的性能有着重要的影响，属于环境调查中的重要内容。腐蚀性介质可被划分为五种：气态介质、腐蚀性水、酸碱盐溶液、固态介质、腐蚀土。

环境介质对建筑材料长期作用下的腐蚀性可分为强腐蚀、中等腐蚀、弱腐蚀、无腐蚀4个等级。在强腐蚀条件下，材料腐蚀速度较快，构、配件必须采取表面隔离性防护，防止介质与构、配件直接接触。在中等腐蚀条件下，材料有一定的腐蚀现象，需提高构件自身质量，如提高混凝土密实性，增加钢筋的混凝土保护层厚度，提高砖和砂浆的强度等级等，或采用简单的表面防护措施。在弱腐蚀条件下，材料腐蚀较慢，但仍需采取一些措施，一般通过提高自身质量即可。无腐蚀条件时，材料腐蚀很缓慢或无明显腐蚀痕迹，可不采取专门的防护措施。环境介质对建筑材料的腐蚀性等级与介质的性质、含量和环境的相对湿度有关，国家标准《工业建筑防腐蚀设计规范》（GB 50046—2008）规定了具体的判定方法。

3.2.2.2 荷载和作用

A 调查要点和方法

荷载和作用包括永久作用、可变作用、偶然作用和其他作用，其调查要点和方法见表3-4。

表 3-4 荷载和作用的调查要点和方法

作 用		调查要点和方法
永久作用	结构构件的自重，建筑构配件、材料的自重预应力	复核结构构件和建筑构配件的尺寸，特别是混凝土薄壁构件的壁厚及对变异性较大的保温材料等，宜通过抽样测试推断其数值；其应力值一般可通过查阅原设计和施工记录确定
	平台固定设备的自重	可通过查阅设备档案确定设备自重的数值、作用位置和范围
	自重产生的土压力	调查墙的位移条件，墙背形式和粗糙度，墙后土体的种类、性质、分层情况和表面形状，地下水情况等
	地基沉降产生的作用	测量基础的绝对、相对位移及发展速度
可变作用	楼面和屋面活荷载	调查荷载的大小、作用位置、分布范围等，包括检修荷载
	屋面积灰荷载	调查积灰厚度、范围以及灰源、清灰制度等；如果积灰遇水板结，宜通过抽样测试推断其数值
	吊车荷载	调查吊车的布置、额定起重量、工作级别、总重和小车重、最大和最小轮压、轮距和外轮廓尺寸，吊车的运行范围、运行状况和多台吊车组合的情况，吊车荷载的作用位置
	风、雪荷载	主要调查建（构）筑物的屋面形式、体型、高度等
	振动冲击和其他动荷载	调查机器的扰力、扰频、扰力作用的方向、位置和设备自重等，必要时测试结构的动力特性
	地面堆载	调查堆载的密度、范围、持续时间等
偶然作用	地震	调查抗震设防类别和标准、地震动参数、地震分组、地段类别、场地类别、液化等级等，必要时测试结构的动力特性
	撞击、爆炸	调查过去撞击、爆炸事故的次数、时间、范围、强度和建（构）筑物遭受的损伤，调查未来发生撞击、爆炸事故的可能性
其他作用	高温作用	调查热源位置、传热方式和持续时间、构件表面温度或隔热设施、构件及其节点的损伤或不利变化等
	温差和材料收缩作用	调查建（构）筑物竣工季节、施工方法、气候特点、室内热源、保温隔热措施、伸缩缝间距、结构刚度布置、温度作用造成的建（构）筑物损伤等

B 吊车荷载

吊车荷载属于厂房结构上的重要荷载，结构和结构构件的许多破损现象都与吊车荷载有关。吊车的额定起重量、工作级别、总量和小车重、最大和最小轮压、轮距和外轮廓尺寸等，一般由吊车的生产厂家提供，可通过查阅吊车的设备档案确定，现场调查主要是确定吊车的位置、运行范围、运行状况、作用位置、组合情况等。

C 高温作用

高温作用主要指高温设备的热辐射、火焰烘烤、液态金属喷溅或直接侵蚀等，它可能导致材料特性和构件状况的劣化。在调查和检测有热源的厂房时，对高温作用的调查和测试往往比较重要，特别是对构件表面温度的测试。

构件表面温度的测试方法包括接触式和非接触式两类。接触式测温是将测温传感器与被测对象接触，根据测温传感器达到热平衡时的物理特性推断被测对象的温度，目前应用较广的有热电偶法、热电阻法和集成温度传感器法三种；非接触式测温又称辐射测温，是将测试仪器对准被测对象，根据内部检测元件所接受的被测对象的辐射能推断被测对象的表面温度，可远距离测温，包括单色辐射温度计、辐射温度计和比色温度计三类。接触式测温法的测温范围相对较小，但精度高；辐射测温法的测温范围大，但误差也大。

D 温差和材料收缩作用

温差和材料收缩作用主要是在结构或结构构件中产生附加应力，它可能造成建（构）筑物的损伤或构件安全性的降低，目前主要通过限制伸缩缝的间距来控制这种附加应力的不利影响，但这只是一种宏观的控制措施，还宜通过对竣工季节、施工方法、气候特点、室内热源、材料热工和收缩性能、保温隔热措施、结构刚度分布等的调查和分析来判断附加应力的影响程度。

对于下列情况，宜对伸缩缝的间距进行较严格的审核：

（1）柱高（从基础顶面算起）低于 8m 的排架结构。

（2）屋面无保温或隔热措施的排架结构。

（3）位于气候干燥地区、夏季炎热且暴雨频繁地区的结构或经常处于高温作用下的结构。

（4）材料收缩较大、室内结构因施工外露时间较长等。

3.3 地基基础检测

地基基础检测的基本内容：

（1）对地基的承载能力与基础的强度、缺陷及变形进行检测。

（2）对建筑物的沉降量进行观测。

（3）对基础边坡的滑动或应力与变形情况进行检测。

（4）腐蚀性介质对地基与基础的腐蚀情况进行观测。

为此首先应做好检验前的资料收集及现场实地考察：详细收集有关资料；对建（构）筑物所处地形状态和环境（环境是指建（构）筑物所处环境有无变化，如河流主航道的变化、河床沉降、沿岸沉积和冲刷等）进行实地考察；查看相邻建（构）筑物及施工中对建（构）筑物的影响；考虑地震的影响等。

3.3.1 地基勘探

长期的工程实践和试验研究说明，如果地基土所承受的压力不超过其承载力，则在地基变形的过程中，土的孔隙比会逐渐减小，压缩系数逐渐降低，使土的物理力学性能得到一定程度的改善；同时，地基土长期承受的压力也能使土体产生一定的固结，使土的抗剪强度得到一定程度的提高。因此在实际工程中，可适当提高地基的承载力。当原地基承载力在 80kPa 以上，且砂土地基使用 4 年及以上，粉土、粉质黏土地基使用 6 年以上，黏土地基使用 8 年以上，而地基的沉降均匀，建筑物未出现地基变形引起的裂缝、破损、倾斜等异常现象，地基土固结条件好，上部结构又具有较好的刚度时，可结合当地实践经验，适当提高原地基承载力，中国工程建设标准化协会标准《砖混结构房屋加层技术规范》（CECS 78—1996）提供了具体的办法。

需要通过地基检验评定地基的承载力时，通常采用钻探、井探等勘探方法，取原状土试样进行室内土工试验，或结合钻探、井探等进行静力触探、动力触探（标准贯入试验、圆锥动力触探等）、静力载荷试验等原位测试，野外作业时还需对地基土进行现场鉴别。

在下列情况下，常要求对地基的承载力重新进行评价：

（1）因增层、改造、扩建、用途变更、生产负荷增大等使基底压力显著增加。

（2）临近的后建建筑、地下工程等对地基应力产生显著影响。

（3）建（构）筑物出现地基变形引起的破损和位移。

（4）地质条件发生较大变化（如地下水位变化、地表水渗透等）。

（5）对原设计所依据的地基承载力有怀疑。

（6）原设计资料缺失。

在评定承载力之前，首先应开展下列工作：

（1）搜集场地岩土工程勘察资料、地基基础和上部结构的设计资料和图纸、隐蔽工程的施工记录及竣工图等。

（2）分析原岩土工程勘察资料，重点内容包括：地基土层的分布及其均匀性；地基土的物理力学性质；地下水的水位及其腐蚀性；砂土和粉土的液化性质和软土的震陷性质；地基变形和强度特性；场地稳定性。

（3）调查建（构）筑物的使用情况、实际荷载以及地基的沉降量、沉降差、沉降速度等，并分析建（构）筑物破损、位移、倾斜等现象发生的原因。

（4）调查邻近建（构）筑物、地下工程和管线等情况。

3.3.2　地基沉降和建（构）筑物变形观测

3.3.2.1　地基沉降和基础倾斜

地基沉降的观测应测定地基的沉降量、沉降差和沉降速度，一般需采用 DS1 级水准仪和精密水准测量方法，并尽可能利用原先布设的沉降观测点，以便与过去的观测结果进行对比。如果原先未布设沉降观测点，或沉降观测点的标志受到扰动或损坏，并且目前需要对地基沉降进行长期的观测，则宜重新或补充设置观测点，它们应设置在以下部位：

（1）建（构）筑物的角部和大转角处、沿外墙每隔 10~15m 处或每隔 2~3 根的柱基上。

（2）高低层建（构）筑物、新旧建（构）筑物、纵横墙等的交接处或交接处的两侧。

（3）建（构）筑物裂缝和沉降缝的两侧、基础埋深悬殊处、人工地基与天然地基接壤处、不同结构的分界处以及填挖方的分界处。

（4）宽度不小于15m但地质条件复杂（包括膨胀土地区）的建（构）筑物的承重内墙中部、室内地面中心和四周。

（5）邻近堆置重物处、受振动影响的部位以及基础下的暗浜（沟）处。

（6）框架结构的每个或部分柱基上或纵横轴线上。

（7）片筏基础、箱形基础底板或结构根部的四角和中部位置处。

（8）烟囱等高耸构筑物周边与基础轴线相交的对称位置处（点数不少于4个）。

地基沉降的观测周期应视地基土类型、建（构）筑物的使用时间和状况等确定。一般情况下，建（构）筑物建成后的第一年应观测3~4次，第二年2~3次，第三年后每年1次，直至稳定。观测期限对于砂土地基一般不少于2年，膨胀土地基不少于3年，黏土地基不少于5年，软土地基不少于10年。沉降是否进入稳定阶段，应由沉降量与时间的关系曲线判定。对于一般的观测工程，若沉降速度小于0.01~0.04mm/d，可认为已进入稳定阶段。

如果仅需临时测量建（构）筑物的不均匀沉降而原先又未设合适的沉降观测点，可采用以下简易测量方法：用水准仪在建筑物墙体和柱上标记出水平基准线，选择原设计、施工中一个或多个控制标高处的水平面，如窗台线、檐口线等，量测它们与水平基准线间的竖向距离，从而确定地基的相对沉降量。这种简易测量的结果受施工偏差的影响较大，在据此分析地基的不均匀沉降时，需要与其检测结果相互对证，如墙体、散水、地面等的破损情况，从多方面综合判断地基不均匀沉降的位置和程度。

基础倾斜、柱基间吊车轨道的倾斜为

$$a = (s_i - s_j)/l$$

式中 s_i——基础倾斜方向端点 i 的沉降量，mm；

       s_j——基础倾斜方向端点 j 的沉降量，mm；

       l——基础两端点间的距离，mm。

砌体房屋基础的局部倾斜仍可按上式计算，此时 s_i 和 s_j 取砌体承重结构沿纵墙6~10m 基础上两观测点的沉降量。

3.3.2.2 建（构）筑物倾斜

建（构）筑物主体的倾斜观测，应测定建（构）筑物顶部相对于底部，或各层间上层相对于下层的水平位移和高差，分别计算整体或分层的倾斜度、倾斜方向及倾斜速度。对于整体刚度较大的建（构）筑物，也可通过测量建（构）筑物顶面的相对沉降或基础的相对沉降间接推断建（构）筑物的整体倾斜。

对于一般的建（构）筑物，在测量其倾斜度和倾斜方向时，可选取建（构）筑物角部通直的边缘线作为测量对象。这时应将经纬仪安放在两个相互垂直的方向上分别对角部的边缘线进行测量，经纬仪距建（构）筑物的水平距离应为建（构）筑物高度的1.5~2.0倍。测量时应在建（构）筑物的底部水平放置尺子，用正倒镜测量边缘线顶点相对于底点的水平位移分量 e_x 和 e_y，并据此计算建（构）筑物的倾斜量、倾斜度和倾斜方向角。

当建（构）筑物或构件外部具有通视条件时，宜采用经纬仪观测。选择建（构）筑物的阳角作为观测点，通常需对建（构）筑物的各个阳角均进行倾斜观测，综合分析，才能反映建（构）筑物的整体倾斜情况。但也可选用吊垂球法测量，这时应在顶部直接或支出一点悬挂适当重量的垂球，在底部固定读数设备，直接读取或量出上部观测点相对底部观测点的水平位移量和位移方向。

当需观测建（构）筑物的倾斜速度时，应在建（构）筑物顶部和底部上下对应的位置布设测点，将经纬仪安置在距建（构）筑物的水平距离为建（构）筑物高度 1.5~2.0 倍的固定测站上，瞄准顶部的观测点，用正倒镜投点法定出底部的观测点；用同样方法，在垂直的另一方向定出顶部观测点和底部观测点。在下一次观测时，在原固定测站上安置经纬仪，分别瞄准顶部观测点，仍用正倒镜投点法分别定出底部相应的观测点。如果对应观测点不重合，则说明建（构）筑物的倾斜有新的发展。用尺分别量出两个方向的倾斜位移分量，计算建（构）筑物的总倾斜位移量和倾斜方向角，并根据观测周期计算倾斜速度。

3.3.2.3　受弯构件挠度

受弯构件的挠度可采用水准仪测量，构件上至少应设 3 个测点，分别位于两端支座附近和跨中，挠度值为

$$\Delta = (d_1 + d_2)/2 - d_0$$

如果构件跨度较大或跨内作用有较大的集中荷载，应增设测点，并保证集中荷载的作用位置处有一测点。如果被测构件的下表面存在高差，应尽可能将测点设于同一面层；如果不可避免，则应测量面层之间的高差，并在挠度的计算中考虑。

记录观测数据时，应对构件的表面状况做出描述，以判断观测结构中是否存在过大的施工误差；同时，尚应记录构件的受荷状况，包括测量时构件承受的荷载和荷载作用的位置。

实测的挠度值可能为负，除了测量误差和施工偏差的影响，另一个可能的原因是构件在制作中已预先起拱，并且目前仍保持着上拱的状态。构件是否起拱以及拱度的数值，一般在设计图纸中都有明确的说明。对于钢屋架，如果三角形屋架的跨度不小于 15m、梯形屋架和平行弦桁架的跨度不小于 24m，且两端铰接，则需起拱，拱度一般为跨度的 1/500。对于钢吊车梁，跨度不小于 24m 时需起拱，拱度约为恒载作用下的挠度值与跨度的 1/2000 之和。钢筋混凝土屋架的拱度一般为跨度的 1/700~1/600，预应力混凝土屋架的拱度一般为跨度的 1/1000~1/900。

3.4　木结构检测

木结构检测包括木结构的外观检测和木材物理力学性质的检测等内容，见表 3-5。木结构的外观检测包括木材的腐朽程度、木结构连接、木结构变形等。木材的物理力学性质很多，主要指标包括含水率、密度、强度、干缩、湿涨等。为了合理使用木材，使其为人类更好地发挥作用，研究和掌握木材的物理力学性质是非常必要的。

表 3-5　主要检测内容

序　号	主要检测内容	检测方法	所　得　数　据
1	木材的腐朽程度	目测、小刀	—
2	木结构连接	目测、小锤	—

序　号	主要检测内容	检 测 方 法	所　得　数　据
3	木结构变形	水准仪	—
4	木材性能检测	实验	含水率、密度、抗弯强度、顺纹抗压强度、顺纹抗拉强度、顺纹抗剪强度
⋮	⋮	⋮	⋮

木材是有机材料，很容易遭受菌害、虫害和化学性侵蚀等灾害，随着时间的流逝菌害会越来越重。因此，木结构的外观检测比其他结构的外观检测更重要。

3.4.1　木材腐朽检测

（1）应该考虑不同木腐菌生长的特性和危害的部位，比如，柱子埋在土中的部分、地面交界部分的木腐菌就不同，木材腐朽速度也不同。

（2）腐朽的初期阶段通常产生木材变色、发软、容易吸水等现象，会散发一种使人讨厌的气味，在腐朽后期，木材会出现翘曲、纵横交错的细裂纹等特征。

（3）当木材腐朽的表面特征不很明显时，可以用小刀插入或用小锤敲击来检查。若小刀很容易插入木材表层，且撬起时木纤维容易折断，则已经腐朽。用小锤敲击木材表面，腐朽木材声音模糊不清，健康木材则响声清脆。

（4）处于已腐和未腐两种状态之间时，该部位可能已受木腐菌感染进入初腐阶段。

3.4.2　构造与连接检测

现场检测保险螺栓与木齿能否共同工作时，需进行荷载试验，原建筑工程部建筑科学研究院和原四川省建筑科学研究所进行的大量试验结果证明：在木齿未被破坏以前，保险螺栓几乎不受力。在双齿连接中，保险螺栓一般设置两个。木材剪切破坏后节点变形较大，两个螺栓受力较为均匀。

按照《木结构设计规范》（GB 50005—2003）相关条文，核查结构形式选用、截面削弱限制桁架高跨比、支撑、锚固等情况。

木结构节点采用齿连接、螺栓连接或钉连接，现场采用目测或小锤敲击检查连接质量。

3.4.3　木结构变形的检测

结构变形可采用水准观测等方法直接在现场检测，当检测结构的变形超过以下限度时，应视为有危害性的变形，此时应按其实际荷载和构件尺寸进行核算，并进行加固。

（1）受压构件的侧弯变形超过其长度的 1/500。

（2）屋盖中的大梁、顺水或其他形式的梁，其挠度超过规范要求的计算值。

（3）木屋架及钢木屋架的挠度超过其设计时采用的起拱值。

3.4.4　木材性能检测

木材性能检测主要内容包括：含水率、密度、抗弯强度、顺纹抗压强度、顺纹抗拉强度、顺纹抗剪强度。

其中强度的检测，因老房子木结构建筑较多，但是由于其环保、可再生、低能耗、节能、舒适、施工方便等优点，近年来在我国得到快速发展，目前国内对木材、木结构的检测方法、检测设备和评定方法的研究与标准规范相对滞后，一般情况下检测木结构时为确定木材强度，通常在现场截取木材样品，制作试验试件，按《木结构抗弯强度试验方法》（GB 1936—91）有关规定测试木材弦向抗弯强度。

依据《木结构设计规范》（GB 50005—2003）中木材强度检验结果的抗弯强度最低值不得低于51MPa。

3.5　砌体结构检测

砌体结构应用的历史长，范围广，是当前我国主要的建（构）筑物结构形式之一。众所周知，20世纪六七十年代的房屋构造大多为砌体结构，且少有问题出现，所以研究砌体结构检测有着重要的现实意义。

砌体结构的检测内容主要有砂浆强度、砌体强度、砌体裂缝和砌筑施工质量，包括砖外观质量、砌筑质量、灰缝砂浆饱满度、灰缝厚度、截面尺寸及施工偏差等几大项，见表3-6。

表3-6　主要检测内容

序　号	主要检测内容	检测方法	所得数据
1	砌体强度检测	回弹法	强度值
2	砂浆强度检测	回弹法、射钉法	强度值
3	砌体裂缝检测	观察法、仪器	裂缝走向、深度、宽度
4	砌筑外观及质量检测	观察法	砂浆饱满程度等
5	施工偏差	经纬仪等仪器	
⋮	⋮	⋮	⋮

3.5.1　砌体强度检测

砌体工程的现场检测方法较多，检测砌体抗压强度的有原位轴压法、扁顶法，检测砌体抗剪强度的有原位单剪法、原位单砖双剪法，检测砌体砂浆强度的有推出法、筒压法、砂浆片剪切法、回弹法、点荷法、射钉法。在工程检测时，应根据检测目的和被测对象，选择检测方法，见表3-7。

表3-7　检测方法比较

序号	检测方法	特　点	用　途	限制条件
1	原位轴压法	1. 属原位检测，直接在墙体上测试，测试结果综合反映了材料质量和施工质量； 2. 直观性、可比性强； 3. 设备较重； 4. 检测部位局部破损	检测普通砖砌体的抗压强度	1. 槽间砌体每侧的墙体不应小于1.5m； 2. 同一墙体上的测点数量不宜多于1个；测点数量不宜太多； 3. 限用于240mm厚的墙

序号	检测方法	特 点	用 途	限 制 条 件
2	扁顶法	1. 属原位检测,直接在墙体上测试,测试结果综合反映了材料质量和施工质量; 2. 直观性、可比性强; 3. 砌体强度较高或轴向变形较大时,难以测出抗压强度; 4. 检测部位局部破损	1. 检测普通砖砌体的强度; 2. 测试古建筑和重要建筑的实际应力; 3. 测试具体工程的砌体弹性模量	1. 槽间砌体每侧的墙体宽度不应小于1.5m; 2. 同一墙体上的测点数量不宜多于1个;测点数量不宜太多
3	原位单剪法	1. 属原位检测,直接在墙体上测试,测试结果综合反映了施工质量和砂浆质量; 2. 直观性强; 3. 检测部位局部破损	检测各种砌体的抗剪强度	1. 测点宜选在窗下墙部位,且承受反作用力的墙体应有足够长度; 2. 测点数量不宜太多
4	原位单砖双剪法	1. 属原位检测,直接在墙体上测试,测试结果综合反映了施工质量和砂浆质量; 2. 直观性较强; 3. 设备较轻便; 4. 检测部位局部破损	检测烧结普通砖砌体的抗剪强度;其他墙体应经试验确定有关换算系数	当砂浆强度低于5MPa时,误差较大
5	推出法	1. 属原位检测,直接在墙体上测试,测试结果综合反映了施工质量和砂浆质量; 2. 设备较轻便; 3. 检测部位局部破损	检测普通砖墙体的砂浆强度	当水平灰缝的砂浆饱满度低于65%时,不宜选用
6	筒压法	1. 属取样检测; 2. 仅需利用一般混凝土实验室的常用设备; 3. 取样部位局部破损	检测烧结普通砖墙体中的砂浆强度	测点数量不宜太多
7	砂浆片剪切法	1. 属取样检测; 2. 专用的砂浆强度仪和其标定仪,较为轻便; 3. 试验工作较简便; 4. 取样部位局部破损	检测烧结普通砖墙体中的砂浆强度	
8	回弹法	1. 属原位无损检测,测区选择不受限制; 2. 回弹仪有定型产品,性能较稳定,操作简便; 3. 仅需对检测部位的装修面层作局部剔凿	1. 检测烧结普通砖墙体中的砂浆强度; 2. 适宜于砂浆强度均质性普查	砂浆强度不应小于2MPa

序号	检测方法	特　　点	用　　途	限　制　条　件
9	点荷法	1. 属取样检测； 2. 试验工作较简便； 3. 取样部位局部损伤	检测烧结普通砖墙体中的砂浆强度	砂浆强度不应小于2MPa
10	射钉法	1. 属原位无损检测，测区选择不受限制； 2. 射钉枪、子弹、射钉有配套定型产品，设备较轻便； 3. 仅需对检测部位的装修面层作局部剔凿	烧结普通砖，多孔砖砌体中，砂浆强度均质性普查	砂浆强度不应小于2MPa

上述 10 种检测方法，可归纳为"直接法"和"间接法"两类，前者为检测砌体抗压强度和砌体抗剪强度的方法，后者为测试砂浆强度的方法。直接法的优点是直接测试砌体的强度参数，反映被测工程的材料质量和施工质量，其缺点是试验工作量较大，对砌体工程有一定损伤；间接法是测试与砂浆强度有关的物理参数，进而推定其强度，"推定"时，难免增大测试误差，也不能综合反映工程的材料质量和施工质量，使用时具有一定的局限性，但其优点是测试工作较为简便，对砌体工程无损伤或损伤较少，因此，对重要工程或客观条件允许时，宜选用"综合性"，即结合直接法和间接法进行检测，以发挥各自的优点，避免各自的缺点。即使仅检测砂浆强度，也可选用两种检测方法，对两种检测结果互相验证，当两种检测结果差别较大时，应对检测结果全过程进行检查，查明原因，并根据上表所列方法和特点，综合分析，做出结论。

3.5.1.1　回弹法

回弹法检测砌体中普通黏土砖强度这种方法适用于检测评定以黏土为主要原料，质量符合《烧结普通砖》（GB 5101—2003）的实心烧结普通砖砌筑成砖墙后的砖抗压强度等级。不适用于评定欠火砖、酥砖，外观质量不合格及强度等级低于 MU7.5 的砖的强度等级。

检测砖强度的回弹仪，其标称冲击动能为 0.735J。根据砖表面硬度与抗压强度间的相关性，建立砖强度与回弹值的相关曲线，并用来推定砖强度。

检测前，按 250m³ 砌体结构或同一楼层品种相同、强度等级相同的砖划分为一个检测单元，每个检测单元应选不少于 6 面墙，每面墙的测区不应少于 5 个，测区大小一般约 0.3m³。

每个测区抽取条面向外的黏土砖做回弹测试，用回弹仪对每一块砖样条面分别弹击 5 点，5 点在砖条面上呈一字形均匀分布，每一测点只能弹击一次，每面墙弹击 100 个点。砖强度等级的推定按下列要求进行。

（1）面墙平均回弹值 R_j，按下式计算：

$$R_j = \frac{\sum\limits_{i=1}^{100} R_i}{100}$$

式中 R_i——第 i 个测点的回弹值。

（2）检测单元平均回弹值按下式计算：

$$R = \frac{\sum_{j=1}^{n} R_j}{100}$$

式中 n——测试墙数。

（3）样墙中选出最低平均回弹值 R_{jmin}。

（4）砌体中普通黏土砖的强度等级由表 3-8 确定。

表 3-8 砌体中普通黏土砖的强度等级

强 度 等 级	指　　标	
	取样单元平均回弹值（R）	墙最低平均回弹值（R_{jmin}）
MU20	48.6	45.3
MU15	44.9	40.9
MU10	40.1	35.8
MU7.5	37.0	32.8

3.5.1.2 取样法

对既有建（构）筑物砌体强度的测定。从砌体上取样，清理干净后，按照常规方法进行试验，但是需要注意的是，如果需要依据砌体的强度和砂浆的强度确定砌体强度时，砌体的取样位置应与砌筑砂浆的检测位置相对应。取样后的砌体试验方法如下：

取 10 块砖做抗压强度试验，制作成 10 个试样。将砖样锯成两个半砖（每个半砖长度不小于 100mm），放入室温净水中浸 10~20min 后取出，以断口方向相反叠放，两者中间以厚度不超过 5mm 的强度等级为 32.5 的普通硅酸盐水泥调制成稠度适宜的水泥净浆粘牢，上下面用厚度不超过 3mm 的同种水泥砂浆抹平，制成的试件上下两面需相互平行并垂直于侧面。在不低于 10℃ 的不通风室内条件下养护 3 天后进行压力试验。

加载前测量试件两半砖叠合部分的面积 $A(\mathrm{mm}^2)$，将试件平放在加压板的中央，垂直于受压面加荷载，应均匀平稳，不得发生冲击或振动，加荷速度 4~5kN/s 为宜，加荷至试件全部破坏，最大破坏荷载为 $P(\mathrm{N})$，则试件 i 的抗压强度 f_{1i}，按下式计算，精确至 0.01MPa。

$$f_{1i} = P/A$$

然后再按下式分别计算 10 块试样的强度变异系数和标准差：

$$\delta = \frac{s}{f_1}$$

$$s = \sqrt{\frac{1}{9} \sum_{i=1}^{10} (f_{1i} - f_1)^2}$$

式中 δ——砖强度变异系数（精确至 0.01）；

　　s——10 块试样的抗压强度标准差（精确至 0.01），MPa；

　　f_1——10 块试样的抗压强度标准值（精确至 0.01），MPa。

砖强度标准值应按以下公式计算：

$$f_{1k} = f_1 - 1.8s$$

根据表 3 – 9 确定砌块的强度。

表 3 – 9　黏土砖的强度指标

强　度　等　级	抗压强度平均值 f_1	变异系数 $\delta \leqslant 0.21$	变异系数 $\delta > 0.21$
		强度标准值 $f_{1k} \geqslant$	单块最小抗压强度值 $f_{1min} \geqslant$
MU30	30.0	22.0	25.0
MU25	25.0	18.0	22.0
MU20	20.0	14.0	16.0
MU15	15.0	10.0	12.0
MU10	10.0	6.5	7.5

3.5.2　砂浆强度检测

3.5.2.1　回弹法

检测砂浆强度的回弹仪冲击能量小，标称冲击动能为 0.196J。根据砂浆表面硬度与抗压强度之间的相关性，建立砂浆强度与回弹值及碳化深度的相关曲线，并用来评定砂浆强度。所使用的砂浆回弹仪与混凝土回弹仪相似。

在检测过程中，测区的布置、回弹值的测定、灰缝碳化深度的测定以及数据的处理详见第 2 章 2.1.7 节。

需要注意的是，在检测过程中，回弹仪应始终处于水平状态，其轴线应垂直于砂浆表面，且不得移位。

3.5.2.2　射钉法

射钉器（枪）将射钉射入砌体的水平灰缝中，依据射钉的射入深度推定砂浆抗压强度。

按下式计算砂浆的抗压强度：

$$f_{2i} = al_i^b$$

式中　l_i——射钉平均射入量，mm；

　　　a，b——射钉常数，按表 3 – 10 取值。

表 3 – 10　射钉常数表

砖　品　种	a	b
烧结普通砖	47000	2.52
烧结多孔砖	50000	2.40

3.5.3　砌体裂缝检测

3.5.3.1　裂缝种类

砌体的裂缝是质量事故最常见的现象，成因包括温度变形、地基沉降、荷载过大、材料收缩、构造不当、材料质量差、施工质量差、地震或振动等，但大多数的裂缝是由温度变形、地基不均匀沉降和承载力不足引起的。

A 温度收缩裂缝

温度裂缝是砌体结构中出现概率最高的裂缝，它大多数出现在结构的顶层，偶尔会向下发展，一般出现位置在横墙、山墙、纵墙、门窗口角部、女儿墙。温度裂缝多是斜裂缝，有时出现水平裂缝、竖向裂缝。斜裂缝有时是对称分布，向阳面严重，背阳面较轻，有时只有一面出现，顶层两端横墙严重，中间较轻。

（1）斜裂缝。斜裂缝包括正"八"字形裂缝（见图3-2）、倒"八"字形裂缝（见图3-3）、X形裂缝（一般不常见，见图3-4）。

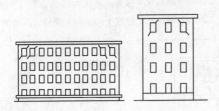

图3-2 正"八"字形温度裂缝示意图　　图3-3 倒"八"字形温度裂缝示意图

（2）水平裂缝。常见的水平裂缝有：

屋顶下水平缝：平屋顶下或屋面圈梁下2~3皮的灰缝中出现水平缝，一般沿外纵墙顶部分布，且两端较严重，向中部逐渐减小，并逐渐成断续状态，有时形成包角缝。

外纵墙窗口处水平缝：多出现在高大空旷的房屋中。

（3）竖向裂缝。常见的竖向裂缝有：

贯通房屋全高的竖缝（屋盖、外纵墙，裂缝连通）：墙体过长，又未设伸缩缝，墙体在门窗口边或楼梯间等薄弱部位产生贯通竖缝，见图3-5。

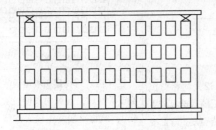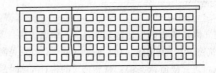

图3-4 X形温度裂缝示意图　　　　图3-5 竖向贯通缝示意图

结构檐口下及底层窗台墙上的竖缝：墙体较长，又未设置伸缩缝，无采暖条件的建（构）筑物上局部出现竖缝。

（4）女儿墙裂缝。女儿墙（砖砌）屋顶与混凝土圈梁顶出现水平缝，中部较轻（或断断续续），两端为包角缝。

B 地基变形、基础不均匀沉降裂缝

地基不均匀沉降时，结构发生弯曲和剪切变形，在墙体内产生应力，当超过砌体强度时，墙体开裂。具体因地基及基础不均匀沉降导致的裂缝见表3-11。

C 受力裂缝（承载力不足）

多数出现在砌体应力较大的部位，砌体建筑中，底部较多见，但其他各部分也可能发生，还有些砌体局部受压的裂缝，大多数是局部承压强度不足而造成的。

表 3 – 11　常见沉降裂缝的分布形式和主要原因

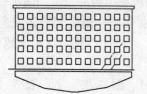	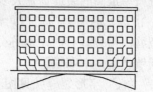	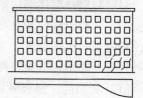
建（构）筑物中部的沉降量相对较大，两端墙体在剪力作用下斜向开裂，形成正八字形分布的斜裂缝	建（构）筑物两端的沉降量相对较大，两端墙体在剪力作用下斜向开裂，形成倒八字形分布的斜裂缝	建（构）筑物一端的沉降量较大，该端的墙体在剪力作用下斜向开裂，形成上端斜向沉降较大区域的斜裂缝
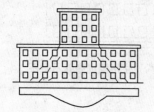		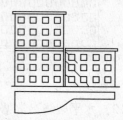
建（构）筑物中部存在立面变化，地基沉降量的局部突变使靠近高出部分的墙体斜向开裂，在纵墙上形成正八字形分布的斜裂缝	建（构）筑物的端部存在立面变化，高出一端的沉降量相对较大，使靠近高出部分的墙体斜向开裂，形成上端斜向沉降较大区域的斜裂缝	建（构）筑物变形缝两侧单元的沉降量不同，使沉降较小单元的墙体斜向开裂，墙体上出现上端斜向沉降较大区域的斜裂缝
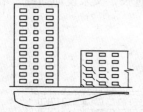		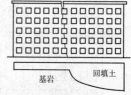
原建（构）筑物附近建造新的建（构）筑物，由于新旧建（构）筑物的距离过近，使原建（构）筑物的地基应力增加而产生局部沉降，墙体上出现上端斜向新建（构）筑物的斜裂缝	当建（构）筑物有较大的相对沉降时，特别是窗间墙下的基础有较大的相对沉降时，窗台墙会发生弯曲变形，出现由上而下的竖向裂缝	建（构）筑物建于坡地或岩土性质突变的区域，且纵向长度较大，当建（构）筑物一端发生较大沉降且速度较快时，往往造成房屋出现由上而下的竖向裂缝；当变形较缓慢时，也有斜裂缝出现

3.5.3.2　检测鉴别方法

　　裂缝宽度可用 10 ~ 20 倍裂纹放大镜和刻度放大镜进行观测，可从放大镜中直接读数。裂缝是否发展，常用石膏板检测，石膏板的规格为宽 50 ~ 80mm，厚 10mm。将石膏板固定在裂缝两侧，若裂缝继续发展，石膏板将被拉裂。一般混凝土构件缝宽 1mm，砖砌体构件 20mm 以上，即使荷载不增加，裂缝也将继续发展。

　　裂缝深度的量测，一般常用极薄的薄片插入裂缝中，粗略地测量深度。精确量法可用超声波法。在裂缝两侧钻孔充水作为耦合介质，通过转换器对测，振幅突变处即为裂缝末端深度。

裂缝检测后，绘出裂缝分布图，并注明宽度和深度，并应分析判断裂缝的类型和成因。一般墙柱裂缝主要由砌体强度、地基基础、温度及材料干缩等引起。

（1）根据裂缝位置和特征鉴别：

1）结构下部出现斜缝、水平缝、底层大窗台下的竖缝，多为沉降裂缝；

2）结构顶部出现斜缝、水平缝、竖缝，多为温度裂缝；

3）纵墙裂缝、结构顶部竖缝，可能是沉降或温度裂缝；

4）砌体应力较大处的竖缝，多为超载引起（多在顶层或底层各个部位）。

（2）根据裂缝出现的时间鉴别：

1）地基不均匀沉降裂缝多出现在结构建成不久，使用中管道破裂漏水后出现裂缝；

2）超载裂缝多发生在荷载突然增加时；

3）温度裂缝大多在冬、夏季形成。

（3）根据裂缝发展变化鉴别：

1）沉降裂缝随时间发展，地基变形稳定后裂缝不再发展；

2）温度裂缝随气温的变化而变化，但不会不停地发展恶化；

3）超载裂缝当荷载接近临界值时，裂缝不断发展，可能导致结构破坏及倒塌。

（4）根据建筑特征鉴别：

1）温度裂缝：屋盖保湿、隔热差，屋盖对砌体的约束大；当地温差大，建（构）筑物过长又无变形缝等；

2）沉降裂缝：结构过长但不高，且地基变形量大（如Ⅱ级自重湿陷性黄土），房屋刚度差；房屋高度或荷载差异大，又不设沉降缝；地基上浸水或软土地基中地下水位下降，房屋周围开挖土方或大量堆载，在已有建（构）筑物附近新建高大的建（构）筑物等；

3）超载裂缝：结构构件较大或截面削弱严重的部位（会产生附加内力，如受压物件出现附加弯矩）。

3.5.4 砌筑外观及质量检测

（1）砖外观质量检测。砖的外形对砌体的抗压强度也有影响，砖的外形规则平整，色泽也应均匀，不应存在过烧和欠烧的现象。烧结普通砖和蒸压灰砂砖的标准尺寸为 240mm×115mm×53mm，烧结多孔砖的标准尺寸为 240mm×115mm×90mm 和 190mm×115mm×90mm。在同一批砖中，若某些砖的高度不同，使砌体的水平灰缝厚度不匀，将对砌体产生很不利的影响，会使砌体的抗压强度降低约 25%。

砌墙用砖的外观质量应按国家标准《砌墙用砖检验方法》（GB/T 2542—2012）的规定评定。

（2）砌筑质量检测。对砌筑质量的检测内容包括灰缝均匀性和厚度、砂浆饱满度、组砌方法等。

灰缝如果薄厚不匀，会导致砌体内的应力状态趋于复杂，特别是导致块材因承受较大的附加应力提前破坏，降低砌体强度。

国家标准《砌体工程施工质量验收规范》（GB 50203—2011）规定：砖砌体的灰缝应横平竖直，薄厚均匀，水平灰缝厚度宜为 10mm，但不应小于 8mm，也不应大于 12mm。检测时可每隔 20m 抽查一处，用尺量 10 皮砖砌体高度后折算。

该标准还规定：砌体水平灰缝的饱满度不得小于 80%，竖向灰缝不得出现透明缝、瞎缝和假缝。检测时可结合砌体强度的测试，对灰缝砂浆的饱满度进行检测。

　　另外，在砌筑质量检测中还应检测砖的组砌方法是否恰当，接槎处是否合理。组砌不当，接槎不合理，不但影响强度，还容易使墙面产生各种裂缝。

　　（3）砌筑损伤检测。对于已出现的损伤部位，应测绘其损伤面积大小和分布状况。特别对于承重墙、柱及过梁上部砌体的损伤应严格进行检测。另外，对于非正常开窗、打洞和墙体超载、砌体的通缝等情况也应认真检查。

3.5.5　构造及连接的检测

　　主要检查墙体的纵横连接，垫块设置及连接件的滑移、松动、损坏情况。特别对于屋架、屋面梁、楼面板与墙、柱的连接点，吊车梁与砖柱的连接点，应重点进行严格检查。

　　根据《砌体结构设计规范》（GB 50003—2011）相关条文，仔细核查墙、柱高厚比，材料最低强度等级，构件截面尺寸，砌筑方法，节点锚固，拉结筋，防止墙体开裂的措施（伸缩缝间距、保温隔热层），以及圈梁、构造柱布置和截面尺寸，楼板搁置长度等是否符合规范要求。重点检查圈梁的布置、拉结情况及其构造要求是否合理。同时，检查其原材料的材质情况（主要是检查混凝土的强度及其强度等级）。

　　墙体稳定性检查中，主要是检测其支承约束情况和高厚比，特别应对其墙与墙、墙和主体结构的拉结（重点是纵横墙、围护墙与柱、山墙顶与屋盖的拉结）情况进行检查。

3.5.6　施工偏差及构件变形检测

　　（1）施工偏差检测内容。砖砌体的位置偏移和垂直度是影响结构受力性能和安全性的重要项目。对于多层砌体结构，如果上下层承重墙的位置存在较大偏差，将会增大竖向荷载对下层承重墙的偏心距，使下层承重墙承受额外的弯矩作用，砖砌体的垂直度对墙体的受力也有类似的影响，检测中应对砖砌体的轴线位置偏移和垂直度进行重点检查。国家标准《砌体工程施工质量验收规范》（GB 50203—2011）将砖砌体的轴线位置偏移和垂直度均列为主控项目。检测方法见表3-12。

表3-12　砖砌体的位置和垂直度允许偏差

项 次	项 目			允许偏差/mm	检 查 方 法
1	轴线位置偏移			10	用经纬仪和尺检查或用其他测量仪器检查
2	垂直度	每层		5	用2m托线板检查
		全高	≤10m	10	用经纬仪、吊线和尺检查，或用其他测量仪器检查
			>10m	20	

　　（2）变形检测内容。重点检查承重墙、高大墙体、柱的凸、凹变形和倾斜变位等变形情况。

3.6　混凝土结构检测

　　钢筋混凝土结构在我国建设工程中占有统治地位，应用范围很广，数量也很大。对于已经使用的混凝土结构，有种种原因可能导致结构的安全性不能满足相应规范的技术要求。比如，设计错误、施工质量低劣、增层或改造导致结构荷载增加、灾害损伤以及耐久性损伤等。

对于新建工程，《混凝土强度检测评定标准》（GB/T 50107—2010）中明确规定，当对混凝土试块强度的代表性有怀疑时，可用从结构中钻取试样的方法或采用非破损检测方法，按有关标准的规定对结构或构件中混凝土的强度进行推定。

（1）检测内容。混凝土结构检测的内容很广，凡是影响结构安全性的因素都可以成为检测的内容，具体现场检测的主要内容见表3-13。

表3-13　主要的检测内容及方法

序号	主要检测内容	检测方法	所得数据
1	混凝土碳化检测	酚酞试剂	为强度检测做依据
2	混凝土强度检测	回弹法	强度值
3	混凝土内外部缺陷检测	观察法、混凝土雷达仪等	—
4	混凝土裂缝检测	裂缝观测仪等	裂缝宽度、深度、走向等
5	混凝土中钢筋位置及保护层厚度检测	混凝土钢筋测定仪等	钢筋位置、混凝土厚度
6	钢筋力学性能检测	取样实验	
7	施工偏差	经纬仪等仪器量测	

从属性角度看，检测内容根据其属性分为：

1）几何量检测，如结构几何尺寸、变形、混凝土保护层厚度、钢筋位置和数量、裂缝宽度等。

2）物理力学性能检测，如材料清单、结构的承载力、结构自振周期和结构振型等。

3）化学性能检测，如混凝土碳化、钢筋锈蚀等。

（2）检测方法分类。检测方法分类及用途、范围等见表3-14。

表3-14　检测方法的类别

检测方法	主要用途	常用方法	使用范围
非破损检测	强度检测和内部缺陷检测	回弹法、超生脉冲法、射线吸收法、超声脉冲法、脉冲回波法	—
半破损检测	强度检测	钻芯法、拔出法、射击法	不适合大面积的检测
破损检测	强度检测	抽样法	—
综合法	强度检测和内部缺陷检测	两种或两种以上的检测方法	—

3.6.1　混凝土强度检测

3.6.1.1　检测内容

混凝土的强度是决定混凝土结构和构件受力性能的关键因素，也是评定混凝土结构和构件性能的主要参数。正确确定实际构件混凝土的强度一直是国内外学者关心和研究的课题。虽然混凝土强度还不能代表混凝土质量的全部信息，但目前仍以其抗压强度作为评价混凝土质量的一个重要技术指标。因为它是直接影响混凝土结构安全度的主要因素。

3.6.1.2　检测方法

当混凝土试件没有或缺乏代表性以及对已有建（构）筑物混凝土强度进行测试时，为了反映结构混凝土的真实情况，往往要采取非破损检测方法或半破损方法（局部破损法）来检测混凝土的强度。半破损法主要包括取芯法、小圆柱劈裂法、压入法和拔出法等。非破损法主要包括表面硬度法（回弹法、印痕法）、声学法（共振法、超声脉冲法）等。这些方法可以按不同组合形成多种多样的综合法。

A　回弹法测定混凝土强度

（1）检测依据。依据住建部标准《回弹法检测混凝土抗压强度技术规程》（JGJ/T 23—2011）。

（2）检测目的。回弹法是通过回弹仪测定混凝土表面硬度继而推定其抗压强度。

（3）检测数量：

按批检测：对于相同的生产条件、相同的混凝土强度等级，原材料、配合比、成型工艺、养护条件基本一致，且龄期相近的同类构件，不得少于该批构件总数的30%，且测区数量不得少于100个。

按单个构件检测：对长度不小于3m的构件，其测区不少于10个；对长度小于3m，且高度低于0.6m的构件，其测区数量可适当减少，但不应少于5个。

需钻取混凝土芯样对回弹值进行修正时，芯样试件数量不少于3个。

（4）检测步骤：

1）检测步骤中测区的布置、回弹值的测定具体可参照第2章2.1.5节中混凝土回弹仪测定混凝土强度的介绍。

2）碳化深度的测定。回弹测试完毕后，用锤子或冲击钻在测区内凿或钻出直径约15mm，深度不小于6mm的孔洞，清除空洞中的粉末和碎屑后（不能用液体冲洗），立即用1%的酚酞酒精溶液滴在缺口内壁的边缘处，用钢尺测量自混凝土表面至变色部分的垂直距离（未碳化的混凝土呈粉红色），该距离即为混凝土的碳化深度值。通常，测量不应少于3次，求出平均碳化深度d，每次读数精确到0.5mm。

3）数据处理及回弹值的修正。先将每一个测区的16个回弹值中的3个最大值和3个最小值剔除，然后按下式计算测区平均回弹值：

$$R_{\mathrm{m}} = \sum_{i=1}^{10} R_i / 10$$

式中　R_{m}——测区平均回弹值，精确至0.1；

　　　R_i——第i个测点的回弹值。

除回弹仪水平方向检测外，其他非水平方向检测时应对测区平均回弹值进行角度修正；当测试面不是混凝土的浇筑侧面时，应对测区平均回弹值进行浇筑面修正；当测试时回弹仪既非呈水平方向，测区又非混凝土的浇筑侧面时，应先对测区平均回弹值进行角度修正，然后再进行浇筑面修正。回弹值的修正见《回弹法检测混凝土抗压强度技术规程》（JGJ/T 23—2011）的附录C和附录D。从工程检测经验来看，回弹法经过角度或浇筑面修正后，其测试误差有所增大，因此，检测混凝土强度时，应尽可能在构件的浇筑面进行检测。

根据修正后的测区的平均回弹值和碳化深度，查阅测强曲线，即可得到该测区的混凝土强度换算值，应按如下要求来确定：

当按单个构件检测且测区数少于 10 个时，以该构件各测区强度中的最小值作为该构件的混凝土强度推定值；当按单个构件检测且测区数不少于 10 个时，以该构件各测区的强度平均值减去 1.645 倍标准差后的强度值作为该构件的混凝土强度推定值；当按批量检测时，以该批同类构件所有测区的强度平均值减去 1.645 倍标准差后的强度值，作为该批构件的混凝土强度推定值。

B 钻芯法测定混凝土强度

钻芯法检测混凝土强度是近年来国内外使用得较多的一种局部破损检测结构中混凝土强度的有效方法。钻芯法是用钻芯取样机在混凝土构件上钻取有一定规格的混凝土圆柱体芯样，将经过加工的芯样放置在压力试验机上，测取混凝土强度的测试方法。该测试方法直接，所得出的数据比较精确，因此能够准确反映构件实际情况。

钻芯法是使用专用钻机从结构上钻取芯样，并根据芯样的抗压强度推定结构混凝土强度的一种局部破损的检测方法，测得的强度能真实反映结构混凝土的质量。但它的试验费用较高，目前国内外都主张把钻芯法与其他非破损法结合使用，一方面利用非破损法来减少钻芯的数量，另一方面又利用钻芯法来提高非破损法的测试精度。这两者的结合使用是今后的发展趋势。

采用取芯法测强，除了可以直接检验混凝土的抗压强度之外，还有可能在芯样试体上发现混凝土施工时造成的缺陷。

钻芯法测定结构混凝土抗压强度主要适用于：

（1）对试块抗压强度测试结果有怀疑时；

（2）因材料、施工或养护不良而发生质量问题时；

（3）混凝土遭受冻害、火灾、化学侵蚀或其他损害时；

（4）需检测经多年使用的建筑结构或建筑物中混凝土强度时；

（5）对混凝土强度等级低于 C10 的结构，不宜采用钻芯法检测。

钻芯法测定混凝土强度的步骤为：钻取芯样、芯样加工、芯样试压、强度评定和芯样孔的修补。

（1）钻取芯样。取样一般采用旋转式带金刚石钻头的钻机。由于钻芯法对结构有所损伤，钻芯的位置应选择在结构受力较小，混凝土强度、质量具有代表性，没有主筋或预埋件，便于钻芯机安放与操作的部位。为避开钢筋位置，在钻芯位置先用磁感应仪或雷达仪测出钢筋的位置，画出标线。芯样钻取方向应尽量垂直于混凝土成型方向。

在选定的钻芯点上，将钻芯机就位、固定，接通水源并调整好冷却水流量。接通电源，用进钻操作手柄调节钻头的进钻速度。钻至预定深度后退出钻头，然后将钢凿插入钻孔缝隙中，用小锤敲击钢凿，芯样即可在根部折断，用夹钳把芯样取出。

用钻芯法对单个构件检测时，每个构件的钻芯数量不少于 3 个；对于较小构件，钻芯数量可取 2 个。我国的规程规定：钻取的芯样直径不宜小于骨料最大粒径的 3 倍，最小不得小于骨料粒径的 2 倍，并规定以直径 100mm 和 150mm 作为抗压强度的标准芯样试件。

（2）芯样加工。从结构中取出的混凝土芯样往往是长短不齐的，应采用锯切机把芯样切成一定长度，一般试件的长度与直径之比（长径比）为 1~2，并以长径比 1 作为标准，当长径比为其他数值时，强度需要进行修正，修正系数见表 3-15。芯样试件内不应有钢筋，如不能满足此要求，每个试件内最多只允许含有 2 根直径小于 10mm 的钢筋，且钢筋应与芯样轴线基本垂直并不得露出端面。芯样切割时要求端面不平整度在 100mm 长度内不大于 0.1mm，如果不满足需进行处理，处理方法有磨平法和补平法。端面补平材料可采用硫黄胶泥或水泥砂浆，前者的补平厚度不得超过 1.5mm；后者不得超过 5mm。芯样试件的尺寸偏差及外观质量应满足下列条件：芯样试件长度 $0.95d \leqslant L \leqslant 2.05d$；沿芯样长度任一截面直径与平均直径相差在 2mm 以内；芯样端面与轴线的垂直度偏差不超过 $2°$；芯样没有裂缝和其他缺陷。

表 3-15　芯样试件长径比修正系数

长径比 L/d	1.0	1.1	1.2	1.3	1.4	1.5	1.6	1.7	1.8	1.9	2.0
修正系数 a	1.00	1.04	1.07	1.10	1.13	1.15	1.17	1.19	1.20	1.22	1.24

芯样在做抗压强度试验时的状态应与实际构件的使用状态接近。如果实际混凝土构件的工作条件比较干燥时，芯样试件在抗压试验前应当在自然条件下干燥 3 天；如果工作条件比较潮湿，芯样应在 (20 ± 5)℃ 的清水中浸泡 48h，从水中取出后应立即进行抗压试验。

（3）芯样试压。芯样试件的混凝土强度换算值是指用钻芯法测得的芯样强度，换算成相应于测试龄期的边长为 150mm 的立方体试块的抗压强度值，按下式进行计算：

$$f_{cu}^c = a \, \frac{4F}{\pi d^2}$$

式中　f_{cu}^c——芯样试件混凝土强度换算值（精确至 0.1），MPa；

F——芯样试件抗压试验测得的最大压力，N；

d——芯样试件的平均直径，mm；

a——不同长径比的芯样试件混凝土强度换算系数。

（4）强度评定。混凝土强度的评定根据检测的目的分为以下情况：一种是了解某个最薄弱部位的混凝土强度，以该部位芯样强度的最小值作为混凝土强度的评定值；第二种是单个构件的强度评定，当芯样数量较少时，取其中较小的芯样强度作为混凝土强度评定值；当芯样较多时，按同批抽样评定其总体强度。具体方法可查阅《混凝土强度检验评定标准》（GB/T 50107—2010）。

（5）芯样孔的修补。混凝土结构经钻孔取芯后，对结构的承载力会产生一定的影响，应当及时进行修补。通常采用比原设计强度提高一个等级的微膨胀水泥细石混凝土，或者采用以合成树脂为胶结料的细石聚合物混凝土填实，修补前应将孔壁凿毛，并清除孔内污物，修补后应及时养护。一般来说，即使修补后结构的承载力仍有可能低于钻孔前的承载力。因此，钻芯法不宜普遍采用，更不宜在一个受力区域内集中钻孔。

3.6.2　混凝土内外部缺陷检测

3.6.2.1　检测内容

（1）外观缺陷。混凝土构件的外观缺陷包括露筋、蜂窝、孔洞、夹渣、缺棱掉角、麻面、起砂等现象。它们会使有害物质容易侵入构件内部，导致钢筋锈蚀和耐久性下降。当孔洞、夹渣等出现在构件的节点、受力最大的位置时，会影响构件承载力，严重时可能导致构件破坏。

当缺陷出现在防渗要求高的地下室围墙及屋面时，易造成渗漏现象，影响建筑物的使用功能。导致混凝土构件出现这些缺陷的原因是多方面的，主要包括：骨料级配、混凝土配合比不合理，和易性欠佳，搅拌不匀，浇筑离析，振捣不实，模板不善，钢筋过密，钢筋移位，雨水冲刷等。

（2）内部缺陷。对混凝土内部缺陷检测包括内部空洞、杂物等缺陷位置及缺陷大小的确定。

3.6.2.2 检测方法

对混凝土外观缺陷的检测不宜采取抽样检测的方式，而应全数检测。对于一般的外观缺陷，可采取肉眼检查的方式，测量缺陷的大小、深度等，绘制缺陷分布图，并根据其对结构性能和使用功能的影响按表 3-16 的标准判定为严重缺陷和一般缺陷。

表 3-16　缺陷种类和等级划分标准

名　称	现　象	严　重　缺　陷	一　般　缺　陷
露　筋	构件内钢筋未被混凝土包裹而外露	纵向受力钢筋有露筋	其他钢筋有少量露筋
蜂　窝	混凝土表面缺少水泥砂浆而形成石子外露	构件主要受力部位有蜂窝	其他部位有少量蜂窝
孔　洞	混凝土中孔穴深度和长度均超过保护层厚度	构件主要受力部位有孔洞	其他部位有少量孔洞
夹　渣	混凝土中夹有杂物且深度超过保护层厚度	构件主要受力部位有夹渣	其他部位有少量夹渣
疏　松	混凝土中局部不密实	构件主要受力部位有疏松	其他部位有少量疏松
裂　缝	缝隙从混凝土表面延伸至混凝土内部	构件主要受力部位有影响结构性能或使用功能的裂缝	其他部位有少量影响结构性能或使用功能的外表裂缝
连接部位缺陷	构件连接处混凝土缺陷及连接钢筋、连接件松动	连接部位有影响结构传力性能的缺陷	连接部位有基本不影响结构传力性能的缺陷
外形缺陷	缺棱掉角、棱角不直、翘曲不平、飞边凸肋等	清水混凝土构件有影响使用功能或装饰效果的外形缺陷	其他混凝土构件有不影响使用功能的外表缺陷
外表缺陷	构件表面麻面、掉皮、起砂、沾污等	具有重要装饰效果的清水混凝土构件有外表缺陷	其他混凝土构件有不影响使用功能的外表缺陷

对混凝土内部缺陷的检测方法有声脉冲法和射线法两大类。射线法是运用 X 射线、Y 射线透过混凝土，然后照相分析，这种方法穿透能力有限，在使用中需要解决人体防护的问题；声脉冲法有超声波法和声发射法等，其中超声波法技术比较成熟，本节介绍超声波检测混凝土内部缺陷的基本方法。

除超声波检测混凝土内部缺陷的原理与检测强度的原理相同之外，还由于空气的声阻抗率远小于混凝土的声阻抗率，脉冲波在混凝土中传播时，遇着蜂窝、空洞或裂缝等缺陷，便在缺陷界面反射和散射，声能被衰减，其中频率较高的成分衰减更快，因此接收信号的波幅明显降低，频率明显减小或者频率谱中高频成分明显减少。另外，经缺陷反射或绕过缺陷传播的脉冲波信号与直达波信号之间存在声程和相位差，叠加后互相干扰，致使接收信号的波形发生畸变。根据以上原理，可以对混凝土内部的缺陷进行判断。

混凝土内部的缺陷除用超声波检测外，也可以用混凝土钻取直径为 20～50mm 的芯样后直接观察。由于大部分混凝土工程中的缺陷位置不能确定，故不宜采用钻芯检测。因此，一般都用超声波通过混凝土时的超声声速、首波衰减和波形变化来判断混凝土中存在缺陷的性质、范围和位置。

3.6.3　混凝土裂缝检测

3.6.3.1　常见裂缝分析

对于混凝土主体结构，由于混凝土是一种抗拉能力很低的脆性材料，在施工和使用过程中，当发生温度、湿度变化、地基不均匀沉降时，极易产生裂缝。

A　收缩裂缝特点及影响因素

（1）特点：

裂缝位置及分布特征：混凝土早期收缩裂缝主要出现在裸露表面；混凝土硬化以后的收缩裂缝在建筑结构中部附近较多，两端较少见。

裂缝方向与形状：早期收缩裂缝呈不规则状；混凝土硬化以后的裂缝方向往往与结构或构件轴线垂直，其形状多数是两端细中间宽，在平板类构件中有的缝宽度变化不大。

裂缝发展变化：由于混凝土的干缩与收缩是逐步形成的，因此收缩裂缝是随时间而发展的。但当混凝土浸水或受潮后，体积会产生膨胀，因此收缩裂缝随环境湿度而变化。

（2）影响因素。影响混凝土收缩的因素主要有水泥品种、骨料品种和含泥量、混凝土配合比，外加剂种类及掺量、介质湿度、养护条件等。混凝土的相对收缩量主要取决于水泥品种、水泥用量和水灰比，绝对收缩量除与这些因素有关外，还与构件施工时最大连续边长成正比。当现浇钢筋混凝土楼板收缩受到其支承结构的约束，板内拉应力超过混凝土的极限抗拉强度时，就会产生裂缝。

B　温度裂缝特点及影响因素

（1）特点：

温度裂缝位置及分布特征：房屋建筑由于日照温差引起混凝土墙的裂缝一般发生在屋盖下及其附近位置，长条形建筑的两端较为严重；由于日照温差造成的梁板裂缝，主要都出现在屋盖结构中；由于使用中高温影响而产生的裂缝，往往在离热源近的表面较严重。

裂缝方向与形状：梁板或长度较大的结构，温度裂缝方向一般平行短边，裂缝形状一般是一端宽一端窄，有的裂缝变化不大。平屋顶温度变形导致的墙体裂缝多是斜裂缝，一般上宽下窄，或靠窗口处较宽，逐渐减小。

（2）影响因素。外界温度变化是产生温度裂缝的主要因素之一，但这种裂缝不会无限制扩展恶化。当自然界温度发生变化或材料发生收缩时，房屋各部分构件将产生各自不相同的变形，引起彼此的制约作用而产生应力，当应力超过其极限强度时，不同形式的裂缝就会出现。

C　地基变形、基础不均匀沉降裂缝特点及影响因素

（1）特点：

裂缝位置及分布特征：一般在建筑物下部出现较多，竖向构件较水平构件开裂严重，墙体构件和填充墙较框架梁柱开裂严重。

裂缝方向与形状：在墙上多为斜裂缝，竖向及水平裂缝很少见；在梁或板上多出现垂直裂缝，也有少数的斜裂缝；在柱上常见的是水平裂缝，这些裂缝的形状一般都是一端宽，另一端细。

裂缝发展变化：随着时间及地基变形的发展而变化，地基稳定后裂缝不再扩展。

（2）影响因素。引起地基不均匀变形的因素主要有以下几点：

1）地基土层分布不均匀，土质差别较大；

2）地基土质均匀，上部荷载差别较大、房屋层数相差过多、结构刚度差别悬殊、同一建筑物采用多种地基处理方法而且未设置沉降缝；

3）建筑物在建成后，附近有深坑开挖、井点降水、大面积堆料、填土、打桩振动或新建高层建筑物等；

4）建筑物使用期间，使用不当长期浸水，地下水位上升，暴雨使建筑物地基浸泡；

5）软土地基中地下水位下降，造成砌体基础产生附加沉降开裂；

6）地基冻胀，砌体基础埋深不足，地基土的冻胀致使砌体产生斜裂缝或竖向裂缝；

7）地基局部塌陷，如位于防空洞、古井上的砌体，因地基局部塌陷而产生水平裂缝、斜裂缝；

8）地震作用、机械振动等。

D 受力裂缝（承载力不足）特点及影响因素

（1）特点：

裂缝位置及分布特征：都出现在应力最大位置附近，如梁跨中下部和连续梁支座附近上部等。

裂缝方向与形状：受拉裂缝与主应力垂直，支座附近的剪切裂缝，一般沿 45°方向跨中向上方伸展。受压而产生的裂缝方向一般与压力方向平行，裂缝形状多为两端细中间宽。扭曲裂缝呈斜向螺旋状，缝宽度变化一般不大。冲切裂缝常与冲切力成 45°左右斜向开展。

裂缝发展变化：随着荷载加大和作用时间延长而扩展。

（2）影响因素。承载力不足是引起受力裂缝的主要因素之一，如：截面削弱较严重的部位，或随时间的改变，材料因风化侵蚀强度发生变化；使用环境的改变产生内力重分布或超载产生附加内力等。

3.6.3.2 检测与鉴别方法

量测裂缝宽度可用刻度放大镜（20 倍）或裂缝卡尺应变计、钢板尺、钢丝、应急灯等工具。对于可变作用大的结构要求测量其裂宽变化和最大开展宽度时，可以横跨裂缝安装裂缝仪等，用动态应变仪测量，用磁带记录仪等记录。对受力裂缝，量测钢筋重心处的宽度；对非受力裂缝，量测钢筋处的宽度和最大宽度。最大裂缝宽度取值的保证率为 95%，并考虑检测时尚未作用的各种因素对裂宽的影响。

混凝土结构构件的裂缝主要有温度裂缝、干缩裂缝、应力裂缝、施工裂缝、沉降裂缝，以及构造不当引起的裂缝。

（1）应力裂缝：

1）受弯构件：垂直裂缝及斜裂缝。垂直裂缝多出现在梁、板构件 M_{max} 处或截面削弱处（如主筋切断处）；斜裂缝多出现在 V_{max} 处，如某支座处（V、M 共同作用）。裂缝由下向上部发展，随着荷载增加，裂缝数量及宽度加大。

2）轴压、偏心构件：受压区混凝土被压裂；大偏心受拉区配筋少时同受弯构件裂缝。

3）轴拉构件：荷载不大，正截面开始出现裂缝，裂缝间距近似相等。

4）冲切构件：柱下基础底板，从柱周出现 45° 斜缝，形成冲切面（剪力作用）。

5）受扭构件：构件内产生近于 45° 倾角的螺旋形斜缝。

（2）温度裂缝：

1）因环境剧烈变化引起的裂缝：现浇板为贯穿裂缝，矩形板沿短边裂；有横肋时常与横肋相垂直。

2）大体积混凝土：温度引起裂缝，内外温差与温度突降引起表面或浅层裂缝；内部温差可造成贯穿裂缝；几种温差作用叠加，造成结构截面全部断裂。

3）高温热源产生的裂缝：如鼓风炉周围或冷却器下的混凝土梁出现多条横向裂缝；钢筋混凝土烟囱受热后普遍产生竖缝或水平裂缝，其中投产使用期裂缝较浅，一般至内、外表面内 3～10cm，宽度 0.2～2mm；长期高温下竖缝达 10 余米长，水平缝达 1/5～1/2 周长，甚至全圆周。

（3）收缩裂缝：

1）表面不规则发生裂缝：混凝土终凝前出现，及时抹实养护，即可消失。表面裂缝中间宽，两端细，或在两根钢筋之间，与钢筋平行。

2）表面较大裂缝：干缩或温差原因叠加，裂缝长度、宽度较大，在板类结构中形成贯穿缝。

（4）沉降裂缝：

1）一般在建筑物下部出现裂缝，裂缝都在沉降曲线曲率较大处；单层厂房可引起柱下部和上柱根部附近开裂；相邻柱出现下沉时，可把屋盖拉裂。

2）沉陷裂缝方向与地基变形所产生的主应力方向垂直，墙上多为斜缝，梁和板上为垂直缝及少数斜缝，柱上为水平缝，且各裂缝均一端宽，另一端细。

3）裂缝尺寸大小变化较多。当地基接近剪切破坏或出现较大沉降差时，裂缝尺寸较大，当地基沉降稳定后，裂缝不再发展。

3.6.4　混凝土中钢筋位置及保护层厚度检测

对于设计、施工资料不详的已建结构配筋情况调查，或是确定对保护层厚度敏感的悬臂板式结构的截面有效高度，要求检测钢筋的位置、走向、间距及埋深。不凿开混凝土表面，用钢筋位置探测仪可进行检测，确定内部钢筋的位置和走向。利用电磁感应原理进行检测，检测时将长方形的探头贴于混凝土表面，缓慢移动或转动探头，当探头靠近钢筋或与钢筋趋于平行时，感应电流增大，反之减小。通过标定，在已知钢筋直径的前提下，可检测保护层的厚度。当对混凝土进行钻芯取样时，一般可用此法预先探明钢筋的位置，以达到避让的目的。

检测采用电磁感应法可测出混凝土中钢筋的保护层厚度、直径及位置。

3.6.5 混凝土中钢筋锈蚀程度检测

3.6.5.1 钢筋锈蚀检测程序

在结构检查中，为了了解钢筋锈蚀对混凝土结构的影响，一般遵循图3-6所示的流程。

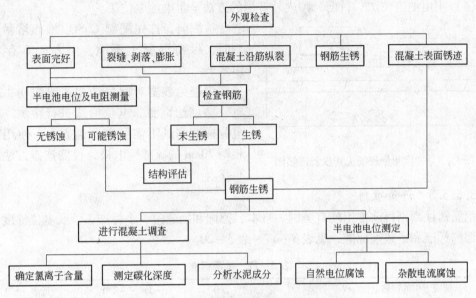

图3-6 混凝土结构钢筋锈蚀检查流程图

3.6.5.2 评定与检测混凝土构件中钢筋的锈蚀方法

为了减少钢筋锈蚀对结构造成危害，需要即时了解现有的结构中的钢筋锈蚀状态，以便对钢筋采取必要的措施进行预防。对钢筋锈蚀的测试，可采用如下几种方法：

（1）视觉法和声音法。在常规的混凝土结构中，钢筋锈蚀的第一视觉特征是钢筋表面出现大量的锈斑，显然，只要检查钢筋表面就可以看到；有时混凝土表面下的裂缝发展到表面，混凝土最终开裂时可直接检查钢筋，在早期可以用"发声"方法估计下部裂缝引起的破坏，使用小锤敲击表面，利用声音的不同检测顺筋方向裂缝的出现。

（2）氯离子的监测。

钢筋的腐蚀速度与混凝土中氯离子的含量有关。有资料表明：混凝土中氯化物含量达 $0.6 \sim 1.2 kg/m^3$，钢筋的腐蚀过程就可以发生，图3-7中曲线表示的是促使混凝土中钢筋锈蚀的氯离子含量的临界值，由图中可看到：混凝土孔隙水的 pH 值高，促使钢筋锈蚀的氯离子含量临界值相应增高。

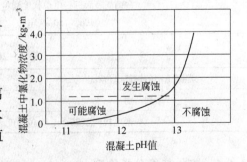

图3-7 氯离子含量与钢筋锈蚀关系图

进入混凝土中的氯离子主要有两个来源：施工过程中掺加的防冻剂等——内掺型；使用环境中氯离子的渗透——外渗型。

在《混凝土结构设计规范》（GB 50010—2010）中第3.4条规定，室内正常环境下，最大氯离子含量不得大于 1.0%。在非严寒和非寒冷地区的露天环境下，最大氯离子含量不得大于 0.3%。严寒和寒冷地区的露天环境下，最大氯离子含量不得大于 0.2%。

（3）极化电阻法。极化电阻法（线形极化法）作为一个锈蚀监测方法，已经成功地应用于生产工业和许多环境，该方法的原理是将锈蚀率与极化曲线在自由锈蚀电位处的斜率联系在一起，可以用双电极或三电极系统监测材料与环境耦合的锈蚀率。

（4）半电池电位法。目前，国内外常用的方法是半电池电位法。

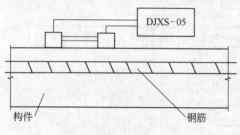

图 3 - 8　梯度测量现场工作仪器连接图

检测前，首先配制 $CuSO_4$ 饱和溶液。检测时，保持混凝土湿润，但表面不存有自由水。

为避免破凿对筒身结构造成损伤，采用电位梯度法，而非电位值法进行检测。现场电位梯度测试不需要凿开混凝土，使用两个相距 20cm 的硫酸铜电极，仪器连接方法见图 3 - 8。

3.6.5.3　评价准则

钢筋锈蚀判别目前常用的有美国、日本、德国和冶建院 4 个标准，涉及电位梯度判别的有德国标准和冶建院标准，见表 3 - 17 ～ 表 3 - 20。

表 3 - 17　美国标准

混凝土中的钢筋电位/mV	高于 - 200	- 350 ～ - 200	低于 - 350
判　别	90% 不锈蚀	不确定	90% 锈蚀

表 3 - 18　日本标准

混凝土中的钢筋电位/mV	高于 - 300	局部低于 - 300	低于 - 350
判　别	不锈蚀	局部锈蚀	全面锈蚀

表 3 - 19　德国标准

凝土中的钢筋电位/mV	高于 - 200	- 350 ～ - 200	低于 - 350
判　别	90% 不锈蚀	不确定	90% 锈蚀

在钢筋表面进行电位梯度测量，若两电极间距不大于 20cm 时能测出
100 ~ 150mV 电位差来，则电位低的部位判作锈蚀

表 3 - 20　冶建院标准

混凝土中的钢筋电位/mV	0 ~ - 250	- 400 ～ - 250	低于 - 400
判　别	不锈蚀	有锈蚀可能	锈　蚀

两电极间距 20cm，电位梯度为 150 ~ 200mV 时，低电位处判作锈蚀

3.6.6　红外热像分析检测

红外热成像技术是一种较新的检测技术，它集光电成像技术、计算机技术、图像处理技术于一身，通过接收物体发出的红外线（红外辐射），将其热像显示在荧

光屏上，从而准确判断物体表面的温度分布情况，具有准确、实时、快速等优点。任何物体由于其自身分子的运动，不停地向外辐射红外热能，从而在物体表面形成一定的温度场，俗称"热像"。红外热像仪就是利用热成像技术将这种看不见的"热像"转变成可见光图像，使测试效果直观，灵敏度高，能检测出设备细微的热状态变化，准确反映设备内、外部的发热情况，可靠性高，对发现潜在隐患非常有效。

红外线辐射是一种最为广泛的电磁波辐射，通过红外探测器将物体辐射的功率信号转换成电信号后，成像装置的输出信号就可以完全一一对应地模拟扫描物体表面温度的空间分布，经电子系统处理，传至显示屏上，得到与物体表面热分布相应的热像图。

但在实际动作过程中被测目标物体各部分红外辐射的热像分布图由于信号非常弱，与可见光图像相比，缺少层次和立体感，因此，为更有效地判断被测目标的红外热分布场，常采用一些辅助措施来增加仪器的实用功能，如图像亮度、对比度的控制，实标校正，伪色彩描绘等技术。

3.6.7 钢筋力学性能的检测

结构构件中钢筋的力学性能检测，一般采用半破损法，即凿开混凝土，截取钢筋试件，然后对试件进行力学性能试验。同一规格的钢筋应抽取两根，每根钢筋再分成两根试件，取一根试件做拉力试验，另一根试件做冷弯试验。在拉力试验的两根试件中，如其中一根试件的屈服强度、抗拉强度和伸长率3个指标中有一个指标达不到钢筋相应的标准值，应再抽取钢筋，制作双倍（4根）试件重做试验，如仍有一根试件的一个指标达不到标准要求，则不论这个指标在第一次试件中是否达到标准要求，拉力试验项目都为不合格。在冷弯试验中，如有一根试件不符合标准要求，应同样抽取双倍钢筋，重做试验。如仍有一根试件不符合要求，则冷弯试验项目不合格。

破损法检测钢筋的力学性能，应选择结构构件中受力较小的部位截取钢筋试件，梁构件中不应在梁跨中间部位截取钢筋。截断后的钢筋应用同规格的钢筋补焊修复，单面焊时搭接长度不小于 $10d$，双面焊时搭接长度不小于 $5d$。

3.6.8 施工偏差和构件变形检测

3.6.8.1 构件变形的检测内容及方法

变形测量是安全性检测中既有混凝土构件检测的主要内容之一，测量的对象和内容主要是屋架、托架、吊车梁、屋面梁的竖向挠度以及排架柱的水平侧移。对于挠度测量，可采用拉线、水准仪三点测量，排架柱水平侧移测量与建（构）筑物整体倾斜的测量方法相类似。变形测量结果可参照《工业建筑可靠性鉴定标准》（GB 50144—2008）中混凝土受弯构件变形限值（表3-21）予以判断，表中a、b、c级为该标准定义的混凝土构件变形项目的使用性等级。对于柱水平侧移的测量结果，可参考可靠性鉴定标准中对混凝土构件水平侧移的要求进行判断。

3.6.8.2 施工偏差的检测内容及方法

施工偏差指混凝土构件实际的尺寸、位置与设计尺寸、位置之间的差异。过大的偏差会降低建筑物的使用功能，也可能引起较大的附加应力，降低结构的承载能力。在检查和

表3-21　混凝土构件变形限值与使用性等级

构件种类		a	b	c
单层厂房托架与屋架		$\leqslant L_0/500$	$\leqslant L_0/500$，$< L_0/450$	$\geqslant L_0/450$
多层框架主梁		$\leqslant L_0/400$	$\leqslant L_0/400$，$< L_0/350$	$\geqslant L_0/350$
屋盖、楼盖及楼梯构件	$L_0 > 9\mathrm{m}$	$\leqslant L_0/300$	$\leqslant L_0/300$，$< L_0/250$	$\geqslant L_0/250$
	$7\mathrm{m}\leqslant L_0\leqslant 9\mathrm{m}$	$\leqslant L_0/250$	$\leqslant L_0/250$，$< L_0/200$	$\geqslant L_0/200$
	$L_0 < 7\mathrm{m}$	$\leqslant L_0/200$	$\leqslant L_0/200$，$< L_0/175$	$\geqslant L_0/175$
吊车梁				

注：1. L_0 为构件的计算跨度；
　　2. 表中所列为按荷载效应的标准组合并考虑荷载长期作用影响的挠度值，应减去或加上制作反拱或下挠值。

测量既有建筑物的施工偏差时，可根据现行国家标准《混凝土结构工程施工质量验收规范》（GB 50204—2011），确定检测的内容和标准，见表3-22和表3-23。

表3-22　现浇混凝土结构尺寸允许偏差及检测方法

项目		允许偏差/mm	检验方法
轴线位置	基础	15	钢尺检查
	独立基础	10	
	墙、柱、梁	8	
	剪力墙	5	
垂直度	层高　$\leqslant 5$	8	经纬仪或吊线、钢尺检查
	> 5	10	经纬仪或吊线、钢尺检查
	全高（H）	$H/1000$ 且 $\leqslant 30$	经纬仪、钢尺检查
标高	层高	± 10	水准仪或拉线、钢尺检查
	全高	± 30	
截面尺寸		$+8$，-5	钢尺检查
电梯井	井筒长、宽对定位中心线	$+25$，0	钢尺检查
	井筒全高（H）垂直度	$H/1000$ 且 $\leqslant 30$	经纬仪、钢尺检查
表面平整度		8	2m靠尺和塞尺检查
预埋设施中心线位置	预埋件	10	钢尺检查
	预埋螺栓	5	
	预埋管	5	
预留洞中心线位置		15	钢尺检查

注：检查轴线、中心线位置时，应沿纵、横两个方向量测，并取其中的较大值。

表3-23　预制混凝土构件尺寸允许偏差及检测方法

项目		允许偏差/mm	检验方法
长度	板、梁	$+10$，-5	钢尺检查
	柱	$+5$，-10	
	墙、板	± 5	
	薄腹梁、桁架	$+15$，-10	

项　　目		允许偏差/mm	检验方法
宽度、高（厚）度	板、梁、柱、墙 板、薄腹梁、桁架	±5	钢尺量一端及中部， 取其中较大值
例向弯曲	梁、柱、板	L/750 且≤20	拉线、钢尺量最大侧向弯曲处
	墙板、薄腹梁、桁架	L/1000 且≤20	
预埋件	中心线位置	10	钢尺检查
	螺栓位置	5	
	螺栓外露长度	+10，－5	
预留孔	中心线位置	5	钢尺检查
预留洞	中心线位置	15	钢尺检查
主筋保护层厚度	板	+5，－3	钢尺或保护层厚度测定仪测量
	梁、柱、墙板、薄腹板、桁架	+10，－5	
对角线差	板、墙板	10	钢尺量两个对角线
表面平整度	板、墙板、柱、梁	5	2m靠尺和塞尺检查
预应力构件 预留孔道位置	梁、墙板、薄腹板、桁架	3	钢尺检查
翘　曲	板	L/750	钢尺检查
	墙板	L/1000	调平尺在两端量测

注：1. L 为构件长度（mm）；
　　2. 检查中心线、螺栓和孔道位置时，应沿纵、横两个方向量测，并取其中的较大值；
　　3. 对形状复杂或有特殊要求的构件，其尺寸偏差应符合标准图或设计要求。

3.7 钢结构检测

钢结构构件由于材料强度高，构件强度一般不起控制作用，而构件乃至结构的稳定性却是首要的控制因素，加上设计应力高，连接构造及其传递的应力大，因此钢结构各构件或某一构件各零件、配件之间的连接至关重要，连接的破坏会导致构件破坏甚至整个结构的破坏。因此，局部应力、次应力、几何偏差、裂缝、腐蚀、震动、撞击效应等对钢结构的强度、稳定、连接及疲劳的影响亦不可忽视。

钢结构构件中的型钢一般是由钢厂批量生产，并需有合格证明，因此，材料的强度及化学成分是有良好保证的。检测的重点在于加工、运输、安装过程中产生的偏差与误差。另外，由于钢结构的最大缺点是易于锈蚀，耐火性差，在钢结构工程中应重视涂装工程的质量检测。钢结构工程中主要的检测内容见表 3－24。

表 3－24　钢结构工程中主要的检测内容及方法

主要检测内容	检测方法	所得数据
构件尺寸及平整度的检测	超声波测厚仪和游标卡尺等	尺寸及平整度
构件表面缺陷的检测	超声波法、射线法及磁力法等	构件缺陷外形

主要检测内容	检测方法	所得数据
连接（焊接、螺栓连接）的检测	焊缝检验尺等	截面尺寸等
钢材锈蚀检测		锈蚀程度
防火涂层厚度检测	测针等	厚度
施工偏差		

如果钢材无出厂合格证明，或对其质量有怀疑，则应增加钢材的力学性能试验，必要时再检测其化学成分。

3.7.1　构件尺寸、厚度、平整度的检测

（1）尺寸检测。每个尺寸在构件的 3 个部位量测，取 3 处的平均值作为该尺寸的代表值。钢构件的尺寸偏差应以设计图纸规定的尺寸为基准计算尺寸偏差；偏差的允许值应符合其产品标准的要求。

（2）平整度检测。梁和桁架构件的变形有平面内的垂直变形和平面外的侧向变形，因此要检测两个方向的平直度。柱的变形主要有柱身倾斜与挠曲。检查时可先目测，发现有异常情况或疑点时，对梁、桁架可在构件支点间拉紧一根铁丝或细线，然后测量各点的垂度与偏差；对柱的倾斜可用经纬仪或铅垂测量。柱挠曲可在构件支点间拉紧一根铁丝或细线测量。

（3）钢材厚度检测。检测钢材厚度的仪器有超声波测厚仪和游标卡尺，精度均达 0.01mm。

超声波测厚仪采用脉冲反射波法。超声波从一种均匀介质向另一种介质传播时，在界面会发生反射，测厚仪可测出探头自发出超声波至收到界面反射回波的时间。超声波在各种钢材中的传播速度已知，或通过实测确定，由波速和传播时间测算出钢材的厚度，对于数字超声波测厚仪，厚度值会直接显示在显示屏上。

3.7.2　构件表面缺陷检测

钢材缺陷的性质与其加工工艺有关，如铸造过程中可能产生气孔、疏松和裂纹等。锻造过程中可能产生夹层、折叠、裂纹等。钢材无损检测的方法有超声波法、射线法及磁力法。其中超声波法是目前应用最广泛的探伤方法之一。

超声波的波长很短、穿透力强，传播过程中遇到不同介质的分界面会产生反射、折射、绕射和波形转换，超声波像光波一样具有良好的方向性，可以定向发射，犹如一束手电筒灯光可以在黑暗中寻找目标一样，能在被检材料中发现缺陷。超声波探伤能探测到的最小缺陷尺寸约为波长的一半。超声波探伤又可以分为脉冲反射法和穿透法两类。

钢材缺陷可以采用平探头纵波探伤的方法，探头轴线与其端面垂直，超声波与探头端面或钢材表面成垂直方向传播，超声波通过钢材的上表面、缺陷及底面时，均有部分超声波被反射出来，这些超声波各自往返的路程不同，回到探头时间也不同，在示波器上将分别显示出反射脉冲，依次称为始脉冲、伤脉冲和底脉冲。当钢材中无缺陷时，则无伤脉冲显示。始脉冲、伤脉冲和底脉冲波之间的间距比等于钢材上表面、缺陷和底面的间距比，

由此可确定缺陷的位置。

3.7.3 连接（焊接、螺栓连接）检测

钢结构事故往往出现在连接上，故应将连接作为重点对象进行检查。譬如，重庆彩虹桥，于1996年建成投入使用，1999年1月4日垮塌，其主要原因是该桥的主要受力拱架钢管焊接质量不合格，存在严重缺陷，个别焊缝有陈旧性裂痕。

连接板的检查包括：

（1）检测连接板尺寸（尤其是厚度）是否符合要求；

（2）用直尺作为靠尺检查其平整度；

（3）测量因螺栓孔等造成的实际尺寸的减小；

（4）检测有无裂缝、局部缺损等损伤。

对于螺栓连接，可用目测、锤敲相结合的方法检查，并用扭力扳手（当扳手达到一定的力矩时，带有声、光指示的扳手）对螺栓的紧固性进行复查，尤其对高强螺栓的连接更应仔细检查。此外，对螺栓的直径、个数、排列方式也要一一检查。

焊接连接目前应用最广，出现事故也较多，应检查其缺陷。焊缝的缺陷种类不少，有裂纹、气孔、夹渣、未熔透、虚焊、咬边、弧坑等。检查焊缝缺陷时，可用超声探伤仪或射线探测仪检测。在对焊缝的内部缺陷进行探伤前应先进行外观质量检查，如果焊缝外观质量不满足规定要求，需进行修补。

3.7.3.1 焊缝缺陷

常见的影响焊缝强度的主要缺陷有：根部未焊透、裂纹、未熔合和长条夹渣。

未焊透会使杆件焊缝的内应力在未焊透处集中，引起抗拉强度明显降低，有时降低至40%～50%，故杆件存在未焊透缺陷时，对脆性破坏有很大敏感性。

裂纹的危害更为严重，它可以直接破坏焊缝的塑性和强度，根据以往经验，焊缝裂纹多集中在定位点焊部位。

3.7.3.2 焊缝外观质量检测

焊缝的外形尺寸一般用焊缝检验尺测量。焊缝检验尺由主尺、多用尺和高度标尺构成，可用于测量焊接母材的坡口角度、间隙、错位、焊缝高度、焊缝宽度和角焊缝高度。

主尺正面边缘用于对接校直和测量长度尺寸；高度标尺一端用于测量母材间的错位及焊缝高度，另一端用于测量角焊缝厚度；多用尺15°锐角面上的刻度用于测量间隙；多用尺与主尺配合可分别测量焊缝宽度及坡口角度。

焊缝表面不得有裂纹、焊瘤等缺陷，《钢结构设计规范》（GB 50017—2003）规定焊缝质量等级分为一、二、三级，一级焊缝为动荷载或静荷载受拉，要求与母材等强度的焊缝；二级焊缝为动荷载或静荷载受压，要求与母材等强度的焊缝；三级焊缝是一、二级焊缝之外的贴角焊缝。一级焊缝不允许有外观质量缺陷，二、三级焊缝外观质量应符合表3－25的要求。

T形接头、十字接头、角接接头等要求熔透的对接和角对接组合焊缝，其焊脚尺寸不应小于$t/4$；设计有疲劳验算要求的吊车梁或类似构件的腹板与上翼缘连接焊接的焊脚尺寸为$t/2$，且不应大于10mm。焊脚尺寸的允许偏差为0～4mm。

表 3-25　二级、三级焊缝外观质量标准　　　　　　　　（mm）

项　　目	允　许　偏　差	
缺陷类型	二　级	三　级
未焊满（指不足设计要求）	≤0.2+0.2t，且≤1.0	≤0.2+0.4t，且≤2.0
	每100.0焊缝内缺陷总长≤25.0	
根部收缩	≤0.2+0.2t，且≤1.0	≤0.2+0.04t，且≤2.0
	长　度　不　限	
咬边	≤0.05t，且≤0.5；连续长度≤100.0，且焊缝两侧咬边总长≤10%焊缝全长	≤0.1t且≤1.0，长度不限
弧坑、裂纹	—	允许存在个别长度≤5.0的弧坑、裂纹
电弧擦伤		允许存在个别电弧擦伤
接头不良	缺口深度0.05t，且≤0.5	缺口深度0.1t，且≤1.0
	每1000.0焊缝不应超过1处	
表面夹渣	—	深≤0.2t，长≤0.5t，且≤20.0
表面气孔		每50.0焊接长度内允许直径≤0.4t，且≤3.0的气孔2个，孔距≥6倍孔径

注：表内 t 为连接处较薄的板厚，三级对接焊缝应按二级焊缝标准进行外观质量检验。

对接焊缝及完全熔透组合焊缝尺寸允许偏差应符合表 3-26 的要求，部分焊透组合焊缝和角焊缝外形尺寸允许偏差应符合表 3-27 的要求。

表 3-26　对接焊缝及完全熔透组合焊缝尺寸允许偏差　　　　　（mm）

序　号	项　目	允　许　偏　差	
		一、二级	三　级
1	对接焊缝余高 C	$B<20$：0~3.0 $B≥20$：0~4.0	$B<20$：0~4.0 $B≥20$：0~5.0
2	对接焊缝错边 d	$d<0.15t$ 且≤2.0	$d<0.15t$ 且≤3.0

表 3-27　部分焊透组合焊缝和角焊缝外形尺寸允许偏差　　　（mm）

序　号	项　目	允　许　偏　差
1	焊脚尺寸 h_f	$h_f≤6$：0~1.5 $h_f>6$：0~3.0
2	角焊缝余高 C	$h_f≤6$：0~1.5 $h_f>6$：0~3.0

注：1. $h_f>8.0$mm 的角焊缝其局部焊脚尺寸允许低于设计要求值1.0mm，但总长度不得超过焊缝长度的10%；
　　2. 焊接 H 型梁腹板与翼缘板的焊缝两端在其两倍翼缘板宽度范围内，焊缝的焊脚尺寸不得低于设计值。

3.7.3.3　焊缝内部缺陷的超声波探伤和射线探伤

碳素结构钢应在焊缝冷却到环境温度，低合金结构钢应在完成焊接24h以后，进行焊接探伤检验。钢结构焊缝探伤的方法有超声波法和射线法。《钢结构工程施工质量验收规范》（GB 50205—2001）规定，设计要求全焊透的一、二级焊缝应采取超声波探伤进行内部缺陷的检验，超声波探伤不能对缺陷做出判断时，应采取射线探伤，其内部缺陷分级及探伤方法应符合现行国家标准《钢焊缝手工超声波探伤方法和探伤结果分级》（GB 11345—1989）或《钢熔化焊对接接头射线照相和质量分级》（GB 3323—2005）的规定。

焊接球节点网架焊缝、螺栓球节点网架焊缝及圆管 T、K、Y 形节点相差线焊缝，其内部缺陷分级与探伤方法应分别符合国家现行标准《焊接球节点钢网架焊缝超声波探伤及质量分级法》（JG/T 3034.1—1996）、《螺栓球节点钢网架焊缝超声波探伤及质量分级法》（JG/T 3034.2—1996）和《建筑钢结构焊接技术规程》（JGJ 81—2002）的规定。

一级、二级焊缝的质量等级及缺陷分级应符合表 3-28 的规定。

表 3-28　一级、二级焊缝质量等级及缺陷分级

焊缝质量等级		一级	二级
内部缺陷超声波探伤	评定等级	二级	三级
	检验等级	B 级	B 级
	探伤比例	100%	20%
内部缺陷射线探伤	评定等级	二级	三级
	检验等级	AB 级	AB 级
	探伤比例	100%	20%

注：探伤比例的计数方法按以下原则确定：
1. 对工厂制作焊缝，应按每条焊缝计算百分比，且探伤长度不应小于 200mm，当焊缝长度不足 200mm 时，应对整条焊缝进行探伤；
2. 对现场安装焊缝，应按同一类型、同一施焊条件的焊缝条数计算百分比，探伤长度不应小于 200mm，并不应少于 1 条焊缝。

3.7.3.4　焊缝缺陷检测方法（着色渗透检测原理）

渗透检测俗称渗透探伤，是一种以毛细管作用原理为基础用于检查表面开口缺陷的无损检测方法。它与射线检测、超声检测、磁粉检测和涡流检测一起，并称为 5 种常规的无损检测方法。渗透检测始于本世纪初，是目视检查以外最早应用的无损检测方法。由于渗透检测的独特优点，其应用遍及现代工业的各个领域。国外研究表明：渗透检测对表面点状和线状缺陷的检出概率高于磁粉检测，是一种最有效的表面检测方法。

渗透探伤工作原理是渗透剂在毛细管作用下，渗入表面开口缺陷内，在去除工件表面多余的渗透剂后，通过显像剂的毛细管作用将缺陷内的渗透剂吸附到工件表面形成痕迹而显示缺陷的存在。

3.7.4　钢材强度检测

采用表面硬度法对钢材强度进行检测，它的基本原理是具有一定质量的冲击体在一定的试验力作用下冲击试样表面，测量冲击体试样表面 1mm 处的冲击速度与回跳速度，利用电磁原理，感应出与速度成正比的电压，较硬的材料产生的反弹速度大于较软者。然后通过有关公式计算钢材的实际强度。钢材的强度与其布氏硬度间存在如下关系（见表 3-29）。

表 3 - 29　钢材强度与布氏硬度的关系

钢 材 种 类	强度与硬度的关系
低碳钢	$\delta_b = 3.6 HB$
高碳钢	$\delta_b = 3.4 HB$
调制合金钢	$\delta_b = 3.25 HB$

注：1. δ_b 为钢材极限强度；2. HB 为布氏硬度，直接从钢材测得。

当 δ_b 确定后，可根据同种材料的屈强比计算钢材的屈服强度或条件屈服强度，确定钢材的强度。

3.7.5　钢材锈蚀检测

钢结构在潮湿、存水和酸碱盐腐蚀性环境中容易生锈，锈蚀导致钢材截面削弱，承载力下降。钢材的锈蚀程度可由其截面厚度的变化来反应。

3.7.6　防火涂层厚度检测

钢结构在高温条件下，材料强度显著降低。可见，耐火性差是钢结构致命的缺点，在钢结构工程中应十分重视防火涂层的检测。

薄涂型防火涂料涂层表面裂纹宽度不应大于 0.5mm，涂层厚度应符合有关耐火极限的设计要求；厚涂型防火涂料涂层表面裂纹宽度不应大于 1mm，其涂层厚度应有 80% 以上的面积符合耐火极限的设计要求，且最薄处厚度不应低于设计要求的 85%。

（1）测针（厚度测量仪）。测针由针杆和可滑动的圆盘组成，圆盘始终保持与针杆垂直，并在其上装有固定装置，圆盘直径不大小 30mm，以保证完全接触被测试件的表面。如果厚度测量仪不易插入被插材料中，也可使用其他适宜的方法测试。

测试时，将测厚探针垂直插入防火涂层直至钢基材表面上，记录标尺读数。

（2）测点选定：

1）楼板和防火墙的防火涂层厚度测定，可选两相邻纵、横轴线相交中的面积为一个单元。在其对角线上，按每米长度选一点进行测试。

2）全钢框架结构的梁和柱的防火层厚度测定，在构件长度内每隔 3m 取一截面。

3）桁架结构的上弦和下弦每隔 3m 取一截面检测，其他腹杆每根取一截面检测。

（3）测量结果。对于楼板和墙面，在所选择的面积中，至少测出 5 个点；对于梁和柱，在所选择的位置中分别测出 6 个点和 8 个点，分别计算出它们的平均值，精确到 0.5mm。

3.7.7　施工偏差和变形、振动

3.7.7.1　构件变形和振动的检测内容及方法

过大的变形和振动不仅影响构件的正常使用，还可能威胁构件的安全性。现行设计规范对变形和振动的控制主要是通过规定变形容许值和容许长细比来实现的，检测中可依据这些规定值对构件的变形和振动做出初步判定。钢构件的变形主要为受弯构件的挠度和柱的侧移，应注意检测吊车梁、吊车桁架、轨道梁、楼盖和屋盖梁、屋架、平台梁等受弯构

件的挠度，以及排架柱、框架柱、露天栈桥柱等的侧移，振动方面则应注意检测吊车梁系统、屋架下弦、支撑等构件和杆件。

3.7.7.2 制作和安装偏差的检测内容及方法

偏差指制作过程中钢板、型钢、焊缝、螺栓等的尺寸偏差和制作、安装过程中构件的位置偏差。国家标准《钢结构工程施工质量验收规范》（GB 50205—2001）控制的主要偏差见表 3－30。

表 3－30　国家标准 GB 50205—2001 控制的主要偏差

制 作 偏 差	安 装 偏 差
（1）钢板厚度和型钢尺寸的偏差； （2）焊接 H 型钢和焊接连接组装的偏差； （3）桁架结构构件轴线交点的错位； （4）柱、梁连接处腹板中心线的偏移； （5）钢构件外形尺寸的偏差	（1）屋（托）架、桁架、梁和受压杆件的垂直度和侧向弯曲矢高； （2）单层钢结构主体结构的整体垂直度和整体平面弯曲； （3）安装在混凝土柱上的钢桁架（梁）支座中心对定位轴线的偏差； （4）钢柱的偏差； （5）钢吊车梁或直接承受动力荷载的类似构件安装的偏差； （6）钢平台安装的偏差

过大的偏差会影响构件的受力性能和承载能力，在某些情况下还可能造成构件的局部破坏。我国设计、施工规范对各类偏差都做出了严格的限定，检测中应依据原设计的要求和设计、施工规范的规定，对构件的几何尺寸和空间位置进行复核，测量工具包括钢尺、角尺、塞尺（测量裂缝宽度）、游标卡尺、超声波金属厚度测试仪、水准仪、经纬仪、光电测距仪、全站仪等。

3.8 桥 梁 检 测

通过了解桥梁的技术状况及缺陷和损伤的性质、部位、严重程度、发展趋势，弄清出现缺陷和损伤的主要原因，以便能分析和评价既存缺陷和损伤对桥梁质量和使用承载能力的影响，并为桥梁维修和加固设计提供可靠的技术数据和依据。

因此，桥梁检查是进行桥梁养护、维修与加固的先导工作，是决定维修与加固方案可行和正确与否的可靠保证。它是桥梁评定、养护、维修与加固工作中必不可少的重要组成部分。

3.8.1 检测基础知识

（1）标志、桩号、里程、桥头信息的识别，见图 3－9。

（2）左右幅的确定。以公路里程增加方向为前进方向，该方向的左边为"左幅"，右边为"右幅"，见图 3－10。

可以用来确定：桩号/墩台从小到大的方向（里程增加的方向）。

（3）伸缩缝位置、联的确定。

伸缩缝位置确定：按里程增加的方向以此排开第 1 道、第 2 道等。

联的确定：第 1 与第 2 到伸缩缝之间为第 1 联，以此递增类推。

锚固区：伸缩缝两侧。

图 3-9　基础信息识别

(a) 大桩号 1402km；(b) 1495km + 700m；(c) 桥头的桥梁信息表；(d) 1021km + 500m

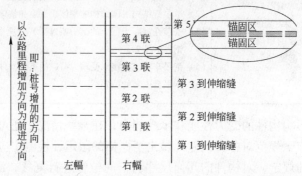

图 3-10　左右幅确定及伸缩缝位置确定（桥梁俯视图）

（4）主线桥编号规则。墩（台）、桥孔编号规则，以公路里程增加方向为前进方向。

主线桥小桩号方向的桥台为 0 号桥台，沿前进方向依次为 1 号墩、2 号墩、…、m 号台，相应的桥孔/跨为第 1 孔/跨、第 2 孔/跨、…、第 m 孔/跨，见图 3-11。主线桥编号规则见表 3-31。

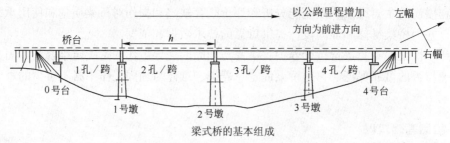

梁式桥的基本组成

图 3-11　主线桥侧面（以梁式桥为例）

表 3-31　主线桥编号规则

位置	编号详解	举例
主梁	主线桥第 k 孔/跨主梁的编号方法为面向前进方向，从左到右依次为 $k-1$ 号梁、$k-2$ 号梁、…、$k-n$ 号梁	$Z-3-2$ 号梁，$L/4$ 处，XX 幅-跨-梁号，具体位置，病害名
墩柱	主线桥 n 号墩的墩柱编号方法为面向前进方向，从左到右依次为 $n-1$ 号、$n-2$ 号、$n-3$ 号墩柱。跨线桥墩柱编号为按前进方向依次增大编号	$Z-3-1$ 号墩，病害名 幅-梁-墩，病害名

位 置	编 号 详 解	举 例
支 座	第 n 孔/跨中 m 号墩柱上支座的编号方法为面向前进方向，从左到右依次为 $n-m-1$ 号、$n-m-2$ 号、$n-m-3$ 号支座	$Z-1-0-2$ 号支座，病害名 幅－台/柱号－支座，病害名
伸缩缝	按照从小桩号方向依次第1道、第2道…依次类推	Z 第1道伸缩缝，病害名 幅－第几道－伸缩缝，病害名
湿接缝	—	$Z-3-2$ 湿接缝，$L/4$ 处，病害名 幅－跨－湿接缝，具体位置，病害名
横隔板	区别端部横隔板及中部横隔板	$Z-3-2$ 横隔板，病害名 幅－跨－横隔板，病害名

（5）跨线桥、通道编号规则。跨线桥编号方法为面向前进方向，从左到右依次为0号台、1号墩、2号墩、…、m 号台，相应的桥孔为第1孔/跨、第2孔/跨、…、第 m 孔/跨，见图3－12。

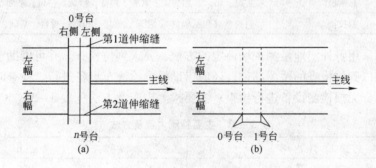

图3－12 跨线桥、通道编号规则
（a）跨线桥；（b）通道

（6）特大型、大型桥梁的水准点编号规则。特大型、大型桥梁在桥面设置永久性观测点，定期进行检测，按单幅计算，沿行车道两边，按每孔四分点、二分点、支点不少于5个位置（10个点）布设测点。具体见图3－13。

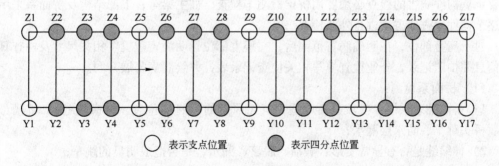

图3－13 水准测点布置图

3.8.2　桥梁外观检查及无损检测

公路桥梁的结构类型包括：（1）梁式桥；（2）板拱桥（圬工、混凝土）、肋拱桥、双曲拱桥；（3）钢架拱桥、桁架拱桥；（4）钢-混凝土组合拱桥；（5）悬索桥；（6）斜拉桥。总体来说，桥梁部件分为主要部件和次要部件，各结构类型桥梁的主要构件见表3-32。

表3-32　各结构类型桥梁主要构件

序号	结构类型	主要构件
1	梁式桥	上部承重构件、桥墩、桥台、基础、支座
2	板拱桥（圬工、混凝土）肋拱桥、双曲拱桥	主拱圈、拱上结构、桥面板、桥墩、桥台、基础
3	钢架拱桥、桁架拱桥	钢架（桁架）拱片、横向联结系、桥面系、桥墩、桥台、基础
4	钢-混凝土组合拱桥	拱肋、横向联结系、主柱、吊杆、系杆、行车道板（梁）、支座、桥墩、桥台、基础
5	悬索桥	主缆、吊索、加劲梁、索塔、锚碇、桥墩、桥台、基础、支座
6	斜拉桥	斜拉索（包括锚具）、主梁、索塔、桥墩、桥台、基础、支座

检测主要采用野外实地量测现场评定的方法，要求到位检查。并可借助于检查梯或望远镜。对于难以到位检查的桥梁部位，还应借助桥梁检测车设备进行。检查时以目力检测为主，结合部分无损检测设备进行检查。主要检测内容及方法见表3-33。

表3-33　主要检测内容及方法

主要检测内容	检测方法	所得数据
桥梁外观检查（上部结构、下部结构、桥面系）	目测、记录	—
混凝土强度、碳化深度检测	混凝土回弹仪、酚酞试剂	强度值
钢筋保护层厚度检测	混凝土钢筋雷达仪	
裂缝状况检查	裂缝观测仪	宽度、长度
桥梁周边环境调查		

上部结构采用桥梁检测车逐孔以单个构件或单个支座为单位依据相应检测指标检查，主要承重构件病害的检查必须要用桥梁检测车检查，如主梁等；下部结构及桥面系采用人工逐个构件检查的方法进行外业检查。

对于病害部位，在明确病害范围后，在病害部位标明病害位置、相关尺寸及检查日期等信息并拍照记录，外业检查填写相关检查记录表，并绘制病害展开图。

（1）桥面系检测：

1）桥面铺装层纵、横坡是否顺适，有无严重的裂缝（龟裂、纵横裂缝）、坑槽、波浪、桥头跳车、防水层漏水；

2）伸缩缝是否有异常变形、破损、脱落、漏水，是否造成明显的跳车；

3）护栏有无撞坏、断裂、错位、缺件、剥落、锈蚀等；

4）桥面排水是否顺畅，泄水管是否完好畅通，桥头排水沟功能是否完好，锥坡桥头护岸有无冲蚀、塌陷；

5）桥上交通信号、标志、标线、照明设施是否损坏、老化、失效，是否需要更换。

（2）上部结构检测。上部结构主要包括主梁、挂梁、湿接缝、横隔板、支座等，具体构件确定按桥梁结构划分。

（3）下部结构检测。下部结构主要包括翼墙、耳墙、桥台、墩台基础等，具体构件确定按桥梁结构划分。

不同结构类型的桥梁，其检测内容及方法不尽相同，这里拿梁式桥来举例，主要的检测内容是针对其上部结构、下部结构以及桥面系不同类别的部件进行病害的检查，见表3－34。

表 3－34　梁式桥梁检查部件及构件评定指标

部 位	类别	评价部件	评 价 指 标
上部结构	1	上部承重构件（主梁、挂梁）	（1）蜂窝、麻面；（2）剥落、掉角；（3）空洞、孔洞；（4）混凝土保护层厚度测定；（5）钢筋锈蚀；（6）混凝土碳化；（7）混凝土强度；（8）跨中挠度；（9）结构变位；（10）裂缝
	2	上部一般承重构件（湿接缝、横隔板等）	
	3	支座	（1）板式支座老化变质、开裂；（2）板式支座缺陷；（3）板式支座位置窜动、脱空或剪切超限；（4）盆式支座组件损坏；（5）聚四氟乙烯滑板磨损；（6）盆式支座位移、转角超限
下部结构	4	翼墙、耳墙	（1）破损；（2）位移；（3）鼓肚、砌体松动；（4）裂缝
	5	锥坡、护坡	（1）缺陷；（2）冲刷
	6	桥墩	（1）蜂窝、麻面；（2）剥落、漏筋；（3）空洞、孔洞；（4）钢筋锈蚀；（5）混凝土碳化、腐蚀；（6）磨损；（7）圬工砌体；（8）位移；（9）裂缝
	7	桥台	（1）剥落；（2）空洞、孔洞；（3）磨损；（4）混凝土碳化、腐蚀；（5）圬工砌体；（6）桥头跳车；（7）台背排水；（8）位移；（9）裂缝
	8	墩台基础	（1）冲刷、脱空；（2）剥落、漏筋；（3）冲蚀；（4）河底铺砌；（5）沉降；（6）滑移和倾斜；（7）裂缝；（8）位移
	9	河床	（1）堵塞；（2）冲刷；（3）河床变迁
	10	调制构造物	（1）损坏；（2）冲刷、变形
桥面系	11	桥面铺装	（1）变形；（2）泛油；（3）破损；（4）裂缝
	12	伸缩缝装置	（1）凹凸不平；（2）锚固区缺陷；（3）破损；（4）失效
	13	人行道	（1）破损；（2）缺失
	14	栏杆、护栏	（1）撞坏、缺失；（2）破损
	15	排水系统	（1）排水不畅；（2）泄水管、引水槽
	16	照明、标志	（1）污损或损坏；（2）照明设施缺失；（3）标志脱落、缺失

（4）其他检测：

1）构件无损检测主要检测内容：

①混凝土强度检测；

②混凝土碳化深度检测；

③钢筋位置及混凝土保护层厚度检测；

④钢筋锈蚀情况检测。

2）桥梁周边环境调查：

①桥梁运营情况调查：通过向桥梁养护部门调阅历年来的桥梁养护资料和定期检查资料来了解桥梁的状态，并向相关部门调查近年来交通量的变化情况及车辆超载运输情况，结合本次桥梁结构检测及荷载试验结果对桥梁的病害原因进行分析，并对桥梁是否满足现行荷载通行要求做出判断，当不满足时提出加固建议，满足时提出桥梁日常养护时应注意的问题；

②桥头引道调查：重点调查台背沉陷情况及其产生的桥头跳车现象，并分析由此产生的对桥梁结构的冲击影响。

3）对于特大型、大型桥梁，应设立永久性观测点，定期进行控制检测。特大型、大型桥梁竣工时有永久性观测点的，根据原观测点资料测量，应设而没有设置永久性观测点的桥梁，应在定期检查时按规定补设，根据补设观测点进行测量。测点的布设和首次检测的时间及检测数据等，按竣工资料的要求予以归档，并绘制观测点布置图。

3.8.3　荷载试验检测

梁承载能力反映了结构抗力效应与荷载效应的对比关系，就桥梁结构而言这种关系往往是不确定的，是不断变化的。

对桥梁的承载能力进行检测，是为了对其进行评定，而评定的主要目的是为了维持现有桥梁安全或可靠水平在规范的要求之上或能满足当前荷载的要求，了解桥梁的真实承载性能，综合分析判断桥梁结构的承载能力和使用条件。

（1）适用条件：

1）采用基于检测的方法检算不足以明确判断承载能力的桥梁；

2）交工验收时，单孔跨径大于40m的大桥或特大桥梁；

3）采用新结构、新材料、新工艺或新理论修建的桥梁；

4）在投入运营一段时间后结构性能出现明显退化的桥梁；

5）出现较大变化、主要承重构件开裂严重、基础沉降较大等；

6）改、扩建或重大加固后的桥梁；

7）通行荷载明显高于设计荷载等级的桥梁。

（2）荷载试验一般过程。桥梁荷载试验一般包括静力荷载试验与动力荷载试验两部分。一般情况下，桥梁结构试验可分为4个阶段，即试验计划、试验准备、加载试验与观测以及试验资料整理分析与总结。

（3）静载试验。静载试验用于采集结构应力、变形数据，并进行结构分析；应变最大实测值与分析值对比，验证校验系数；挠度测试中校验系数验证、残余变形评定。

桥梁静力荷载试验，主要是通过测量桥梁结构在静力试验荷载作用下的变形和内力，用以确定桥梁结构的实际工作状态与设计期望值是否相符，以检验桥梁结构实际工作性能，如结构的强度、刚度等。

荷载试验的目的是了解结构在荷载作用下的实际工作状态，综合分析判断桥梁结构的承载能力和使用条件。

（4）动载试验。动载试验用于分析结构自振频率和振型有无降低和劣化；测定冲击系数。

动载试验的项目内容包括：

1）检验桥梁结构在动力荷载作用下的受迫振动特性，如桥梁结构动位移、动应力、冲击系数的行车试验。

2）测定桥梁结构的自振特性，如结构或构件的自振频率、振型和阻尼比等的脉动试验或跳车激振试验。

动载试验的分类：脉动试验、行车试验、跳车激振试验、刹车试验。

行车试验的试验荷载：一般采用接近于检算荷载（标准荷载）重车的单辆载重汽车来充当。试验时，让单辆载重汽车分偏载和中载两种情形，以不同车速匀速通过桥跨结构，测定桥跨结构主要控制截面测点的动应力和动挠度时间历程响应曲线。

跳车激振的试验荷载：一般采用近于检算荷载（标准荷载）重车的单辆载重汽车来充当。试验时，让单辆载重汽车的后轮在指定位置从高度为 15cm 的三角形垫木突然下落对桥梁产生冲击作用，激起桥梁的竖向振动。

3.9 隧 道 检 测

3.9.1 隧道外观检查及无损检测

（1）检测目的：

1）对隧道病害进行全面检测，为该隧道的运营、养护、维修或改建提供参考依据。

2）根据各部件缺损状况，判断缺损原因，确定维修范围及方式，整理隧道检查数据资料，根据检查内容做出相应判定。

3）针对隧道现状，提出处置措施的建议。

（2）定期检查依据：

《公路工程技术标准》（JTG B01—2003）；

《公路养护技术规范》（JTG H10—2009）；

《公路隧道养护技术规范》（JTG H12—2003）；

《公路隧道施工技术规范》（JTG F60—2009）；

《公路隧道设计规范》（JTG D70—2004）；

各隧道施工图或竣工图。

（3）定期检查内容。公路隧道定期检查是按规定周期对结构的基本技术状况进行全面检查，以掌握结构的基本技术状况，评定结构物功能状态，为制订养护工作计划提供依据。定期检查按检查项目主要分为洞口、洞门、衬砌、路面、检修道、排水系统、吊顶、内装及隧道环境九大部分内容。各项目的详细检查内容见表3-35。

（4）结构无损检测。主要检测内容包括：1）混凝土强度检测；2）混凝土碳化深度检测；3）钢筋位置及混凝土保护层厚度检测；4）钢筋锈蚀情况检测。

表 3 – 35　隧道定期检查内容

项 目 名 称	主 要 内 容
洞　口	洞口山体有无滑坡，岩石有无崩塌的征兆；边坡、碎落台、护坡道等有无缺口、冲沟、潜流涌水、沉陷、塌落等
	护坡、挡土墙有无裂缝、断缝、倾斜、鼓出、滑动、下沉或表面风化；泄水孔有无堵塞、墙后积水，周围地基有无错台、空隙等
洞　门	墙身有无开裂、裂缝
	衬砌有无起层、剥落
	结构有无倾斜、沉陷、断裂
	混凝土钢筋有无外露
衬　砌	有无裂缝、剥落
	衬砌表层有无起层、剥落
	墙身施工缝有无开裂、错位
	洞顶有无渗漏水、挂冰
路　面	有无塌（散）落物、油污、滞水、结冰或堆冰等；路面有无拱起、沉陷、错台、开裂、溜滑
检修道	道路有无损坏；盖板有无缺损；栏杆有无变形、锈蚀、破损等
排水系统	结构有无破损，中央窨井盖、边沟盖板等是否完好，沟管有无开裂漏水；排水沟、积水井等有无淤积堵塞、沉沙、滞水、结冰等
吊　顶	吊顶板有无变形、破损；吊杆是否完好等；有无漏水（挂冰）
内　装	表面有无脏污、缺损；装饰板有无变形、破损等

（5）检查方式。主要检查方式以步行检查方式为主，配备必要的检查工具或设备，进行目测或测量检查。依次检查各个结构部位，及时发现异常情况，并在相应位置做出标记，并监测其发展变化情况。各检查项目的主要检查方式见表 3 – 36。

表 3 – 36　隧道定期检查方式

项 目 名 称	检 查 方 式
洞　口	徒步目视检测，用相机记录病害的程度，人工填写隧道定期检查记录表
洞　门	徒步目视检测，用相机记录病害的程度，人工填写隧道定期检查记录表
衬　砌	采取超声波与人工调查两种方法进行综合检测，用超声波记录检测裂缝深度，用相机记录病害的程度，人工填写隧道定期检查记录表
路　面	徒步目视检测，用相机记录病害的程度，人工填写隧道定期检查记录表
检修道	徒步目视检测，用相机记录病害的程度，人工填写隧道定期检查记录表
排水系统	徒步目视检测，用相机记录病害的程度，人工填写隧道定期检查记录表
吊　顶	徒步目视检测，用相机记录病害的程度，人工填写隧道定期检查记录表
内　装	徒步目视检测，用相机记录病害的程度，人工填写隧道定期检查记录表

针对构件无损检测方式：1）混凝土强度检测采用超声 – 回弹综合测强法检测；2）混凝土表面碳化采用人工手锤凿坑，用酚酞溶液显示混凝土碳化分界位置并用混凝土碳化深度测量仪测量其碳化深度；3）钢筋位置及混凝土保护层厚度采用钢筋位置测定仪进行

检测；4）钢筋锈蚀采用钢筋锈蚀仪进行检测。

3.9.2 隧道环境检测

（1）检测内容及目的。隧道环境检测主要对灯具照度、风速及噪声、一氧化碳浓度、烟雾浓度进行检测分析，考察隧道是否满足公路隧道通风照明及环境要求，以充分提高安全使用性能，为养护单位后期工作提供可靠依据。具体检测内容见表3–37。

表 3 – 37 检查内容

隧道环境	照度：夜间及中间段照明亮度是否满足要求；路面亮度的总均匀度是否满足要求；亮度纵向均匀度是否满足要求
	噪声：能否满足相关规程的要求；隧道内吸声设施是否污染、损坏
	一氧化碳浓度：是否小于 CO 允许浓度
	烟雾浓度：是否小于烟雾允许浓度
	风速：是否小于风速允许强度

（2）检测依据：

《公路隧道通风照明设计规范》（JTJ 026.1—1999）；

《公路隧道施工技术规范》（JTJF 60—2009）；

《声环境质量标准》（GB 3096—2008）。

（3）检测方式。具体检测方式见表3–38。

表 3 – 38 检查方式

照 度	应用照度计进行照度参数量测，人工填写隧道定期检查记录表
噪 声	应用精密声级计进行噪声参数量测，人工填写隧道定期检查记录表
一氧化碳浓度	应用 CO 浓度检测仪进行测试，人工填写隧道定期检查记录表
烟雾浓度	应用风速计和光透过率仪进行烟雾浓度测试，人工填写隧道定期检查记录表
风 速	分段分区域，采用风表进行检测

风速检测采用迎面法：测风员面向风流站立，手持风速计，手臂向正前方伸直，然后按一定的路线使风速计均匀移动。由于人体位于风表的正后方，人体的正面阻力降低了流经风表的流速，因此，用该法测的风速 v_s 需经校正后才是真实风速 v，$v = 1.14 v_s$。

风速检测采用侧面法，测风员背向隧道壁站立，手持风表，手臂向风流垂直方向伸直，然后按图3–14线路使风表均匀移动。

实际风速为：

$$v = v_s (S - 0.4)/S$$

式中　S——所测隧道的断面积，m^2；

　　0.4——人体占据隧道的断面积，m^2。

隧道周边环境调查：通过向隧道养护部门调阅历年来的隧道养护资料和定期检查资料来了解隧道的状态，并向相关部门了解近年来交通量的变化情况及车辆超载运输情况，结合本次隧道检测结果对桥梁的病害原因进行分析，提出隧道日常养护时应注意的问题。

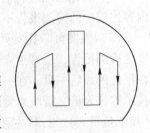

图 3 – 14 检测断面
平均风速的线路

3.9.3　质量检测

（1）主要检测依据：

《公路隧道施工技术规范》（JTGF 60—2009）；

《公路隧道设计规范》（JTGFD 70—2004）；

《铁路隧道超前地质预报技术指南》（铁建〔2008〕105 号）；

《公路工程物探规程》（JTG/T C22—2009）；

《公路工程质量检验评定标准》（JTGF 80/1—2004）；

《锚杆喷射混凝土支护技术规范》（GB 50086—2001）；

《岩土锚杆（索）技术规程》（CECS22：2005）；

《铁路隧道监控量测技术规程规范》（TB 10121—2007）；

《铁路隧道衬砌质量无损检测规范》（TB 10223—2004）。

（2）主要检测内容及方法：

1）超前地质预报。超前地质预报采用地质超前预报仪进行检测。

2）隧道初期支护间距、初期支护背后空隙及回填状况。初期支护间距采用钢卷尺通过尺量的方法进行。

3）隧道二次衬砌厚度及安全状况描述。

4）二次衬砌背后空隙及回填状况。衬砌背后回填密实度的主要判定特征为：

①密实：信号幅度较弱，甚至没有界面反射信号；

②不密实：衬砌界面的强反射信号同相轴呈绕射弧形，且不连续，较分散；

③空洞：衬砌界面反射信号强，三振相明显，在其下部仍有强反射界面信号，两组信号时程差较大。

5）锚杆拉拔力及锚固质量无损检测。

3.10　检测报告的完成

检测报告由五部分组成：封面、目录、签发页、报告正文和附件等内容。

（1）封面。封面的内容有题目、委托单位名称、检测单位名称、报告日期、报告编号。题目需要有工程名称，比如：某办公楼前楼检测报告。

封面的一般格式：报告编号一般放在封面右上角，其他内容居中者居多。

（2）目录。对于内容比较多的检测报告或者比较重要的检测报告，最好有报告目录，内容比较少的检测报告不必一定要设计目录。

（3）签发页。签发页是检测单位相关人员签字的地方，对于内容比较多或者比较重要的检测报告，最好独立一页作为签发页，内容比较少的检测报告可以将签发页的内容放在报告的最后一页。在一份检测报告上需要签字的人员有检测（试验）人员、计算人员、技术审核人员、行政主管人员、签发页的内容有检测（试验）、计算（制表）、技术审核（技术负责人）、行政主管（最高主管或项目负责人）。

（4）报告正文。报告正文的主要内容有：委托情况、工程概况、执行标准、检测方案、检测结果、检测结论。

委托情况（指干什么）：主要内容有委托单位、工程名称、委托内容、委托日期、委托人以及联系方式等。

工程概况（指工程什么模样）：主要内容有结构形式、建筑（桥梁等）本身的特征、构造形式、平面形式、立面形式、建设年代、设计单位、施工单位等以及需要进行交代的其他内容。通过这部分内容的介绍，让人们对检测对象有一个初步的认识。

执行标准（指怎么干）：专门指现行检测规范。

检测方案（指怎么干）：对于没有标准检测方法或标准试验方法的检测（试验）项目，需要将具有一定个性的检测方案进行概要的描述，描述语言可以多种多样，比如文字语言、工程语言、数字语言等。

检测结果（指质量怎么样）：检测结果是检测报告的主体，内容较多。其要求细致、有理有据、条理清晰，尽可能地让外行能够读，或者让有一点行业常识的人员能够读懂，最好是要将文字语言、工程语言、数学语言一起应用。同时对所检测的每一个参数都要进行判定。

检测结论（指能不能使用）：在一个个检测结果的基础上，对结构进行综合评定，判定哪些内容合格，哪些内容不合格以及差多少等。

处理建议（指怎么处理）：根据检测结论给一个或者多个处理建议。

为检测结果服务的过程性内容：比如钢筋试验报告、混凝土强度回弹评定报告、频谱曲线、结构验算书等。

4　土木工程安全鉴定

4.1　鉴定的基础

4.1.1　鉴定的概念

鉴定的基本解释为辨别并确定事物的真伪优劣。一般情况下，土木工程安全鉴定的对象为现有建筑物、构筑物等。其中现有建筑是指除古建筑、新建建筑、危险建筑以外，迄今仍在使用的现有建筑，也就是说现有建筑只是既有建筑中的一部分。

根据现行规范和相关资料，土木工程安全结构鉴定是指人们根据结构力学、土木工程结构、土木工程材料的专业知识，依据相关的鉴定标准、设计标准、规范和结构工程方面的理论，借助检测工具和仪器设备，结合结构设计和施工经验，对土木工程结构的材料、承载力和损坏原因等情况进行的检测、计算、分析和论证，并最后判定其可靠与安全程度。

4.1.2　鉴定的基本思想

土木工程安全鉴定的内容和拟建土木工程在结构设计方面的内容并没有本质差别，它们均需要通过对各种不确定因素的分析，控制或判定结构的性能，二者理论的主要内容均为结构可靠性理论；但是，现有土木工程已成为现实的空间实体，并经历了一定时间的使用，在具体的分析和评定过程中就不能完全套用结构设计中的分析和校核方法。

第一，现有土木工程结构鉴定的实质是对其在未来时间里能否完成预定功能的一种预测和判断，是对未来事物的推断。确定土木工程当前的状况并非鉴定的目的，鉴定的目的是为了评定现有土木工程在未来预期或设计的时间里能否安全和适用。在土木工程的可靠性鉴定中，首先应该明确考虑时间区域，着眼于现有结构和环境在未来可能发生的变化。

第二，与拟建土木工程不同，在鉴定过程中，应充分考虑对鉴定结果有直接影响的前提条件，例如设计失误、施工缺陷、使用不当、围护不周等。

第三，如果因用途变更、改建、扩建等原因而对土木工程进行鉴定，就必须考虑功能的变化，这些变化会改变最初设计时所依据的控制指标和限值。

4.1.3　鉴定的分类和适用范围

土木工程安全鉴定主要包括：建筑可靠性鉴定、危险房屋鉴定、建筑抗震鉴定、公路桥梁技术评定以及隧道技术评定等。

建筑可靠性鉴定分为民用建筑可靠性鉴定、工业厂房可靠性鉴定。民用建筑可靠性鉴定适用于建筑物大修前的全面检查，重要建筑物的定期检查，建筑物改变用途或使用条件的鉴定，建筑物超过设计预期继续使用的鉴定，为制定建筑群维修改造规划而进行的普查。工业厂房可靠性鉴定适用于以混凝土结构、砌体结构为主体的单层或多层工业厂房的整体、区段或构件，以钢结构为主体的单层厂房的整体、区段或构件。

危险房屋鉴定是为正确判断房屋结构的危险程度，及时治理危险房屋，确保使用安全的鉴定，适用于现有建筑。

建筑抗震鉴定是为减轻地震破坏、减少损失，并为抗震减灾或采取其他抗震减灾对策提供依据，对现有建筑的抗震能力进行的鉴定，适用于抗震设防烈度为 6～9 度地区的现有建筑。

公路桥梁技术评定与隧道技术状况评定是根据检测资料与相关规范，将桥梁或隧道功能不足、易损性或损伤导致缺陷参数表示成技术状况，从而对缺陷的主动响应提供清晰的表述，以确保公路桥梁与隧道安全使用，也可为桥梁养护、维修和更换提供决策依据。

4.1.4 鉴定的依据和规范

依据旧的规范标准设计的现有土木工程，在严格以现行规范标准为基准来评定时，则可能造成土木工程加固改造规模过大。一定比例的建筑物的性能低于当前标准规定的水平，是科技发展、土木结构性能退化的必然结果，是任何时期都普遍存在和必须面对的问题。因此，较为合理的方法是赋予评定标准一定的弹性：如果土木工程结构的性能仅在较小程度上小于现行规范规定的水平，那么原则上应予以接受；但对于相差较大的土木工程结构，则应作为加固改造的重点对象。

鉴定标准与参考标准见表 4-1。

表 4-1 鉴定标准与参考标准

对　象	类　型	标　准　名　称	标　准　号
建筑物与构筑物	鉴定标准	《民用建筑可靠性鉴定标准》	GB 50292—1999
		《工业建筑可靠性鉴定标准》	GB 50144—2008
		《混凝土结构耐久性评定标准》	CECS 220—2007
		《危险房屋鉴定标准》	JGJ 125—1999
		《建筑抗震鉴定标准》	GB 50023—2009
	设计标准	《建筑结构荷载规范》	GB 50009—2012
		《混凝土结构设计规范》	GB 50010—2010
		《建筑结构可靠度设计统一标准》	GB 50068—2001
		《工程结构可靠性设计统一标准》	GB 50153—2008
		《砌体结构设计规范》	GB 50003—2011
		《建筑地基基础设计规范》	GB 50007—2011
		《建筑抗震设计规范》	GB 50011—2010
		《钢结构设计规范》	GB 50017—2003
		《建筑设计防火规范》	GB 50016—2006
	施工标准	《混凝土结构工程施工质量验收规范》	GB 50204—2002
		《钢结构工程施工质量验收规范》	GB 50205—2001

续表 4-1

对象	类型	标准名称	标准号
建筑物与构筑物	施工标准	《建筑地基基础工程施工质量验收规范》	GB 50202—2002
		《砌体工程施工质量验收规范》	GB 50203—2002
		《建筑工程质量验收统一标准》	GB 50300—2001
公路桥梁	参考标准	《公路桥梁技术状况评定标准》	JTG/T H21—2011
		《公路桥涵养护规范》	JTG H11—2004
		《公路桥梁承载能力检测评定规程》	JTG/T J21—2011
		《公路桥涵设计通用规范》	JTG D60—2004
		《公路钢筋混凝土及预应力混凝土桥涵设计规范》	JTG D62—2004
		《混凝土强度检验评定标准》	GBJ 107—87
隧道	参考标准	《公路工程技术标准》	JTG B01—2003
		《公路养护技术规范》	JTG H10—2009
		《公路隧道养护技术规范》	JTG H12—2003
		《公路隧道施工技术规范》	JTG F60—2009
		《公路隧道设计规范》	JTG D70—2004

注：表中 GB 表示国家标准，CECS 表示工程建设推荐性标准，JGJ 表示建工行业建设标准，JTG 表示公路工程行业标准体系。

4.2　建筑可靠性鉴定

建筑结构的可靠性是指建筑结构在规定的时间内和有限的条件下完成预定功能的能力，结构的预定功能包括结构的安全性、使用性和耐久性。因此，建筑结构的可靠性鉴定就是根据建筑结构的安全性、使用性和耐久性来评定建筑的可靠程度，要求房屋结构安全可靠、经济实用、坚固耐久。建筑结构可靠性示意图如图 4-1 所示。

4.2.1　鉴定的方法

（1）传统经验法。传统经验法主要是以有关的鉴定标准为依据，依靠有经验的专业技术人员进行现场目视检测，有时辅以简单的检测仪器和必要的复核计算，然后借助专业人员的知识和经验给出评定结果。该方法鉴定程序简单，但由于受检测技术的制约和个人主观因素的影响，鉴定人员难以获得较为准确完备的数据和资料，也难以对结构的性能和状态做出全面的分析，鉴定结论往往因人而异，工程处理方案也偏保守，不能合理有效处理问题，此方法目前基本已被淘汰。

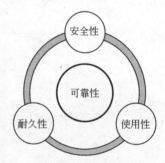

图 4-1　建筑结构
可靠性示意图

（2）实用鉴定法。实用鉴定法是应用各种检测手段对建筑物及其环境进行调查分析，并用计算机技术以及其他相关技术和方法分析建筑物的性能和状态，全面分析建筑物存在问题的原因，以现行标准规范为基准，按照统一的鉴定程序和标准，提出综合性鉴定结论和建议。该方法与传统经验法相比，鉴定程序科学，对建筑物性能和状态的认识较准确和全面，具有合理、统一的评定标准，而且鉴定工作主要由专门的技术机构或专项鉴定组承担，因此对建筑物可靠性水平的判定较准确，能够为建筑物维修、加固、改造方案的决策提供可靠的技术依据。此鉴定方法适用于结构复杂、建筑标准要求较高的大型建筑物或重要建筑物。

（3）概率鉴定法。概率鉴定法（可靠度鉴定法）是将建筑结构的作用效应 S 和结构抗力 R 作为随机变量，运用概率论和数理统计原理，计算出 $R < S$ 时的失效概率，用来描述建筑结构可靠性的鉴定方法。该方法针对具体的已有建筑物，通过对建筑物和环境信息的采集和分析，评定其可靠性水平，评定结论更符合特定建筑物的实际情况。从发展趋势上看，概率鉴定法是可靠性鉴定方法的发展方向。

4.2.2 民用建筑可靠性鉴定

4.2.2.1 民用建筑可靠性鉴定的分类

按照结构功能的两种极限状态，民用建筑可靠性鉴定可分为安全性鉴定和正常使用性鉴定。根据不同的鉴定目的和要求，安全性鉴定和正常使用性鉴定可分别进行，或合并为可靠性鉴定以评估结构的可靠性。民用建筑可靠性鉴定分类关系如图 4-2 所示。当鉴定评为需要加固处理或更换构件时，应根据加固或更换的难易程度、修复价值及加固修复对原有建筑功能的影响程度，补充构件的适修性评定（详见《民用建筑可靠性鉴定标准》（GB 50292—1999）），作为工程加固修复决策时的参考或建议。民用建筑可靠性鉴定的适用范围见表 4-2。

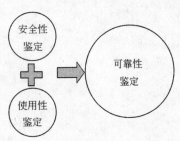

图 4-2 民用建筑可靠性鉴定分类关系图

表 4-2 民用建筑可靠性鉴定的适用范围

鉴定类别	适用范围
仅进行安全性鉴定	危房鉴定及各种应急鉴定
	房屋改造前的安全检查
	临时性房屋需要延长使用期的检查
	使用性鉴定中发现有安全问题
仅进行使用性鉴定	建筑物日常维护的检查
	建筑物使用功能的鉴定
	建筑物有特殊使用要求的专门鉴定
可靠性鉴定	建筑物大修前的全面检查
	重要建筑物的定期检查
	建筑物改变用途或使用条件的鉴定
	建筑物超过设计基准期继续使用的鉴定
	为制定建筑群维修改造规划而进行的普查

4.2.2.2　民用建筑鉴定的程序和内容

依托于实用鉴定法，在现行《民用建筑可靠性鉴定标准》（GB 50292—1999）中，民用建筑可靠性鉴定程序应按图4-3进行。

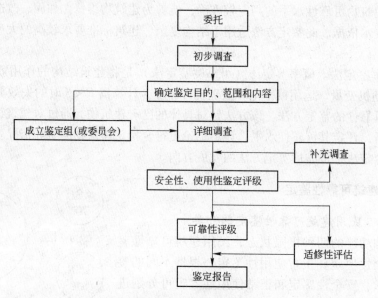

图4-3　民用建筑可靠性鉴定程序

（1）初步调查的目的是了解建筑物的历史和现状，为下一阶段的结构质量检测提供有关依据。初步调查宜包括下列基本工作内容：

1）进行资料收集，主要包括：图纸资料，如岩土工程勘察报告、设计计算书、设计变更记录、施工图、施工及施工变更记录、竣工图；竣工质检及验收文件，包括隐蔽工程验收记录、定点观测记录、事故处理报告、维修记录、历次加固改造图纸等；建筑物历史，如原始施工、历次修缮、改造、用途变更、使用条件改变以及受灾等情况。

2）进行现场工作调查，通过考察现场按资料核对实物，调查建筑物实际使用条件和内外环境，查看已发现的问题，听取有关人员的意见等。

通过资料收集和现场调查，填写初步调查表，最终制订详细调查计划及检测、试验工作大纲并提出需由委托方完成的准备工作。

（2）详细调查是可靠性鉴定的基础，其目的是为结构的质量评定、结构验算和鉴定以及后续的加固设计提供可靠的资料和依据。此时，可根据实际需要选择下列工作内容：

1）结构基本情况勘查：结构布置及结构形式；圈梁、支撑（或其他抗侧力系统）布置；结构及其支承构造；构件及其连接构造；结构及其细部尺寸，其他有关的几何参数。

2）结构使用条件调查核实：结构上的作用；建筑物内外环境；使用史（含荷载史）。

3）地基基础（包括桩基础）检查：场地类别与地基土（包括土层分布及下卧层情况）。地基稳定性（斜坡）；地基变形，或其在上部结构中的反应；评估地基承载力的原位测试及室内物理力学性质试验；基础和桩的工作状态（包括开裂、腐蚀和其他损坏的检查）；其他因素（如地下水抽降、地基浸水、水质、土壤腐蚀等）的影响或作用。

4）材料性能检测分析：结构构件材料；连接材料；其他材料。

5）承重结构检查：构件及其连接工作情况；结构支承工作情况；建筑物的裂缝分布；结构整体性；建筑物侧向位移（包括基础转动）和局部变形；结构动力特性。

6）围护系统使用功能检查。

7）易受结构位移影响的管道系统检查。

（3）补充调查是在鉴定评级过程中，在发现某些项目的评级依据尚不充分，或者评级介于两个等级之间的情况下，为获得较正确的评定结果而进行的调查工作。

4.2.2.3 民用建筑鉴定的层次和等级划分

民用建筑结构体系按照结构失效逻辑关系，划分为相对简单的3个层次：构件、子单元和鉴定单元。构件是鉴定的第一层次，是最基本鉴定单位，划分规则见表4-3。子单元是鉴定的第二层次，由构件组成，一般可按地基基础、上部承重结构和围护系统划分为3个子单元。鉴定单元是鉴定的第三层次，根据被鉴定建筑物的构造特点和承重体系的种类，将该建筑物划分成一个或若干个可以独立进行鉴定的区段，每一区段为一鉴定单元。

表4-3 民用建筑单个构件划分

构 件 类 型		构 件 划 分
基 础	独立基础	一个基础为一个构件
	墙下条形基础	一个自然间的基础为一个构件
	带壁柱墙下条形基础	按计算单元的划分确定
	柱基础 单桩	一根为一构件
	柱基础 群桩	一个承台及其所含的基桩为一构件
	筏形基础和箱型基础	一个计算单元为一构件
柱	整截面柱	一层、一根为一构件
	组合柱	一层、整根（即含所有柱肢）为一构件
桁架、拱架		一榀为一构件
梁式构件		一跨、一根为一构件，若仅鉴定一根连续梁时可取整根为一构件
墙	砌筑的横墙	一层高、一自然间的一横轴线或纵轴线间的一墙段为一构件
	砌筑的纵墙（不带壁柱）	一层高、一自然间的一横轴线或纵轴线间的一个墙段为一构件
	带壁柱的墙	按计算单元的划分确定
	剪力墙	按计算单元的划分确定
板	预制板	一块为一构件
	现浇板	按计算单元的划分确定
折板、网架（壳）		一个计算单元为一构件

鉴定时，按规定的检查项目和步骤，首先从第一层次开始，逐层进行评定。根据构件各检查项目评定结果确定单个构件等级；再根据子单元各检查项目及各种构件的评定结果，确定该子单元等级；最后根据子单元的评定结果，确定鉴定单元等级。民用建筑可靠性鉴定步骤如图4-4所示。

鉴定标准用文字统一表述各类结构各层次评级标准的分级原则，对有些不能用具体数量指标界定的分级标准做出解释。民用建筑安全性、使用性、可靠性各层次的分级标准详见《民用建筑可靠性鉴定标准》（GB 50292—1999）。

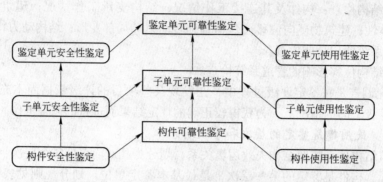

图4-4　民用建筑可靠性鉴定步骤示意图

（1）安全性鉴定。民用建筑安全性鉴定划为构件、子单元和鉴定单元3个层次，每个层次分4个等级进行鉴定。安全性鉴定评级的层次、等级划分与工作内容见表4-4。

表4-4　安全性鉴定评级的层次、等级划分及工作内容

层　次	一	二	三
层　名	构件	子单元	鉴定单元
等　级	a_u、b_u、c_u、d_u级	A_u、B_u、C_u、D_u级	A_{su}、B_{su}、C_{su}、D_{su}级
地基基础	—	按地基变形或承载力、地基稳定性（斜坡）等检查项目评定地基等级	鉴定单元安全性评级
地基基础	按同类材料构件各检查项目评定单个基础等级	每种基础评级	鉴定单元安全性评级
上部承重结构	按承载能力、构造、不适于继续承载的位移或残损等检查项目评定单个构件等级	每种构件评级	鉴定单元安全性评级
上部承重结构		结构侧向位移评级	鉴定单元安全性评级
上部承重结构	—	按结构布置、支撑、圈梁、结构间联系等检查项目评定结构整体性等级	鉴定单元安全性评级
围护系统承重部分	按上部承重结构检查项目及步骤评定围护系统承重部分各层次安全性等级		鉴定单元安全性评级

（2）使用性鉴定。民用建筑使用性鉴定按构件、子单元和鉴定单元3个层次，每个层次分3个等级进行鉴定。由于使用性鉴定中不存在类似安全性严重不足，必须立即采取措施的情况，所以使用性鉴定分级的档数比安全性和可靠性鉴定少一档。使用性鉴定评级的层次、等级划分及工作内容见表4-5。

（3）可靠性鉴定。民用建筑可靠性鉴定按构件、子单元和鉴定单元3个层次，每个层次分4个等级进行鉴定。各层次的可靠性鉴定评级，以该层次的安全性和使用性等级的评估结果为依据综合确定。可靠性鉴定评级层次、等级划分及工作内容见表4-6。

表4-5　使用性鉴定评级的层次、等级划分及工作内容

层　次	一	二		三
层　名	构　件	子单元		鉴定单元
等　级	a_s、b_s、c_s	A_s、B_s、C_s		A_{ss}、B_{ss}、C_{ss}
地基基础	—	按上部承重结构和围护系统工作状态评估地基基础等级		鉴定单元正常使用性评级
上部承重结构	按位移、裂缝、风化、锈蚀等检查项目评定单个构件等级	每种构件评级	上部承重结构评级	
		结构侧向位移评级		
围护系统功能	—	按屋面防水、吊顶、墙门窗地下防水及其他防护设施等检查项目评定围护系统功能等级	围护系统评级	
	按上部承重结构检查项目及步骤评定围护系统承重部分各层次使用性等级			

表4-6　可靠性鉴定评级的层次、等级划分及工作

层　次	一	二	三
层　名	构　件	子单元	鉴定单元
等　级	a、b、c、d	A、B、C、D	Ⅰ、Ⅱ、Ⅲ、Ⅳ
地基基础	以同层次安全性和正常使用性评定结果并列表达或按鉴定标准规定的原则确定其可靠性等级		鉴定单元可靠性评级
上部承重结构			
围护系统			

4.2.2.4　构件安全性鉴定评级

建筑结构构件安全性评级所涉及的构件主要有混凝土构件、钢结构构件、砌体结构构件与木结构构件，各构件评定项目如图4-5所示。当需通过荷载试验评估结构构件的安全性时，应按现行国家标准进行。若检验合格，可根据其完好程度定为 a_u 级或 b_u 级；若检验不合格，可根据其严重程度定为 c_u 级或 d_u 级。结构构件可仅做短期荷载试验，其长期效应的影响可通过计算补偿。

若其他层次在鉴定评级中，有必要给出其中构件的安全性等级时，可根据其实际完好程度定为 a_u 级或 b_u 级。但若构件未受到结构性改变、修复、修理、用途与使用条件改变的影响，未遭明显的损坏，工作正常且不怀疑其可靠性不足时，可不参与鉴定。

（1）混凝土结构构件安全性评级。混凝土结构构件的安全性鉴定，应按承载能力、构造、不适于继续承载的位移（或变形）和裂缝等4个检查项目，分别评定每一受检构件的等级，并取其中最低一级作为该构件安全性等级。

1）承载能力项目鉴定评级。混凝土构件承载能力评定，是对构件的抗力 R 和作用效应 S 按现行《混凝土结构设计规范》（GB 50010—2010）进行计算，并考虑结构重要性系数 γ_0，计算得出 $R/(\gamma_0 S)$ 后，结合标准评定混凝土构件的承载能力等级。

2）构造项目鉴定评级。混凝土结构构件的安全性按构造评定时应分别评定连接（或

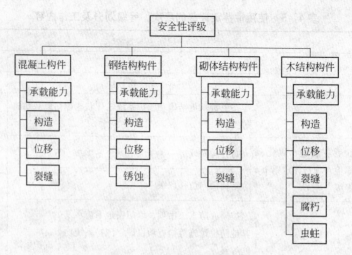

图4-5　民用建筑结构安全性评级主要构件及相应检查项目

节点）构造、受力预埋件两个检查项目的等级，然后取其中较低一级作为该构件构造的安全性等级。可根据其实际完好程度确定评定结果取 a_u 级或 b_u 级；可根据其实际严重程度确定评定结果取 c_u 级或 d_u 级。构件支承长度的检查结果不参加评定，但若有问题应在鉴定报告中说明并提出处理建议。

3）位移项目鉴定评级。混凝土结构构件位移的鉴定评级，对于受弯构件应评定挠度和侧向弯曲两个项目，对于柱子则仅评定柱顶水平位移。

混凝土结构构件的安全性按不适于继续承载的位移或变形的标准评定时，对桁架（屋架、托架）的挠度，当其实测值大于其计算跨度的 1/400 时，应验算其承载能力，并结合现行标准中混凝土受弯构件不适于继续承载的变形评定内容评定等级。

对柱顶的水平位移（或倾斜）项目鉴定评级，若该位移与整个结构有关，应结合现行标准中上部承重结构侧向位移评级的内容进行评定，取与上部承重结构相同的级别作为该柱的水平位移等级。

若该位移只是孤立事件，则应在其承载能力验算中考虑此附加位移的影响，当承载能力验算结果不低于 b_u 级时，柱顶位移项目可评定为 b_u 级，但应附加观察使用一段时间的限制，以判别变形是稳定的还是发展的；当承载能力结果低于 b_u 级时，可根据其实际严重程度定为 c_u 级或 d_u 级；若该位移尚在发展，应直接定为 d_u 级。

4）裂缝评定。钢筋混凝土根据裂缝产生的原因不同，可将裂缝分为两大类，即受力裂缝和非受力裂缝。受力裂缝由荷载引起，是材料应力增大到一定程度的标志，是结构破坏开始的特征或强度不足的征兆。从受力裂缝出现到承载力破坏的过程有脆性破坏和延性破坏两种。当分析认为属于剪切裂缝或有压坏迹象时，应根据其实际严重程度评为 c_u 级或 d_u 级。由延性破坏导致的裂缝主要有弯曲裂缝、受拉构件裂缝、大偏心受压构件的拉区裂缝等。凝土结构构件出现受力裂缝时，应结合标准中混凝土构件不适于继续承载的裂缝宽度评定标准，按其实际严重程度定为 c_u 级或 d_u 级。

非受力裂缝主要由构件自身引起，对结构的承载力影响不大，但因钢筋锈蚀造成的沿主筋方向的裂缝，会直接影响构件的安全性。对因温度收缩等作用产生的裂缝，若其宽度已超出标准中规定的弯曲裂缝宽度值 50%，且分析表明已显著影响结构的受力，则应视为不适于继续承载的裂缝，并应根据其实际严重程度定为 c_u 级或 d_u 级。

此外，若混凝土结构构件出现受压区混凝土有压坏迹象，或因主筋锈蚀导致构件掉角以及混凝土保护层严重脱落时，不论其裂缝宽度大小，应直接定为 d_u 级。

（2）钢结构构件安全性鉴定评级。钢结构构件的安全性鉴定，应按承载能力、构造、不适于继续承载的位移（或变形）等 3 个检查项目分别评定每一受检构件等级；对冷弯薄壁型钢结构、轻钢结构、钢桩以及地处有腐蚀性介质的工业区，或高湿、临海地区的钢结构，还应以不适于继续承载的锈蚀作为检查项目评定其等级；然后取其中最低一级作为该构件的安全性等级。

1）承载能力项目鉴定评级。当钢结构构件（含连接）的安全性按承载能力评定时，应根据现行规范，计算出 $R/(\gamma_0 S)$，并根据现行标准，分别评定每一验算项目的等级，然后取其中最低一级作为该构件承载能力的安全性等级。当构件或连接出现脆性断裂或疲劳开裂时应直接定为 d_u 级。

2）构造项目鉴定评级。当钢结构构件的安全性按构造评定时，应依据现行标准，评定结果 a_u 级或 b_u 级，可根据其实际完好程度评定；c_u 级或 d_u 级可根据其实际严重程度评定。

3）位移项目鉴定评级。钢结构构件位移安全性的鉴定评级，对于受弯构件应评定挠度和侧向受弯或侧向倾斜等项目，对于柱子则仅评定柱顶水平位移或柱身弯曲等项目。

钢结构构件的安全性按不适于继续承载的位移或变形评定：

对桁架（屋架、托架）的挠度，当其实测值大于桁架计算跨度的 1/400 时，应验算其承载力。验算时，应考虑由于位移产生的附加应力的影响。

钢结构柱顶的水平位移（或倾斜），应参照现行标准中子单元上部承重构件的评级内容进行评定。

4）锈蚀项目鉴定评级。当钢结构构件的安全性按不适于继续承载的锈蚀评定时，除应按剩余的完好截面验算其承载能力外，尚应根据现行标准中钢结构构件不适于继续承载的锈蚀的评定标准评级。

（3）砌体结构构件安全性鉴定评级。砌体结构构件的安全性鉴定，应按承载能力、构造、不适于继续承载的位移和裂缝等 4 个检查项目分别评定每一受检构件等级，并取其中最低一级作为该构件的安全性等级。

1）承载能力项目鉴定评级。当砌体结构的安全性按承载能力评定时，应考虑现行《砌体结构设计规范》（GB 50003—2011）对材料强度等级的要求。当所鉴定砌体结构材料的最低强度的等级不适合现行规范要求时，即使按实际材料强度验算砌体承载能力等级高于 c_u 级，也应定为 d_u 级。

计算出 $R/(\gamma_0 S)$ 后，根据现行标准，分别评定每一验算项目的等级，然后取其中最低一级作为该构件承载能力的安全性等级。

2）构造项目鉴定评级。当砌体结构构件的安全性按构造评定时，应根据现行标准规定，分别评定两个检查项目的等级，然后取其中较低一级作为该构件构造的安全性等级。

3）位移项目鉴定评级。砌体结构位移安全性评级，对墙、柱主要是指侧向水平位移（或侧斜）或弯曲，对拱或壳体结构构件主要指拱脚的水平位移或拱轴变形。

　　砌体位移或侧斜项目安全性评级遵循的原则与混凝土结构柱顶水平位移的安全性评级原则相同，此处不再赘述。

　　对因偏差或其他使用原因造成的柱（不包括带壁柱）的弯曲，当其矢高实测值大于柱的自由长度的 1/500 时，应在其承载能力验算中计入附加弯矩的影响，承载能力等级不低于 b_u 级，可评定为 b_u 级；承载能力等级低于 b_u 级，可根据其实际严重程度定为 c_u 级或 d_u 级。

　　当拱或壳体结构构件拱脚或壳的边梁出现水平位移，拱轴线或筒拱、扁壳的曲面发生变形，可根据其实际严重程度定为 c_u 级或 d_u 级。

　　4）裂缝项目鉴定评级。根据产生的原因，砌体结构裂缝可分为受力裂缝和非受力裂缝。受力裂缝由荷载引起；非受力裂缝由温度、收缩、变形或地基不均匀沉降等引起。受力裂缝和非受力裂缝分别根据现行标准评定。

　　（4）木结构构件安全性鉴定评级。木结构构件的安全性鉴定，应按承载能力、构造、不适于继续承载的位移（或变形）、裂缝、危险性的腐朽及虫蛀等 6 个检查项目，分别评定每一受检构件的等级，并取其中最低一级作为该构件的安全性等级。

　　1）承载能力项目鉴定评级。评定承载能力时，应根据国家现行设计规范，计算出 $R/(\gamma_0 S)$ 后，根据现行标准，分别评定每一验算项目的等级，然后取其中最低一级作为该构件承载能力的安全性等级。

　　2）构造项目鉴定评级。构造项目的安全性评定的检查项目为连接与屋架起拱值，主要考虑连接方式是否正确、构造是否符合设计规范、有无缺陷等，分别评定 2 个检查项目的等级，并取其中较低一级作为该构件构造的安全性等级。

　　3）位移项目鉴定评级。评定不适于继续承载的位移时，检查项目为最大挠度与侧向弯曲矢高，根据现行标准评定等级。

　　4）裂缝项目鉴定评级。裂缝项目评定时，应得出受拉构件及拉弯构件、受弯构件及偏压构件、受压构件的斜率评定等级。

　　5）腐朽项目鉴定评级。评定腐朽项目的检查项目有表层腐朽（主要出现在上部承重结构构件和木桩）和心腐（出现在任何构件），根据腐朽面积与结构原截面积评定等级。

　　6）虫蛀项目鉴定评级。评定虫蛀项目时，通过目测、敲击、仪器探测等方法检查有无蛀孔、蛀洞，根据实际情况评定等级。

4.2.2.5　构件正常使用性评级

　　建筑结构构件使用性评级所涉及的构件为混凝土构件、钢结构构件与砌体结构构件。对被鉴定的结构构件进行计算和验算，应符合《混凝土结构设计规范》（GB 50010—2002）的规定和鉴定标准的要求。验算结果应按现行标准、规范规定的限值评定等级。若验算合格，可根据其实际完好程度评为 a_s 级或 b_s 级；若验算不合格，应定为 c_s 级。若验算结果与观察不符，应进一步检查设计和施工方面可能存在的差错（见图 4-6）。

　　（1）混凝土结构构件使用性鉴定评级。混凝土结构构件的正常使用性鉴定，应按位移和裂缝两个检查项目分别评定每一受检构件的等级，并取其中较低一级作为该构件使用等级。

　　1）位移项目鉴定评级。混凝土构件使用性评级中的位移，主要指受弯构件的挠度及柱顶的水平位移。

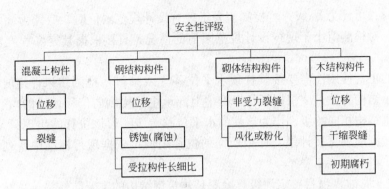

图4-6 民用建筑结构使用性评级主要构件及相应检查项目

混凝土桁架和其他受弯构件的正常使用性按其挠度检测结果评定时，除了需要现场实测构件的挠度外，还应计算构件在正常使用极限状态下的挠度值，将挠度值与计算值及现行设计规范中的限值比较，根据现行标准评定等级。

混凝土柱的正常使用性需要按其柱顶水平位移（或倾斜）鉴定评级时，若该位移的出现与整个结构有关，应根据现行标准中上部承重结构侧向位移评级的内容进行评定，取与上部承重结构相同的级别作为该柱的水平位移等级；若该位移的出现只是孤立事件，依据现行标准，可根据其检测结果直接评级。

2）裂缝项目鉴定评级。裂缝对混凝土结构的影响，主要是结构耐久性和观感上的不适。《混凝土结构设计规范》（GB 50010—2010）对正常使用极限状态下的最大裂缝宽度规定了验算的限值，并作为鉴定评级中划分 b_s 级与 c_s 级的界限。

对沿主筋方向出现的锈蚀裂缝，应直接评为 c_s 级；若一根构件同时出现两种裂缝，应分别评级，并取其中较低一级作为该构件的裂缝等级。

当混凝土结构构件的正常使用性按其裂缝宽度检测结果评定时，若检测值小于计算值及现行设计规范限值时，可评为 a_s 级；若检测值大于或等于计算值，但不大于现行设计规范限值时，可评为 b_s 级；若检测值大于现行设计规范限值时，应评为 c_s 级；若计算有困难或计算结果与实际情况不符时，宜根据现行标准中钢筋混凝土构件裂缝宽度等级的评定内容评定等级；混凝土结构构件碳化深度的测定结果，主要用于鉴定分析，不参与评级。但若构件主筋已处于碳化区内，则应在鉴定报告中指出，并应结合其他项目的检测结果提出处理的建议。

（2）钢结构构件使用性鉴定评级。钢结构构件的正常使用性鉴定，应按位移和锈蚀（腐蚀）两个检查项目，分别评定每一受检构件的等级，并以其中较低一级作为该构件使用性等级。对钢结构受拉构件，还应以长细比作为检查项目参与上述评级。

1）位移项目鉴定评级。钢结构构件的位移，同混凝土一样，主要是指受弯构件的挠度和柱顶的水平位移。当受弯构件的正常使用性按挠度评定时，同样将挠度的实测值与计算值及《钢结构设计规范》（GB 50017—2003）的允许限值进行比较，然后按混凝土构件挠度评级相同的规定进行。

当钢桁架或其他受弯构件的正常使用性按其挠度检测结果评定时，若检测值小于计算值及现行设计规范限值时，可评为 a_s 级；若检测值大于或等于计算值，但不大于现行设计规范限值时, 可评为 b_s 级; 若检测值大于现行设计规范限值时, 应评为 c_s 级; 一般构件的鉴定中, 对检测值小于现行设计规范限值的情况, 直接根据其完好程度定为 a_s 级或 b_s 级。

当钢柱的正常使用性需要按其柱顶水平位移 (或倾斜) 检测结果评定时, 若该位移的出现与整个结构有关, 应根据现行标准中上部承重结构侧向位移评级的内容进行评定, 取与上部承重结构相同的级别作为该柱的水平位移等级; 若该位移的出现只是孤立事件, 则可根据其检测结果直接评级, 评级所需的位移限值可依据现行标准中所列的层间数值确定。

2) 锈蚀 (腐蚀) 项目鉴定评级。涂漆是建筑钢结构的主要防锈措施。防锈漆层一般分为底漆、中间漆和面漆。因底漆与钢材间有良好的附着力, 防锈主要靠底漆; 中间漆主要是增加漆膜厚度, 增强保护力; 面漆既可阻止侵蚀介质进入钢材表面, 又可起装饰作用。因此钢结构构件的使用性按其锈蚀 (腐蚀) 的检查结果评定时, 主要考虑涂漆的完好或脱落程度, 具体评级内容以现行标准为准。

3) 受拉构件长细比项目鉴定评级。当钢结构受拉构件的正常使用性按其长细比的检测结果评定时, 应依据现行标准, 根据其实际完好程度确定。

(3) 砌体结构构件使用性鉴定评级。砌体结构构件的正常使用性鉴定, 应按位移、非受力裂缝和风化 (或粉化) 等 3 个检查项目, 分别评定每一受检构件的等级, 并取其中最低一级作为该构件使用性等级。

1) 位移项目鉴定评级。当砌体墙、柱的正常使用性按其顶点水平位移 (或倾斜) 的检测结果评定时, 应根据现行标准中上部承重结构侧向位移评级的内容进行评定, 取与上部承重结构相同的级别作为该柱的水平位移等级; 若该位移只是孤立事件, 则可根据其检测结果直接评级。

2) 非受力裂缝项目鉴定评级及风化或粉化项目鉴定评级, 依据现行标准, 根据实际情况评定等级。

(4) 木结构构件使用性鉴定评级。木结构构件的正常使用性鉴定, 应按位移、干缩裂缝和初期腐朽 3 个检查项目的检测结果, 分别评定每一受检构件的等级, 并取其中最低一级作为该构件的使用性等级。

1) 位移项目鉴定评级。位移项目鉴定评级时, 通过得出的构件挠度检测结果评定等级。

2) 干缩裂缝项目鉴定评级。干缩裂缝项目鉴定评级时, 以干缩裂缝的深度为主, 根据有无裂缝、是否为微缝等情况评定等级。

3) 初期腐朽项目鉴定评级。当发现木结构构件有初期腐朽迹象, 或虽未腐朽, 但所处环境较潮湿时, 应直接定为 c_s 级, 并应在鉴定报告中提出防腐处理和防潮通风措施的建议。

4.2.2.6 子单元安全性鉴定评级

民用建筑安全性的第二层次鉴定评级, 应按地基基础 (含桩基和桩, 下同)、上部承重结构和围护系统的承重部分划分为 3 个子单元。各子单元安全性鉴定分为 4 个等级, 分别用 A_u、B_u、C_u、D_u 表示。当仅要求对某个子单元的安全性进行鉴定时, 该子单元与其他相邻子单元之间的交叉部位也应进行检查, 并应在鉴定报告中提出处理意见, 若不要求评定围护系统可靠性，也可不将围护系统承重部分列为子单元，而将其安全性鉴定并入上部承重结构中。各子单元安全性与使用性的具体评级原则应严格依据现行标准。

（1）地基基础安全性鉴定评级。地基基础是地基与基础的总称。地基是承担上部结构荷载的一定范围内的地层，应具备不产生过大的沉降变形、承载能力及斜坡稳定性三方面的基本条件。基础是建筑物中间地基传递荷载的下部结构，应具有安全性和正常使用性。地基基础子单元的安全性鉴定，包括地基、桩基和斜坡3个检查项目，以及基础和桩两种主要构件。地基基础（子单元）的安全性等级应根据对地基基础（或桩基、桩身）和地基稳定性的评定结果，按其中最低一级确定。

1）地基、桩基安全性鉴定评级。地基、桩基的安全性鉴定根据其变形和承载能力两个指标评级，一般情况下，宜根据地基、桩基沉降观测资料或其不均匀沉降在上部结构中的反应的检查结果进行鉴定评级。

当现场条件适宜于按地基、桩基承载力进行鉴定评级时，可根据岩土工程勘察档案和有关检测资料的完整程度，适当补充近位勘探点，进一步查明土层分布情况，并采用原位测试和取原状土做室内物理力学性质试验的方法进行地基检验，根据以上资料并结合当地工程经验对地基、桩基的承载力进行综合评价。若现场条件许可，还可通过在基础（或承台）下进行载荷试验以确定地基（或桩基）的承载力。当发现地基受力层范围内有软弱下卧层时，应对软弱下卧层地基承载能力进行验算。

2）基础安全性鉴定评级。基础的鉴定评级有直接评定和间接评定。

直接评定：对浅埋基础（或短桩），可通过开挖进行检测、评定；对深基础（或桩），可根据原设计、施工、检测和工程验收的有效文件进行分析。也可向原设计、施工、检测人员进行核实；或通过小范围的局部开挖，取得其材料性能、几何参数和外观质量的检测数据。若检测中发现基础（或桩）有裂缝、局部损坏或腐蚀现象，应查明其原因和程度。根据以上核查结果，对基础或桩身的承载能力进行计算分析和验算，并结合工程经验做出综合评价。

间接评定主要针对一些容易判断的情况，不经过开挖检查，而是根据地基评定结果并结合工程经验进行评定。当地基（或桩基）的安全性等级已评为 A_u 级或 B_u 级，且建筑场地的环境正常时，可取与地基（或桩基）相同的等级；当地基（或桩基）的安全性等级已评为 C_u 级或 D_u 级，且根据经验可以判断基础或桩也已损坏时，可取与地基（或桩基）相同的等级。

3）斜坡评定。对建造在斜坡上或毗邻深基坑的建筑物，应验算地基稳定性。调查对象应为整个场区，取得工程勘察报告并注意场区的环境。

（2）上部承重结构安全性鉴定评级。上部承重结构（子单元）的安全性鉴定评级，应根据其所含各种构件的安全性等级、结构的整体性等级，以及结构侧向位移等级3个方面进行确定。

（3）围护系统承重部分的安全性鉴定评级。围护系统承重部分的安全性评级，应根据该系统专设的和参与该系统工作的各种构件的安全性等级，以及该部分结构整体性的安全性等级进行评定。应当注意的是，围护系统承重部分的安全性等级，不得高于上部承重结构等级。

4.2.2.7 子单元使用性鉴定评级

　　民用建筑第二层次的使用性鉴定，同样包括地基基础、上部承重结构和维护系统3个子单元。各子单元使用性鉴定分为3个等级，分别用 A_s、B_s、C_s 表示。当仅要求对某个子单元的使用性进行鉴定时，该子单元与其他相邻子单元之间的交叉部分也应进行检查，并在鉴定报告中提出处理意见。

　　（1）地基基础使用性鉴定评级。地基基础的正常使用性，可根据其上部承重结构或围护系统的工作状态进行评估。若安全性鉴定中已开挖基础（或桩）或鉴定人员认为有必要开挖时，也可按开挖检查结果评定单个基础（或单桩、基桩）及每种基础（或桩）的使用性等级。

　　（2）上部承重结构使用性鉴定评级。上部承重结构（子单元）的正常使用性鉴定，应从其所含各种构件的使用性等级和结构的侧向位移等级两方面进行评定。当建筑物的使用要求对振动有限制时，还应评估振动（颤动）的影响。

　　（3）围护系统使用性鉴定评级。围护系统的正常使用性鉴定评级，应从该系统的使用功能等级及其承重部分的使用性等级两方面进行评定。

4.2.2.8　鉴定单元安全性及使用性鉴定评级

　　鉴定单元是民用建筑可靠性鉴定的第三层次，鉴定单元的评级，应根据各子单元的评级结果，以及与整栋建筑有关的其他问题，分安全性和使用性分别进行评定。鉴定单元的安全性分成4个等级，分别用 A_{su}、B_{su}、C_{su}、D_{su} 表示。鉴定单元的使用性分成3个等级，分别用 A_{ss}、B_{ss}、C_{ss} 表示。

　　（1）鉴定单元安全性鉴定评级。民用建筑鉴定单元的安全性鉴定评级，应根据其地基基础、上部承重结构和围护系统承重部分等3个方面的安全性等级，以及与整幢建筑有关的其他安全问题进行评定。鉴定单元的安全性等级，应根据各方面评定结果，按下列原则确定：

　　1）一般情况下，应根据地基基础和上部承重结构的评定结果按其中较低等级确定。

　　2）当鉴定单元的安全性等级按上款评为 A_{su} 级或 B_{su} 级但围护系统承重部分的等级为 C_u 级或 D_u 级时，可根据实际情况将鉴定单元所评等级降低一级或二级，但最后所定的等级不得低于 C_{su} 级。

　　3）对于建筑物处于有危房的建筑群中，且直接受到其威胁；或建筑物朝某一方向倾斜，且速度开始变快的情况可直接评为 D_{su} 级建筑。

　　4）当新测定的建筑物动力特性与原先记录或理论分析的计算值相比，建筑物基本周期显著变长或建筑物振型有明显改变时，可判是其承重结构可能有异常，应进一步检查、鉴定后，再评定该建筑物的安全性等级。

　　（2）鉴定单元使用性鉴定评级。民用建筑鉴定单元的正常使用性鉴定评级，应根据地基基础、上部承重结构和围护系统3个子单元的使用性等级，以及与整幢建筑有关的其他使用功能问题进行评定。鉴定单元使用性评级按3个子单元中最低的等级确定。

　　当鉴定单元的使用性等级评为 A_{ss} 级或 B_{ss} 级，但房屋内外装修已大部分老化或残损；或者房屋管道、设备已需全部更新时，宜将所评等级降为 C_{ss} 级。

4.2.2.9　可靠性鉴定评级

　　民用建筑的可靠性鉴定应按标准划分的层次，以其安全性和正常使用性的鉴定结果为依据，确定该层次的可靠性等级。当不要求给出可靠性等级时，民用建筑各层次的可靠性可采取直接列出其安全性等级和使用性等级的形式予以表示；当需要给出民用建筑各层次的可靠性等级时，可根据其安全性和正常使用性的评定结果，按下列原则确定：

（1）当该层次安全性等级低于 b_u 级、B_u 级或 B_{su} 级时，应按安全性等级确定。

（2）除上述情形外，可按安全性等级和正常使用性等级中较低的等级确定。

4.2.2.10 适修性评估

在民用建筑可靠性鉴定中，若委托方要求对 C_{su} 级和 D_{su} 级鉴定单元，或 C_u 级和 D_u 级子单元（或其中某种构件）的处理提出建议时，宜对其适修性进行评估。可按下列处理原则提出具体建议：

（1）对适修性评为 A_r、B_r 或 A'_r、B'_r 的鉴定单元和子单元（或其中的构件），应修复使用。

（2）对适修性评为 C_r 的鉴定单元和 C'_r 子单元（或其中某种构件），应分别做出修复与拆换两方案，经技术、经验评估后再作选择。

（3）对适修性评为 $C_{su} \sim D_r$、$D_{su} \sim D_r$ 和 $C_u \sim D'_r$、$D_u \sim D'_r$ 的鉴定单元和子单元（或其中某种构件），宜考虑拆换或重建。

（4）对有纪念意义或有文物、历史、艺术价值的建筑物，不进行适修性评估，而应予以修复和保存。

4.2.3 工业建筑可靠性鉴定

工业建筑是为工业生产服务，可进行和实现各种生产工艺过程的建筑物和构筑物。建筑物包括单层和多层厂房等；构筑物包括贮仓、水池、槽罐结构、塔类结构、炉窑结构、构架和支架等。工业建筑可靠性鉴定是根据调查检测和可靠性分析结果，按照一定的评定标准和方法，逐步评定工业建筑各个组成部分以及工业建筑整体的可靠性，确定相应的可靠性等级，指明工业建筑中不满足要求的具体部位和构件，提出初步处理意见，最后得出鉴定报告。

4.2.3.1 工业建筑可靠性鉴定

工业建筑可靠性鉴定的适用范围见表 4-7。

表 4-7 工业建筑可靠性鉴定的适用范围

鉴定要求	适用范围
应进行可靠性鉴定	达到设计使用年限拟继续使用时
	用途或使用环境改变时
	进行改造或增容、改建或扩建时
	遭受灾害或事故时
	存在较严重的质量缺陷或者出现较严重的腐蚀、损伤、变形时
宜进行可靠性鉴定	使用维护中需要进行常规检测鉴定时
	需要进行全面、大规模维修时
	其他需要掌握结构可靠性水平时

续表 4 - 7

鉴 定 要 求	适 用 范 围
结构存在问题仅为局部，根据需要进行专项鉴定	结构进行维修改造有专门要求时
	结构存在耐久性损伤影响其耐久年限时
	结构存在疲劳问题影响其疲劳寿命时
	结构存在明显振动影响时
	结构需要长期监测时
	结构受到一般腐蚀或存在其他问题时

4.2.3.2 工业建筑鉴定的程序和内容

根据现行《工业建筑可靠性鉴定标准》（GB 50144—2008），工业建筑的可靠性鉴定程序按图 4 - 7 所示程序进行。

鉴定的目的、范围和内容，应在接受鉴定委托时根据委托方提出的鉴定原因和要求，经协商后确定，一般以技术合同的形式予以明确。在工业建筑可靠性鉴定中，若发现调查检测资料不足或不准确时，应及时进行补充调查、检测。

（1）初步调查应包括下列基本工作内容：

1）应查阅资料，包括图纸资料，如工程地质勘察报告、设计图、竣工资料、检查观测记录、历次加固和改造图纸和资料、事

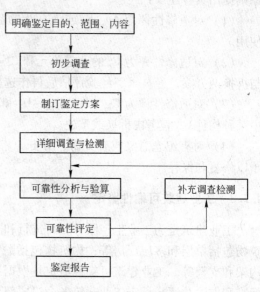

图 4 - 7　可靠性鉴定程序

故处理报告等；工业建筑的历史情况，包括施工、维修、加固、改造、用途变更、使用条件改变以及受灾害等情况。

2）考察现场，调查工业建筑的实际状况、使用条件、内外环境、目前存在的问题。

（2）详细调查与检测宜根据实际需要选择下列工作内容：

1）详细研究相关文件资料。

2）详细调查结构上的作用和环境中的不利因素，以及它们在目标使用年限内可能发生的变化，必要时测试结构上的作用或作用效应。

3）检查结构布置和构造、支撑系统、结构构件及连接情况，详细检测结构存在的缺陷和损伤，包括承重结构或构件、支撑杆件及其连接节点存在的缺陷和损伤。

4）检查或测量承重结构或构件的裂缝、位移或变形，当有较大动荷载时测试结构或构件的动力反应和动力特性。

5）调查和测量地基的变形，检测地基变形对上部承重结构、围护结构系统及吊车运行等的影响。必要时可开挖基础检查，也可补充勘察或进行现场荷载试验。

6）检测结构材料的实际性能和构件的几何参数，必要时通过荷载试验检验结构或构件的实际性能。

7）检查围护结构系统的安全状况和使用功能。

可靠性分析与验算，应根据详细调查与检测结果，对建筑物、构筑物的整体和各个组成部分的可靠度水平进行分析与验算，包括结构分析、结构或构件安全性和正常使用性校核分析、所存在问题的原因分析等。

4.2.3.3 工业建筑物鉴定的层次和等级划分

现行《工业建筑可靠性鉴定标准》（GB 50144—2008）将工业建筑物划分为构件、结构系统和鉴定单元3个层次，各层分级并逐步综合进行可靠性评定。构件是鉴定的基础层次，构件的划分见表4-8；结构系统是鉴定的中间层次，由构件组成，一般可按地基基础、上部承重结构和围护结构系统进行鉴定；鉴定单元是鉴定的最高层次，根据被鉴定建筑物的构造特点和承重体系的种类，将该建筑物划分成一个或若干个可以独立进行鉴定的区段，每一区段为一鉴定单元。

表4-8 工业建筑构件划分

构 件 类 型			构 件 划 分
基础	独立基础		一个基础为一个构件
	柱下条形基础		一个柱间的基础为一个构件
	墙下条形基础		一个自然间的基础为一个构件
	带壁柱墙下条形基础		按计算单元的划分确定
	柱基础	单桩	一根为一构件
		群桩	一个承台及其所含的基桩为一构件
	筏形基础	梁板式筏基	一个计算单元的底板或基础梁
		平板式筏基	一个计算单元的底板
柱	实腹柱		一层、一根为一构件
	组合柱		一层、一根为一构件
	双肢或多肢柱		一整根（即含所有柱肢）为一构件，如混凝土双肢柱、格构式钢柱
	分离式柱		一肢为一构件
	混合柱		一整根柱为一构件，如下柱为混凝土柱、上柱为钢柱
梁式构件	桁架、拱架		一榀为一构件
	简支梁		一跨、一根为一构件
	连续梁		一整根为一构件
墙	砌筑的横墙		一层高、一自然间的一横轴线或纵轴线间的一个墙段为一构件
	砌筑的纵墙（不带壁柱）		一层高、一自然间的一横轴线或纵轴线间的一个墙段为一构件
	带壁柱的墙		按计算单元的划分确定
板（瓦）	预制板		一块为一构件
	现浇板		按计算单元的划分确定
	组合楼板		一个柱间为一构件

续表 4 - 8

构　件　类　型		构　件　划　分
板（瓦）	轻型屋面（彩色钢板瓦、瓦楞铁、石棉板瓦等）	一个柱间为一构件
	折板（壳）	一个计算单元为一构件
	网架（壳）	一个计算杆件或节点

  其中结构系统和构件两个层次的鉴定评级，包括安全性等级和使用性等级评定，或合并为可靠性鉴定以评估结构的可靠性；安全性分 4 个等级，使用性分 3 个等级，各层次的可靠性分 4 个等级，并应按表 4 - 9 规定的评定项目分层次进行评定。当不要求评定可靠性等级时，可直接给出安全性和正常使用性评定结果。工业建筑可靠性鉴定步骤如图 4 - 8 所示。工业建筑可靠性鉴定的构件、结构系统、鉴定单元详细的评级标准与原则请查阅《工业建筑可靠性鉴定标准》（GB 50144—2008）。

表 4 - 9　工业建筑可靠性鉴定评级的层次、等级划分及项目内容

层　次	I		II	III
层　名	鉴定单元		结构系统	构件
可靠性鉴定	可靠性等级（一、二、三、四）	安全性评定	等级　　A、B、C	a、b、c
			地基基础　地基变形、斜坡稳定性	—
			承载力	—
			上部承重结构　整体性	—
			承载能力	承载能力构造和连接
			围护结构　承载能力、构造连接	—
	建筑物整体或某一区域	正常使用性评定	等级　　A、B、C	a、b、c
			地基基础　影响上部结构正常使用的地基变形	—
			上部承重结构　使用状况	变形、裂缝、缺陷损伤、腐蚀
			水平位移	—
			围护系统　功能与状况	—

注：若上部承重结构整体或局部有明显振动时，尚应考虑振动对上部承重结构安全性、正常使用性的影响进行评定。

4.2.3.4　建筑结构构件的鉴定评级

  单个构件的鉴定评级，应对其安全性等级和使用性等级进行评定，或将两者合并综合评定构件的可靠性，评定时均依据《工业建筑可靠性鉴定标准》（GB 50144—2008）评定等级。

  （1）混凝土结构鉴定评级。混凝土结构或构件的鉴定评级包括安全性评级和使用性评级。其中安全性评级中有承载力、构造和连接 2 个项目，并取其中较低等级作为构件的安全性等级；使用性评级中有裂缝、变形、缺陷和损伤、腐蚀 4 个项目评定，同样取其中

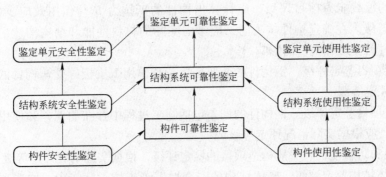

图 4 - 8　工业建筑可靠性鉴定步骤示意图

的最低等级作为构件的使用性等级。

1) 承载能力项目鉴定评级。承载能力是混凝土结构项目评级中的主要项目，对结构安全性及可靠性具有关键意义，应计算出构件的抵抗力 R 与作用效应 $\gamma_0 S$ 的比值 $R/(\gamma_0 S)$ 评定等级。

2) 构造和连接项目鉴定评级。构件的构造合理、可靠，是构件能够安全承载的保障。混凝土构件的构造和连接项目包括构造、预埋件、连接节点的焊缝或螺栓等。评级时，应根据对构件安全使用的影响评定等级，并取较低等级作为构造和连接项目的评定等级。

3) 裂缝项目鉴定评级。混凝土构件的受力裂缝宽度应依据现行标准中钢筋混凝土构件裂缝宽度评定，采用热轧钢筋配筋的预应力混凝土构件裂缝宽度评定，采用钢绞线、热处理钢筋、预应力钢丝配筋的预应力混凝土构件裂缝宽度评定三部分的内容，根据实际情况评定等级。

混凝土构件因钢筋锈蚀产生的沿筋裂缝在腐蚀项目中评定，其他非受力裂缝应查明原因，判定裂缝对结构的影响，可根据具体情况进行评定。

4) 混凝土结构和构件的变形分为整体变形和局部变形两类。整体变形是指反映结构整体工作情况的变形，如结构的挠度和侧移等；局部变形是指反映结构局部工作情况的变形，如构件应变、钢筋的滑移。混凝土构件的变形项目评级应依据现行标准评定。

5) 缺陷和损伤项目鉴定评级。混凝土构件缺陷和损伤项目，根据实际情况评定等级。

6) 腐蚀项目鉴定评级。腐蚀项目包括钢筋锈蚀和混凝土腐蚀两部分，根据实际情况评定等级，该项等级应取钢筋锈蚀和混凝土腐蚀评定结果中的较低等级。

(2) 钢结构鉴定评级。钢结构或构件的鉴定评级包括安全性评级和使用性评级。其中安全性评级以承载力（构造和连接）项目评定，并取其中较低等级作为构件的安全性等级；钢构件的使用性等级应按变形、偏差、腐蚀和一般构造等项目进行评定，并取其中最低等级作为构件的使用性等级。

1) 承载能力项目鉴定评级。承重构件的钢材应符合建造时的钢结构设计规范和相应产品标准的要求，如果构件的使用条件发生根本的改变，还应该符合国家现行标准规范的要求，否则，应在确定承载能力和评级时考虑其不利影响。

钢构件的承载能力项目评级，应计算出构件的抵抗力 R 与作用效应 $\gamma_0 S$ 的比值 $R/$ $(\gamma_0 S)$ 评定等级。在确定构件抗力时，应考虑实际的材料性能和结构构造，以及缺陷损伤、腐蚀、过大变形和偏差的影响。

2）变形项目鉴定评级。钢构件的变形是指荷载作用下梁板等受弯构件的挠度，应根据实际情况评定等级。

3）偏差项目鉴定评级。钢构件的偏差包括施工过程中存在的偏差和使用过程中出现的永久变形，应根据实际情况评定等级。

4）腐蚀和防腐项目、一般构造项目的鉴定评级，根据实际情况评定等级。

（3）砌体结构鉴定评级。砌体结构的安全性等级应按承载能力、构造和连接 2 个项目评定，并取其中的较低等级作为构件的安全性等级。砌体构件的使用性等级应按裂缝、缺陷和损伤、腐蚀 3 个项目评定，并取其中的最低等级作为构件的使用性等级。

1）承载能力项目鉴定评级。砌体构件的承载能力项目应计算出构件的抵抗力 R 与作用效应 $\gamma_0 S$ 的比值 $R/(\gamma_0 S)$ 评定等级。

2）砌体构件构造与连接项目鉴定评级。砌体构件构造与连接项目的等级应根据墙、柱的高厚比，墙、柱、梁的连接构造，砌筑方式等涉及构件安全性的因素评定等级。

3）裂缝项目鉴定评级。砌体构件的裂缝项目应根据裂缝的性质评定等级。裂缝项目的等级应取各种裂缝评定结果中的较低等级。

4）缺陷和损伤项目鉴定评级。砌体构件的缺陷和损伤项目应根据实际情况评定。缺陷和损伤项目的等级应取各种缺陷、损伤评定结果中的较低等级。

5）腐蚀项目鉴定评级。砌体构件的腐蚀项目应根据砌体构件的材料类型与实际情况评定等级。腐蚀项目的等级应取各材料评定结果中的较低等级。

4.2.3.5 建筑结构系统的鉴定评级

结构系统的鉴定评级属于工业建筑物鉴定的第二层次，此鉴定评级过程是在构件鉴定的基础上进行的。结构系统鉴定时，应对其安全性等级和使用性等级进行评定，或将两者合并综合评定其可靠性等级。

A 地基基础鉴定评级

（1）地基基础安全性鉴定评级。地基基础安全性评定主要通过地基变形和建筑物现状、承载力等项目进行评定，评定结果按最低等级确定。评定时，应先根据地基变形观测资料和建筑物、构筑物现状进行评定；必要时，可按地基基础的承载力进行评定。其中，对于建在斜坡场地上的工业建筑，应对边坡场地的稳定性进行检测评定；对有大面积地面荷载或软弱地基上的工业建筑，应评价地面荷载、相邻建筑以及循环工作荷载引起的附加沉降或桩基侧移对工业建筑安全使用的影响。

1）地基变形和建筑物现状项目鉴定评级。当地基基础的安全性按地基变形观测资料和建筑物、构筑物现状的检测结果评定时，应按现行标准评定等级。

2）承载能力项目鉴定评级。在需要按承载能力评定地基基础的安全性时，考虑到基础隐蔽难以检测等实际情况，不再将基础与地基分开评定，而视为一个共同工作的系统进行整体综合评定。对地基承载力的确定应考虑基础埋深、宽度以及建筑荷载长期作用的影响；对于基础，可通过局部开挖检测，分析验算其受冲切、受剪、抗弯和局部承压的能力；地基基础的安全性等级应综合地基和基础的检测分析结果确定其承载功能，并考虑与地基基础问题相关的建筑物实际开裂损伤状况及工程经验，按如下规定进行综合评定：在验算地基基础承载力时，建筑物的荷载大小按结构荷载效应的标准组合取值；当场地地下水位、水质或土压力等有较大改变时，应对此类变化产生的不利影响进行评价。

（2）地基基础使用性鉴定评级。地基基础的使用性等级宜根据上部承重结构和围护结构使用状况评定。

（3）地基基础可靠性鉴定评级。评定出建筑物地基基础的安全性等级和使用性等级，当不要求给出可靠性等级时，地基基础的可靠性可采用直接列出其安全性等级和使用性等级的形式共同表达。

B 上部承重结构鉴定评级

（1）上部结构安全性的鉴定评级。上部承重结构的安全性等级，应按结构整体性和承载功能两个项目评定，并取其中较低的评定等级作为上部结构的安全性等级，必要时可考虑过大水平位移或明显振动对该结构系统或其中部分结构安全性的影响。

1）结构整体性鉴定评级。结构整体性的评定应根据结构布置和构造、支撑系统两个项目，根据实际情况评定等级，并取结构布置和构造、支撑系统两个项目中的较低等级作为结构整体性的评定等级。

2）结构承载功能鉴定评级。上部承重结构承载功能的等级评定，精确的评定应根据结构体系的类型及空间作用等，按照国家现行标准规范规定的结构分析原则和方法以及结构的实际构造和结构上的作用确定合理的计算模型，通过结构作用效应分析和结构抗力分析，并结合该体系以往的承载状况和工程经验进行。在进行结构抗力分析时还应考虑结构、构件的损伤、材料劣化对结构承载能力的影响。

第一种情况，当单层厂房上部承重结构是由平面排架或平面框架组成的结构体系时，可先根据结构布置和荷载分布将上部承重结构分为若干框排架平面计算单元，然后将平面计算单元中的每种构件按构件的集合及其重要性区分为重要构件集（同一种重要构件的集合）或次要构件集（同一种次要构件的集合）。

各平面计算单元的安全性等级，宜按该平面计算单元内各重要构件集中的最低等级确定。当平面计算单元中次要构件集的最低安全性等级比重要构件集的最低安全性等级低二级或三级时，其安全性等级可按重要构件集的最低安全性等级降一级或降二级确定。

第二种情况，对多层厂房上部承重结构承载功能进行等级评定时，应沿厂房的高度方向将厂房划分为若干单层子结构，宜以每层楼板及其下部相连的柱子、梁为一个子结构；子结构上的作用除本子结构直接承受的作用外，还应考虑其上部各子结构传到本子结构上的荷载作用。

子结构承载功能等级的确定与第一种情况一致。最后，整个多层厂房的上部承重结构承载功能的评定等级可按子结构中的最低等级确定。

（2）上部结构使用性的鉴定评级。上部承重结构的使用性等级应按上部承重结构使用状况和结构水平位移两个项目评定，并取其中较低的评定等级作为上部承重结构的使用性等级，必要时应考虑振动对该结构系统或其中部分结构正常使用性的影响。

1）上部承重结构使用状况。第一种情况，对单层厂房上部承重结构使用状况的等级评定，可按屋盖系统、厂房柱、吊车梁3个子系统中的最低使用性等级确定；当厂房中采用轻级工作制吊车时，可按屋盖系统和厂房柱两个子系统的较低等级确定。其中屋盖系统、吊车梁系统包含相关构件和附属设施，包括吊车检修平台、走道板、爬梯等。第二种情况，对多层厂房上部承重结构使用状况的等级评定，可按上部结构承载功能鉴定评级第二种情况使用的原则和方法划分出若干单层子结构；单层子结构使用状况的等级可按本部分上述第一种情况的规定评定。

2）结构水平位移鉴定评级。当上部承重结构的使用性等级评定需考虑结构水平位移影响时，可采用检测或计算分析的方法得出位移或倾斜值进行评定。当结构水平位移过大，达到 C 级标准的严重情况时，应考虑水平位移引起的附加内力对结构承载能力的影响，并参与相关结构的承载功能等级评定。

3）考虑振动的影响。当振动对上部承重结构的安全、正常使用有明显影响需要进行鉴定时，则应进行现场调查检测：调查振动对上部结构的影响范围，调查振动对人员正常活动、设备仪器正常工作以及结构和装饰层的影响情况，需要时进行振动响应和结构动力特性测试。

当判定结果超出专门标准规定限值时，需要考虑振动对上部承重结构整体或局部的影响。若评定结果对结构的安全性有影响，应在上部承重结构承载功能的评定等级中予以考虑；若评定结果对结构的正常使用性有影响，则应在上部结构使用状况的评定等级中予以考虑。

当振动影响上部承重结构安全时，如结构产生共振现象，结构振动幅值较大或疲劳强度不足等，应进行安全性等级评定。当仅进行振动对结构安全影响评定而未做常规可靠性鉴定时，若振动影响涉及整个结构体系或其中某种构件，其评定结果即为振动对上部结构影响的安全性等级；当考虑振动对结构安全的影响且参与上部承重结构的常规鉴定评级时，可将其评定结果参照上部承重结构安全性等级的相应规定评定等级。

当上部承重结构产生的振动对人体健康、设备仪器正常工作以及结构正常使用产生不利影响时，应进行结构振动的使用性评定。结构振动的使用性等级根据影响情况进行评定，并取其中最低等级作为结构振动的使用性等级。当仅进行振动对结构正常使用影响评定而未做常规可靠性鉴定时，若振动影响涉及整个结构体系或其中某种构件，其评定结果即为振动对上部承重结构影响的使用性等级；当考虑振动影响结构正常使用且参与上部承重结构的常规鉴定评级时，可将其影响评定结果的因素参与上部承重结构使用性等级的评定。

（3）上部结构可靠性鉴定评级。评定出建筑物上部承重结构的安全性等级和使用性等级后，当不要求给出可靠性等级时，上部结构的可靠性可采用直接列出其安全性等级和使用性等级的形式共同表达。

上部承重结构的可靠性评级应分别根据每个结构系统的安全性等级和使用性等级评定结果，按下列原则确定：

1）一般情况应按安全性等级确定，但仅当系统的使用性等级为 C 级，安全性等级不低于 B 级时，宜定为 C 级；

2）位于生产工艺流程重要区域的结构系统，可按安全性等级和使用性等级中的较低等级确定或调整。

C　围护结构系统鉴定评级

（1）围护结构安全性鉴定评级。围护结构系统的安全性等级，应按承重围护结构的承载功能和非承重围护结构的构造连接两个项目进行评定，并取两个项目中较低的评定等级作为该围护结构系统的安全性等级。

承重围护结构承载功能的评定等级，应根据其结构类别按本章建筑结构鉴定评级中相应构件和上部结构承载功能鉴定评级中相关构件集的评定规定进行评定。

非承重围护结构构造连接项目的评定等级，可按实际情况评级，并按其中最低等级作为该项目的安全性等级。

（2）围护结构使用性鉴定评级。围护结构系统的使用性等级，应根据承重围护结构的使用状况、围护系统的使用功能两个项目评定，并取两个项目中较低评定等级作为该围护结构系统的使用性等级。

承重围护结构使用状况的等级评定，应根据其结构类别现行标准中构件和上部承重结构使用状况中有关子系统的评级内容评定等级。

围护系统（包括非承重围护结构和建筑功能配件）使用功能的等级评定，宜根据各项目对建筑物使用寿命和生产的影响程度确定出主要项目和次要项目，逐项评定。一般情况下，宜将屋面系统确定为主要项目，墙体及门窗、地下防水和其他防护设施确定为次要项目。

最后，系统的使用功能等级可取主要项目的最低等级，若主要项目为 A 级或 B 级，次要项目一个以上为 C 级，宜根据需要的维修量大小将使用功能等级降为 B 级或 C 级。

（3）围护结构可靠性鉴定评级。评定出建筑物上部围护结构的安全性等级和使用性等级后，当不要求给出可靠性等级时，上部承重结构的可靠性可采用直接列出其安全性等级和使用性等级的形式共同表达。

围护结构的可靠性评级应分别根据每个结构系统的安全性等级和使用性等级评定结果，按下列原则确定：

1）一般情况应按安全性等级确定，但仅当系统的使用性等级为 C 级，安全性等级不低于 B 级时，宜定为 C 级；

2）位于生产工艺流程重要区域的结构系统，可按安全性等级和使用性等级中的较低等级确定或调整。

D　工业建筑结构的综合鉴定评级

鉴定单元的可靠性等级应根据其地基基础、上部承重结构和围护结构系统的可靠性评级评定结果，以地基基础、上部承重结构为主，按下列原则确定：

（1）当围护结构系统与地基基础和上部承重结构的等级相差不大于一级时，可按地基基础和上部承重结构中的较低等级作为该鉴定单元的可靠性等级。

（2）当围护结构系统比地基基础和上部承重结构中的较低等级低二级时，可按地基基础和上部承重结构中的较低等级降一级作为该鉴定单元的可靠性等级。

（3）当围护结构系统比地基基础和上部承重结构中的较低等级低三级时，可根据实际情况，按地基基础和上部承重结构中的较低等级降一级或降二级作为该鉴定单元的可靠性等级。

4.2.3.6　工业构筑物鉴定评级

工业构筑物的鉴定评级，应将构筑物的整体作为一个鉴定单元，并根据构筑物的结构布置及组成划分为若干结构系统进行可靠性等级评定，构筑物鉴定单元的可靠性等级以主要结构系统的最低评定等级确定；当非主要结构系统的最低评定等级低于主要结构系统的最低评定等级两级时，鉴定单元的可靠性等级应以主要结构系统的最低评定等级降低一级确定。

构筑物结构系统的可靠性评定等级，应包括安全性等级和使用性等级评定。一般情况下，结构系统的可靠性等级应根据安全性等级和使用性等级评定结果以及使用功能的特殊要求，按安全性等级确定；但仅当系统的使用性等级为 C 级，安全性等级不低于 B 级时，宜定为 C 级；对位于生产工艺流程重要区域的结构系统，可按安全性等级和使用性等级中的较低等级确定或调整。

A　工业构筑物鉴定的层次和等级划分

烟囱、贮仓、通廊、水池等工业构筑物的鉴定评级层次、结构系统划分、检测评定项目、可靠性等级宜符合表 4 – 10 的要求。

表 4 – 10　工业构筑物可靠性鉴定评级层次、结构系统划分及检测评定项目

层　次	Ⅰ	Ⅱ		Ⅲ
层　名	鉴定单元	结构系统		结构或构件
可靠性等级	一、二、三、四	A、B、C、D		a、b、c、d
鉴定评级内容	烟囱	地基基础		—
		筒壁及支撑结构		承载能力、损伤、裂缝、倾斜
		隔热层和内衬		—
		附属设施		—
	贮仓	地基基础		—
		仓体与支撑结构	整体性	—
			承载功能	承载能力
			使用状况	变形、损伤、裂缝
			侧移（倾斜）	—
		附属设施		—
	通廊	地基基础		—
		通廊承重结构		同厂房上部承重结构
		围护结构		同厂房围护结构
	水池	地基基础		—
		池体		承载能力、损漏
		附属设施		—

B　烟囱

烟囱的可靠性鉴定应分为地基基础、筒壁及支撑结构、隔热层和内衬、附属设施 4 个结构系统进行评定。其中，地基基础、筒壁及支撑结构、隔热层和内衬为主要结构系统，应进行可靠性等级评定；附属设施可根据实际状况评定。

地基基础的安全性等级及使用性等级应按现行标准中地基基础鉴定评级有关规定进行评定，其可靠性等级可按安全性等级和使用性等级中的较低等级确定。

烟囱筒壁及支撑结构的安全性等级应按承载能力项目的评定等级确定；使用性等级应

按损伤、裂缝和倾斜 3 个项目的最低等级确定；可靠性等级可按安全性等级和使用性等级中的较低等级确定。

烟囱筒壁及支撑结构承载能力项目应根据结构类型按照现行标准中重要结构构件的分级标准评定等级。

烟囱隔热层和内衬的安全性等级与使用性等级应根据构造连接和损坏情况，按现行标准中围护结构系统鉴定评级相关规定进行评定；其他防护设施的评定，可靠性等级可按安全性等级和使用性等级中的较低等级确定。

囱帽、烟道口、爬梯、信号平台、避雷装置、航空标志等烟囱附属设施，可根据实际状况评定。

烟囱鉴定单元的可靠性鉴定评级，应按地基基础、筒壁及支撑结构、隔热层和内衬 3 个结构系统中可靠性等级的最低等级确定。囱帽、烟道口、爬梯、信号平台、避雷装置、航空标志等附属设施评定可不参与烟囱鉴定单元的评级，但在鉴定报告中应包括其检查评定结果及处理建议。

C 贮仓

贮仓的可靠性鉴定，应分为地基基础、仓体与支承结构、附属设施 3 个结构系统进行评定。地基基础、仓体与支承结构为主要结构系统，应进行可靠性等级评定；附属设施可根据实际状况评定。

地基基础的安全性等级及使用性等级应按上述工业建筑结构系统中相关规定进行评定，其可靠性等级可按安全性等级和使用性等级中的较低等级确定。

仓体与支承结构的安全性等级应按结构整体性和承载能力两个项目评定等级中的较低等级确定；使用性等级应按使用状况和整体侧移（倾斜）变形 2 个项目评定等级中的较低等级确定；可靠性等级可按安全性等级和使用性等级中的较低等级确定。

仓体与支承结构整体性等级可按工业建筑上部结构有关规定进行评定；仓体及支承结构承载能力项目应根据结构类型按照现行标准中重要结构构件的分级标准评定等级，对于贮仓，计算结构作用效应时，应考虑倾斜所产生的附加内力。

使用状况等级可按变形和损伤、裂缝两个项目中的较低等级确定。仓体结构的变形和损伤应按内衬及其他防护设施完好程度、仓体结构的变形和损伤程度评定等级。对于仓体及支承结构为钢筋混凝土结构或砌体结构的裂缝项目，应根据结构类型按现行标准中结构鉴定评级相关规定评定等级。仓体与支承结构整体侧移（倾斜）应根据贮仓满载状态或正常贮料状态的倾斜值评定等级。

贮仓附属设施包括进出料口及连接、爬梯、避雷装置等，可根据实际状况评定。

贮仓鉴定单元的可靠性鉴定评级应按地基基础、仓体与支承结构两个结构系统中可靠性等级中较低的等级确定。此外，进出料口及连接、爬梯、避雷装置等附属设施评定可不参与鉴定单元的评级，但在鉴定报告中应包括其检查评定结果及处理建议。

D 通廊

通廊的可靠性鉴定应分为地基基础、通廊承重结构、围护结构 3 个结构系统进行评定。地基基础、通廊承重结构应为主要结构系统。

地基基础的安全等级及使用性等级应按现行标准工业建筑地基基础鉴定评级中相关规定进行评定，其可靠性等级可按安全性等级和使用性等级中的较低等级确定。

通廊承重结构可按工业建筑上部结构中，单层厂房上部承重结构鉴定评级的规定进行安全性等级和使用性等级评定，当通廊结构主要连接部位有严重变形、开裂或高架斜通廊两端连接部位出现滑移错动现象时，应根据潜在的危害程度将安全性等级评定为 C 级或 D 级。可靠性等级一般情况应按安全性等级确定；但当系统的使用性等级为 C 级，安全性等级不低于 B 级时，宜定为 C 级。

通廊围护结构应按工业建筑围护结构系统的规定进行安全性等级和使用性等级评定，可靠性等级一般情况应按安全性等级确定；但当系统的使用性等级为 C 级，安全性等级不低于 B 级时，宜定为 C 级。

通廊结构构件应根据结构种类按工业建筑结构鉴定评级中相关规定进行安全性等级和使用性等级评定。

通廊鉴定单元的可靠性鉴定评级，应按地基基础、通廊承重结构两个结构系统中可靠性等级中较低的等级确定；当围护结构的评定等级低于上述评定等级两级时，通廊鉴定单元的可靠性等级可按上述评定等级降低一级确定。

E　水池

水池的可靠性鉴定应分为地基基础、池体、附属设施 3 个结构系统进行评定。地基基础、池体为主要结构系统，应进行可靠性等级评定；附属设施可根据实际状况评定。

地基基础的安全性等级及使用性等级应按工业建筑地基基础鉴定评级中相关规定进行评定，其可靠性等级可按安全性等级和使用性等级中的较低等级确定。

池体结构的安全性等级应按承载能力项目的评定等级确定，使用性等级应按损漏项目的评定等级确定，可靠性等级可按安全性等级和使用性等级中的较低等级确定。

池体结构承载能力项目应根据结构类型按工业建筑结构鉴定评级中相关规定的重要结构构件的分级标准评定等级。

池体损漏应对浸水与不浸水部分分别评定等级，池体损漏等级按浸水及不浸水部分评定等级中的较低等级确定。评定过程中，对于浸水部分池体结构应根据有无裂缝、有无渗漏、表面或表面粉刷有无风化老化等评定等级；对于池盖及其他不浸水部分池体结构应根据结构材料类别按工业建筑结构鉴定评级中相关规定对变形、裂缝、缺陷损伤、腐蚀等评定等级。

4.3　抗 震 鉴 定

现有建筑抗震鉴定，就是针对已建各类建筑的结构特点、结构布置、构造和抗震承载力等因素，采用相应的逐级鉴定方法做出评价，进行综合抗震能力分析，对不符合抗震鉴定要求的建筑提出相应的抗震减震对策和处理意见。本节参考我国现行国家标准《建筑抗震鉴定标准》（GB 50023—2009）（以下简称《标准》）的有关规定，主要介绍多层砌体房屋抗震鉴定、多层钢筋混凝土房屋抗震鉴定、内框架和底层框架砖房抗震鉴定、单层砖柱厂房与空旷砖房抗震鉴定、单层钢筋混凝土柱厂房抗震鉴定、烟囱和水塔的抗震鉴定。

国家标准规定，不同后续使用年限的现有建筑，其抗震鉴定方法应符合下列要求：

（1）后续使用年限 30 年的建筑（简称 A 类建筑），应采用《标准》各章规定的 A 类建筑抗震鉴定方法。

（2）后续使用年限40年的建筑（简称B类建筑），应采用《标准》各章规定的B类建筑抗震鉴定方法。

（3）后续使用年限50年的建筑（简称C类建筑），应按现行国家标准《建筑抗震设计规范》（GB 50011—2010）的要求进行抗震鉴定。

4.3.1 抗震鉴定范围、方法和流程

（1）抗震鉴定范围。需要进行抗震鉴定的"现有建筑"主要有以下几类：

1）已接近设计年限的建筑。如20世纪五六十年代设计建造的房屋。

2）原设计未考虑抗震设防或抗震设防偏低的房屋。如新中国成立初期设计建筑的房屋，这类房屋一般未考虑抗震设防或按当时的苏联规范进行抗震设计，设防标准达不到现行国家标准规定的要求。

3）当地设防烈度提高的建筑。如汶川地震发生后，对部分地震灾区的设防烈度进行了调整，对于设防烈度提高地区的房屋需进行抗震鉴定。

4）设防类别已提高的建筑。如汶川地震发生后，修订了《建筑工程抗震分类标准》，中小学建筑由原来的标准设防类提高到重点设防类，这类建筑需进行抗震鉴定。

5）需进行大修改造的建筑。由于使用条件发生变化、结构布局发生变化，这类房屋也需要进行抗震鉴定。

（2）抗震鉴定方法。抗震鉴定方法可分为两级：第一级鉴定应以宏观控制和构造鉴定为主进行综合评价；第二级鉴定应以抗震验算为主结合构造影响进行综合评价。当符合第一级鉴定要求时，可评为满足抗震要求，不再进行第二级鉴定，否则应由第二级鉴定进行判断。

（3）抗震鉴定流程。一般来说，抗震鉴定是对房屋所存在的缺陷进行"诊断"，主要按照下列流程进行（见图4-9）：

1）原始资料收集，如勘察报告、施工图、施工记录和竣工图、工程验收资料等，资料不全时，要有针对性地进行必要的补充实测。对结构材料的实际强度应按现场检测确定。

2）建筑现状调查，调查建筑现状与原始资料相符合的程度、施工质量及使用维护情况，发现相关的非抗震缺陷。如：建筑有无增建或改建以及其他变更结构体系和构件情况；构件混凝土浇筑和砖墙体砌筑质量，有无蜂窝麻面情况；构件有无剥落、开裂、腐蚀等现象；建筑有无不均匀沉降、变形缝宽度不足或缝隙被堵塞。

3）综合抗震能力分析。应根据各类结构的特点、结构布置、构造和抗震承载力等因素，根据后续使用年限采用相应逐级鉴定方法，进行建筑综合抗震能力的分析。

4）对现有建筑的整体抗震性能做出评价并提出处理意见。

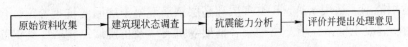

图4-9 抗震鉴定流程

4.3.2 现有建筑的抗震鉴定

4.3.2.1 多层砌体房屋抗震鉴定

(1) 适用范围。适用于烧结普通黏土砖、烧结多孔砖、混凝土中型空心砌块、混凝土小型砌块、粉煤灰中型实心砌块砌体承重的多层房屋。

横墙间距不超过三开间的单层砌体房屋，可按本节的原则进行抗震鉴定，超过三开间时应按三层空旷房屋的要求进行鉴定。

(2) 抗震鉴定检查重点。多层砌体房屋的抗震鉴定应先从鉴定概念着手，根据我国砌体房屋的震害特征，不同烈度下多层砌体房屋的破坏部位变化不大而程度有显著增加，其检查重点一般不按烈度划分。

1) 层数和高度。抗震分析表明，层数和高度是影响砌体房屋抗震程度最主要的因素。因此，多层砌体房屋的抗震鉴定首先是对总高度和层数进行检查。当层数超过鉴定限值时，即评定为不满足鉴定要求，需采用加固和其他措施处理。当层数未超过鉴定限值，但总高度超过鉴定限值时，应提高鉴定要求。

2) 抗震墙的厚度和间距。区分抗震墙与非抗震墙：厚度 120mm 的砌体由于稳定性差，不能视作抗震墙。通过对抗震墙厚度的检查，以确定房屋的层数与总高度限值，并为第二级鉴定的抗震验算提供依据。

通过对抗震墙间距的检查，判断属于刚性体系房屋还是非刚性体系房屋。对刚性体系房屋，满足第一级鉴定的各项要求时可不进行第二级鉴定；对非刚性体系房屋，应进行两级鉴定和综合能力的评定。

3) 材料强度和砌体质量。重点检查墙体砌筑砂浆的强度等级和砌筑质量。墙体砌筑材料的强度等级一般应结合图纸和施工记录，按国家现行的有关检测进行现场检测，砌筑质量可通过现场观察判断。

4) 墙体交接处的连接。检查墙体交接处是否咬槎砌筑，有无拉结措施，交接处是否有严重削弱截面的竖向孔道（如烟道、通风道等）。

5) 易倒易损结构或构件。检查突出屋面地震中易倒塌伤人的部件，如女儿墙、出屋面烟囱的设置。鉴于地震中楼梯间是重要的疏散通道，该部位也是检查的重点。

位于 7~9 度区的多层砌体房屋，还应重点检查以下内容：墙体布置的规则性，是否规则对称，是否有明显扭转效应；楼、屋盖处的圈梁布置是否闭合，设置位置是否满足鉴定标准要求；楼、屋盖与墙体的连接构造，如圈梁布置标高及与楼、屋盖构件的连接。

(3) 多层砌体房屋的综合抗震能力评定。多层砌体房屋按房屋高度和层数、结构体系的合理性、墙体材料的实际强度、房屋的整体性连接构造的可靠性、局部易损易倒部位构件自身及其与主体结构连接构造的可靠性、墙体承载能力进行综合分析，对整幢房屋的抗震能力进行鉴定。具体两级鉴定方法参照《标准》第 5 章相关内容进行。

4.3.2.2 多层和高层钢筋混凝土房屋的抗震鉴定

(1) 适用范围。适用于 A、B 类多层和高层钢筋混凝土房屋的抗震鉴定，包括现浇和装配式的钢筋混凝土框架、填充墙框架、框架-抗震墙及抗震墙结构。C 类钢筋混凝土房屋可按 B 类房屋的鉴定原则进行。

(2) 抗震鉴定的检查重点。不同地震烈度的影响下，钢筋混凝土房屋的破坏部位不同。因此，钢筋混凝土房屋的抗震鉴定，应依据其设防烈度重点检查下列薄弱部位。

1）6度时，重点检查局部易掉落伤人的构件、部件以及楼梯间非结构构件的连接构造。

2）7度时，除检查上述项目外，还应检查梁柱节点的连接形式、框架跨数、不同结构体系之间的连接构造。

3）8、9度时，除检查上述项目外，还应检查梁的配筋、柱的配筋、材料强度、各构件间的连接、结构体型的规则性、短柱分布、使用荷载的大小和分布等，9度时还应检查框架柱的轴压比。

（3）钢筋混凝土房屋的综合抗震能力评定。钢筋混凝土房屋的抗震鉴定分为两级，第一级鉴定按结构体系的合理性、结构构件材料的实际强度等级、结构构件的纵向钢筋和横向箍筋的配置和构件连接的可靠性、填充墙等与主体结构的连接进行抗震构造措施的鉴定；第二级鉴定以构件抗震承载力为主，结合第一级鉴定的情况对整栋房屋的抗震能力进行综合分析。A类和B类钢筋混凝土房屋具体鉴定方法可参照《标准》第6章进行。

4.3.2.3 内框架和底层框架砖房抗震鉴定

（1）适用范围：

1）适用于丙类设防的建筑。内框架房屋和底层框架房屋不利于抗震，《标准》中关于内框架房屋和底层框架房屋的鉴定方法只适用于丙类设防的建筑，对于乙类设防的房屋一般不得采用内框架房屋和底层框架结构形式，如仍按乙类建筑继续使用，需采用改变结构形式的方法进行加固。

2）适用于6～9度区的黏土砖墙和钢筋混凝土柱混合承重的内框架砖房、底层框架砖房、底层框架－抗震墙砖房。6～8度区由砌块和钢筋混凝土柱混合承重的房屋，可参考本节的原则进行鉴定，但9度区的砌块类建筑不适用；底部设置钢筋混凝土墙的底层框架房屋，可结合本部分及上述多层和高层钢筋混凝土房屋的抗震鉴定的规定鉴定。

（2）重点检查内容。内框架和底层框架房屋的鉴定，同样要从抗震概念鉴定着手，对于这类房屋的抗震薄弱环节，应根据不同的烈度、结构类型和震害经验，进行重点检查。

1）抗震鉴定总体要求：

①房屋高度与层数。同多层砌体房屋一样，高度和层数是控制内框架和底层框架房屋震害的重要措施，高度越高，层数越多，震害就越严重，因此必须对高度和层数严格控制。

②抗震横墙的厚度和间距。墙体厚度是其稳定性的保证，不同于多层砌体房屋，内框架和底层框架房屋较多层砌体房屋稳定性要弱，对墙体厚度的控制要求比多层砌体要严一些。控制横墙间距的目的，一是控制楼屋盖的变形，保证地震作用通过楼屋盖向主要的抗侧力构件传递；二是达到对墙量的控制，保证结构的水平抗震承载能力。

③墙体的砂浆强度等级和砌筑质量。检查方法同多层砌体房屋抗震鉴定。

④底层楼盖类型。对于底层框架或底层内框架房屋，应保证上部地震作用通过底层楼盖传递到底层的抗震墙上，要求底层楼盖有较好的刚度。

⑤底层与第二层的侧移刚度比。要控制底层与第二层的侧移刚度比，一是防止底层产生明显的塑性变形集中；二是防止薄弱层由底层转移到第二层。

⑥结构的均匀对称性。包括结构平面质量和刚度分布的均匀对称，墙体（包括填充墙）等抗侧力构件布置的均匀对称，以减小扭转效应。

⑦屋盖类型和纵向窗间墙宽度。对于内框架房屋，顶层是结构的最薄弱部位，震害最为严重，应保证屋盖的刚性体系、纵向墙体平面内及平面外的承载能力。

2）7~9度时，还应检查框架的配筋、圈梁及其他连接构造。

（3）内框架和底层框架房屋的抗震鉴定方法。A类和B类内框架和底层框架砖房的具体两级鉴定方法参照《标准》第7章进行。

4.3.2.4　单层钢筋混凝土柱厂房的抗震鉴定

（1）适用范围。适用于装配式的单层钢筋混凝土柱厂房，包括由屋面板、三角钢架、双梁和牛腿柱组成的锯齿形厂房。柱子为钢筋混凝土柱，屋盖为由大开间屋面板、屋面梁构成的无檩体系或槽板等屋面瓦与檩条、各种屋架构成的有檩体系。

本部分同样适用于边列柱为砖柱、中柱为钢筋混凝土柱的混合排架厂房，但仅适合于此类厂房中的混凝土部分，砖柱部分的鉴定按单层砖柱厂房和空旷房屋的有关规定进行。

（2）抗震鉴定时的重点检查部位。抗震鉴定时，下列薄弱部位应重点检查：

1）6度时，应检查钢筋混凝土天窗架的形式和整体性、排架柱的选型，并注意出入口等处的高大山墙山尖部分的拉结。

2）7度时，除按上述要求检查外，还应检查屋盖中支承长度较小构件连接的可靠性，并注意出入口等处的女儿墙、高低跨封墙等构件的拉结构造。

3）8度时，除按上述要求检查外，还应检查各支撑系统的完整性、大型屋面板连接的可靠性、高低跨牛腿（柱肩）和各种柱变形受约束部位的构造，并注意圈梁、抗风柱的拉结构造及平面不规则、墙体布置不均匀等和相连建筑物、构筑物导致质量不均匀、刚度不协调的影响。

4）9度时，除按上述要求检查外，还应检查柱间支撑的有关连接部位和高低跨柱列上柱的构造。

（3）单层钢筋混凝土柱厂房的两级鉴定方法。A类和B类钢筋混凝土房屋具体鉴定方法参照《标准》第8章进行。

4.3.2.5　单层砖柱厂房和空旷房屋的抗震鉴定

（1）适用范围。本部分适用于砖柱（墙垛）承重的单层厂房和砖墙承重的单层空旷房屋。其中，单层厂房包括仓库、泵房等，单层空旷房屋包括剧场、礼堂、食堂等。从横向来看，单层砖柱厂房和空旷房屋均为由屋盖、砖柱（墙垛或墙体）组成的单跨砖排架抗侧力结构体系；单层空旷房屋的横墙间距还应大于三个开间，当不超过三个开间时，应按单层砌体房屋进行鉴定。

（2）抗震鉴定的重点检查部位。进行抗震鉴定时，对影响房屋整体性、抗震承载力和易倒塌的下列关键薄弱部位应重点检查：

1）6度时，应检查女儿墙、门脸和出屋面小烟囱和山墙山尖，单层砖柱厂房还应重点检查变截面柱和不等高排架柱的上柱。

2）7度时，除检查上述项目外，还应检查舞台口大梁上的砖墙、承重山墙，单层砖柱厂房还应检查与排架柱刚性连接但不到顶的砌体隔墙、封檐墙。

3）8度时，除检查上述项目外，还应检查承重柱（墙垛）、舞台口横墙、屋盖支撑及其连接、圈梁、较重装饰物的连接及相连附属房屋的影响。

4）9度时，除检查上述项目外，还应检查屋盖的类型等。

（3）单层砖柱厂房和空旷房屋的抗震鉴定方法。单层砖柱厂房和单层空旷房屋的抗震鉴定均分为两级，具体两级鉴定方法可参照《标准》第9章进行。

4.3.2.6 烟囱的抗震鉴定

（1）适用范围。本部分适用于普通类型的独立砖烟囱和钢筋混凝土烟囱，特殊形式的烟囱及重要的高大烟囱（高度超过60m以上的砖烟囱或高度超过100m以上的钢筋混凝土烟囱）应采用专门的鉴定方法。

（2）烟囱外观质量要求。

1）烟囱的筒壁不应有明显的裂缝、倾斜和歪扭情况。

2）砖砌体完整，不应有松动，墙体无严重酥碱。

3）钢筋混凝土烟囱不应有严重的腐蚀和剥落，混凝土保护层无掉落，钢筋无露筋和锈蚀。

不符合要求时，如为局部缺陷应进行修补和修复，其他情况可结合抗震加固或其他措施进行处理。

（3）烟囱的两级抗震鉴定方法。烟囱的抗震鉴定包括抗震构造鉴定和抗震承载力验算。当符合本部分各项规定时，应评为满足抗震鉴定要求；当不符合时，可根据构造和抗震承载力不符合的程度，通过综合分析确定采取加固或其他相应对策。烟囱的具体鉴定方法可参照《标准》第11章进行。

4.3.2.7 A类水塔的抗震鉴定

（1）适用范围。本部分适用于表4-11所列独立水塔，其他独立水塔或特殊形式、多种使用功能的综合水塔，应采用专门的鉴定方法。

表4-11 适用于本部分规定鉴定方法的A类水塔

支承结构类型及材料	水柜容积/m³	高度/m
钢筋混凝土筒壁式和支架式水塔	≤500	≤35
砖、石筒壁式水塔	≤200	≤30
砖支柱水塔	≤20	≤10

对于容积不大于50m³、高度不超过20m的钢筋混凝土筒壁式和支架式水塔，容积不大于50m³、高度不超过15m的砖、石筒壁水塔，可适当降低其抗震鉴定要求。

（2）水塔抗震鉴定的检查重点：

1）筒壁、支架的构造和抗震承载力。

2）基础的不均匀沉降。由于水塔为高重心构筑物，不均匀沉降引起的倾斜可使重心偏移，在地震时可能产生倒塌或倾斜，影响水塔安全。

（3）水塔抗震鉴定的承载力验算要求。外观和内在质量良好且符合抗震设计要求的下列水塔及其部件，可不进行抗震承载力验算：

1）6度时的各种水塔。

2）7度时Ⅰ、Ⅱ类场地容积不大于10m³、高度不超过7m的组合砖柱水塔。

3）7度时Ⅰ、Ⅱ类场地的砖、石筒壁水塔。

4）7度时Ⅲ、Ⅳ类场地和8度时Ⅰ、Ⅱ类场地每4~5m有钢筋混凝土圈梁并配有纵向钢筋或有构造柱的砖、石筒壁水塔。

5）7度时和8度时Ⅰ、Ⅱ类场地的钢筋混凝土支架式水塔。

6）7、8度时的水柜直径与筒壁直径比值不超过1.5的钢筋混凝土筒壁式水塔。

7）水塔的水柜，但不包括8度Ⅲ、Ⅳ类场地和9度时的支架式水塔下环梁。

对不符合上述规定的水塔，可按《标准》第11章规定的方法进行抗震承载力验算。

水塔符合本小节各项规定时，可评为满足抗震鉴定要求；当不符合时，可根据构造和抗震承载力不符合的程度，通过综合分析确定采取加固或其他相应对策。

4.3.2.8　B类水塔抗震鉴定

B类水塔抗震鉴定类似于A类水塔抗震鉴定，具体可按《标准》第11章规定的方法进行抗震承载力验算。

4.3.3　抗震鉴定处理对策

对符合抗震鉴定要求的建筑可继续使用。

对不符合抗震鉴定要求的建筑提出了4种处理对策（见图4-10）：

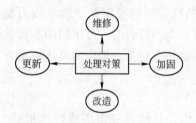

图4-10　抗震鉴定处理对策

（1）维修。指结合维修处理。适用于仅有少数、次要部位局部不符合鉴定要求的情况。

（2）加固。指有加固价值的建筑。大致包括：

1）无地震作用时能正常使用。

2）建筑虽已存在质量问题，但能通过抗震加固使其达到要求。

3）建筑因使用年限久或其他原因（如腐蚀等），抗侧力体系承载力降低，但楼盖或支持体系尚可利用。

4）建筑各局部缺陷虽多，但易于加固或能够加固。

（3）改造。指改变使用性能，包括：将生产车间、公共建筑改为不引起次生灾害的仓库，将使用荷载大的多层房屋改为使用荷载小的次要房屋等。改变使用性质后的建筑，仍应采用适当的加固措施，以达到该类建筑的抗震要求。

（4）更新。指无加固价值而仍需使用的建筑或在计划中近期要拆迁的不符合鉴定要求的建筑，需采取应急措施。如：在单层房屋内设防护支架；烟囱、水塔周围划为危险区；拆除装饰物、危险物及荷载等。

4.4　危房鉴定

危险房屋（简称危房）是其结构因种种原因已遭受严重损坏，或承重结构已属危险构件，随时可能丧失稳定和承载力，不能保证正常居住和使用安全的房屋。为了有效地利用已有房屋，正确了解和判断房屋结构的危险度，为及时治理危房提供技术依据，确保居住和使用者生命和财产安全，必须对房屋的危险性做出鉴定。

在进行危房鉴定时，一般应遵循如下鉴定原则：

（1）房屋危险性鉴定应以整幢房屋的地基基础、结构构件危险程度的严重性鉴定为基础，结合历史状态、环境影响以及发展趋势，全面分析，综合判断。

（2）在地基基础或结构构件发生危险的判断上，应考虑它们的危险是孤立的还是相关的。当构件的危险是孤立时，则不构成结构系统的危险；当构件相关时，则应联系结构危险性判定其范围。

（3）全面分析、综合判断时，应考虑下列因素：

1）各构件的破损程度。

2）破损构件在整幢房屋中的地位。

3）破损构件在整幢房屋所占数量和比例。

4）结构整体周围环境的影响。

5）有损结构的人为因素和危险状况。

6）结构破损后的可修复性。

7）破损构件带来的经济损失。

4.4.1 危房鉴定的方法和流程

4.4.1.1 鉴定方法

危房鉴定一般采用三级综合模糊评判模式进行综合鉴定，具体如下：

（1）第一层次应为构件危险性鉴定，其等级评定分为危险构件（Td）和非危险构件（Fd）两类。危险构件是指其承受能力、裂缝和变形不能满足正常使用要求的结构构件。每一种构件考察若干类因素（构成因素子集），构件危险评定是根据所考察的因素直接列出一系列构件危险的标志，一旦构件出现其中的一种现象，则判断构件出现了危险点，或称危险构件；若该构件没有一个危险点，则可判定为非危险构件。

（2）房屋按照组成部分被划分成地基基础、上部承重结构和围护结构3个组成部分。第二层次应为房屋组成部分的危险性鉴定，其等级评定分为a、b、c、d四级。其中：

1）a级：无危险点。

2）b级：有危险点。

3）c级：局部危险。

4）d级：整体危险。

（3）第三层次应为房屋危险性鉴定，其等级评定为A、B、C、D四级。其中：

1）A级：结构承载力能满足正常使用要求，未发现危险点，房屋结构安全。

2）B级：结构承载力基本满足正常使用要求，个别结构构件处于危险状态，但不影响主体结构，基本满足正常使用要求。

3）C级：部分承重结构承载力不能满足正常使用要求，局部出现险情，构成局部危房。

4）D级：承重结构承载力已不能满足正常使用要求，房屋整体出现险情，构成整幢危房。

4.4.1.2 鉴定流程

房屋危险性鉴定应依次按下列流程进行（见图4-11）：

（1）受理委托：根据委托人要求，确定房屋

图4-11 危房鉴定流程

危险性鉴定内容和范围。

（2）初始调查：收集调查和分析房屋原始资料，并进行现场勘查。

（3）检测调查：对房屋现状进行现场检测，必要时，采用仪器测试和结构验算。

（4）鉴定评级：对调查、勘查、检测、验算的数据资料全面分析，综合评定，确定其危险等级。

（5）处理建议：对被鉴定的房屋，应提出原则性的处理建议。

（6）出具报告：报告式样应符合相关规定。

4.4.2　构件危险性鉴定

构件危险性鉴定是三级综合鉴定的第一（最低）层次，上述已经介绍危险构件是指其承受能力、裂缝和变形不能满足正常使用要求的结构构件。构件危险性鉴定是建立在危险点的判别之上的，《危险房屋鉴定标准》（JGJ 125—1999）对各类构件分别列出了危险现象的标志，若构件出现其中一种现象（标志），便可将该构件评为危险构件。为便于判别，这些标志大多定量表示，也有部分标志是用语言描述的，这需要鉴定人员根据现场的观察与检测来做出判断。所以进行鉴定工作时一定要做好房屋的调查、勘查和检测工作。

上面已经提到房屋按照组成部分被划分成地基基础、上部承重结构和围护结构 3 个组成部分，在进行分级评判鉴定时，应将房屋的 3 个组成部分分别划分为若干构件。单个构件的划分应符合表 4 - 12 的规定。

表 4 - 12　房屋各组成部分单个构件划分原则

对　象		构　件　划　分
基　础	独立柱基	一根柱的单个基础
	条形基础	一个自然间一轴线单面长度
	板式基础	一个自然间的面积
墙　体		一个计算高度、一个自然间的一面
柱		一个计算高度、一根
梁、檩条、搁栅等		一个跨度、一根
板（预制板）		一个自然间面积（预制板以一块为一构件）
屋架、桁架等		一榀

以下分别介绍地基基础、上部承重结构和围护结构的构件危险性鉴定；对后两者根据结构材料性质不同，按混凝土结构、砌体结构、钢结构构件分别介绍。

4.4.2.1　地基基础

（1）地基基础危险性鉴定应包括地基和基础两部分。

（2）地基基础应重点检查基础与承重砖墙连接处的斜向阶梯形裂缝、水平裂缝、竖向裂缝状况，基础与框架柱根部连接处的水平裂缝状况，房屋的倾斜位移状况，地基滑坡、稳定、特殊土质变形和开裂等状况。

（3）当地基部分有下列现象之一时，应评定为危险状态：

1）地基沉降速度连续 2 个月大于 2mm/月，并且短期内无终止趋势；

2）地基产生不均匀沉降，其沉降量大于现行国家标准《建筑地基基础设计规范》

（GBJ 7—81）规定的允许值，上部墙体产生沉降裂缝宽度大于 10mm，且房屋局部倾斜率大于 1%；

3）地基不稳定产生滑移，水平位移量大于 10mm，并对上部结构有显著影响，且仍有继续滑动迹象。

（4）当房屋基础有下列现象之一时，应评定为危险点：

1）基础承载能力小于基础作用效应的 85%（$R/(\gamma_0 S) < 0.85$）；

2）基础老化、腐蚀、酥碎、折断，导致结构明显倾斜、位移、裂缝、扭曲等；

3）基础已有滑动，水平位移速度连续 2 个月大于 2mm/月，并在短期内无终止趋势。

4.4.2.2 砌体结构构件

（1）砌体结构构件的危险性鉴定应包括承载能力、构造与连接、裂缝和变形等内容。

（2）需对砌体结构构件进行承载力验算时，应测定砌块及砂浆强度等级，推定砌体强度，或直接检测砌体强度。实测砌体截面有效值，应扣除因各种因素造成的截面损失。

（3）砌体结构应重点检查砌体的构造连接部位，纵横墙交接处的斜向或竖向裂缝状况，砌体承重墙体变形和裂缝状况以及拱脚裂缝和位移状况。注意其裂缝宽度、长度、深度、走向、数量及其分布，并观测其发展状况。

（4）砌体结构构件有下列现象之一时，应评定为危险点：

1）受压构件承载力小于其作用效应的 85%（$R/(\gamma_0 S) < 0.85$）；

2）受压墙、柱沿受力方向产生缝宽大于 2mm、缝长超过层高 1/2 的竖向裂缝，或产生缝长超过层高 1/3 的多条竖向裂缝；

3）受压墙、柱表面风化、剥落，砂浆粉化，有效截面削弱达 1/4 以上；

4）支承梁或屋架端部的墙体或柱截面因局部受压产生多条竖向裂缝，或裂缝宽度已超过 1mm；

5）墙柱因偏心受压产生水平裂缝，缝宽大于 0.5mm；

6）墙、柱产生倾斜，其倾斜率大于 0.7%，或相邻墙体连接处断裂成通缝；

7）墙、柱刚度不足，出现挠曲鼓闪，且在挠曲部位出现水平或交叉裂缝；

8）砖过梁中部产生明显的竖向裂缝，或端部产生明显的斜裂缝，或支承过梁的墙体产生水平裂缝，或产生明显的弯曲、下沉变形；

9）砖筒拱、扁壳、波形筒拱、拱顶沿母线裂缝，或拱曲面明显变形，或拱脚明显位移，或拱体拉杆锈蚀严重，且拉杆体系失效；

10）石砌墙（或土墙）高厚比：单层大于 14，二层大于 12，且墙体自由长度大于 6cm，墙体的偏心距达墙厚的 1/6。

4.4.2.3 混凝土结构构件

（1）混凝土结构构件的危险性鉴定应包括承载能力、构造与连接、裂缝和变形等内容。

（2）需对混凝土结构构件进行承载力验算时，应对构件的混凝土强度、碳化和钢筋的力学性能、化学成分、锈蚀情况进行检测；实测混凝土构件截面有效值，应扣除因各种因素造成的截面损失。

（3）混凝土结构构件应重点检查柱、梁、板及屋架的受力裂缝和主筋锈蚀状况，柱的根部和顶部的水平裂缝，屋架倾斜以及支撑系统稳定等。

（4）混凝土构件有下列现象之一时，应评定为危险点：

1）构件承载力小于作用效应的85%（$R/(\gamma_0 S) < 0.85$）；

2）梁、板产生超过$L_0/150$的挠度，且受拉区的裂缝宽度大于1mm；

3）简支梁、连续梁跨中部受拉区产生竖向裂缝，其一侧向上延伸达梁高的2/3以上，且缝宽大于0.5mm，或在支座附近出现剪切斜裂缝，缝宽大于0.4mm；

4）梁、板受力主筋处产生横向水平裂缝和斜裂缝，缝宽大于1mm，板产生宽度大于0.4mm的受压裂缝；

5）梁、板因主筋锈蚀，产生沿主筋方向的裂缝，缝宽大于1mm，或构件混凝土严重缺损，或混凝土保护层严重脱落、露筋；

6）现浇板面周边产生裂缝，或板底产生交叉裂缝；

7）预应力梁、板产生竖向通长裂缝；或端部混凝土松散露筋，其长度达主筋直径的100倍以上；

8）受压柱产生竖向裂缝，保护层剥落，主筋外露锈蚀；或一侧产生水平裂缝，缝宽大于1mm，另一侧混凝土被压碎，主筋外露锈蚀；

9）墙中间部位产生交叉裂缝，缝宽大于0.4mm；

10）柱、墙产生倾斜、位移，其倾斜率超过高度的1%，其侧向位移量大于$h/500$；

11）柱、墙混凝土酥裂、碳化、起鼓，其破坏面大于全截面的1/3，且主筋外露、锈蚀严重，截面减小；

12）柱、墙侧向变形，其极限值大于$h/1250$，或大于30mm；

13）屋架产生大于$L_0/200$的挠度，且下弦产生横断裂缝，缝宽大于1mm；

14）屋架支撑系统失效导致倾斜，其倾斜率大于屋架高度的2%；

15）压弯构件保护层剥落，主筋多处外露锈蚀；端节点连接松动，且伴有明显的变形裂缝；

16）梁、板有效搁置长度小于规定值的70%。

4.4.2.4　钢结构构件

（1）钢结构构件的危险性鉴定应包括承载能力、构造和连接、变形等内容。

（2）当需进行钢结构构件承载力验算时，应对材料的力学性能、化学成分、锈蚀情况进行检测。实测钢构件截面有效值，应扣除因各种因素造成的截面损失。

（3）钢结构构件应重点检查各连接节点的焊缝、螺栓、铆钉等情况；应注意钢柱与梁的连接形式、支撑杆件、柱脚与基础连接损坏情况，钢屋架杆件弯曲、截面扭曲、节点板弯折状况和钢屋架挠度、侧向倾斜等偏差状况。

（4）钢结构构件有下列现象之一时，应评定为危险点：

1）构件承载力小于其作用效应的90%（$R/(\gamma_0 S) < 0.9$）；

2）构件或连接件有裂缝或锐角切口；焊缝、螺栓或铆接有拉开、变形、滑移、松动、剪坏等严重损坏；

3）连接方式不当，构造有严重缺陷；

4）受拉构件因锈蚀，截面减少大于原截面的10%；

5）梁、板等构件挠度大于$L_0/250$，或大于450mm；

6）实腹梁侧弯矢高大于$L_0/600$，且有发展迹象；

7）受压构件的长细比大于现行国家标准《钢结构设计规范》（GB 50017—2003）中规定值的 1.2 倍；

8）钢柱顶位移，平面内大于 $h/150$，平面外大于 $h/500$，或大于 40mm；

9）屋架产生大于 $L_0/250$ 或大于 40mm 的挠度；屋架支撑系统松动失稳，导致屋架倾斜，倾斜量超过 $h/150$。

4.4.3 结构危险性鉴定

房屋危险性鉴定应根据被鉴定房屋的构造特点和承重体系的种类，按其危险程度和影响范围，按照本节相关内容进行鉴定。危房以幢为鉴定单位，按建筑面积进行计算。综合评定时要根据本节要求划分的房屋组成部分，确定构件的总量，并分别确定其危险构件的数量

进行房屋的综合评定时，首先要计算房屋危险构件的百分数，其次进行房屋组成部分的等级评定，最后进行房屋的综合等级评定，得出结论。具体评定方法和流程如下。

4.4.3.1 危险构件百分数计算

在这里首先进行构件的危险性鉴定，也就是通过构件的危险性鉴定，将所有构件分成危险构件和非危险构件两类，并分别确定其危险构件的数量和百分数 p。

（1）地基基础中危险构件百分数按下式计算：

$$p_{fdm} = (n_d/n) \times 100\%$$

式中　P_{fdm}——地基基础中危险构件（危险点）百分数；

　　　　n_d——危险构件数；

　　　　n——构件数。

（2）承重结构中危险构件百分数按下式计算：

$$p_{sdm} = [2.4n_{dc} + 2.4n_{dw} + 1.9(n_{dmb} + n_{drt}) + 1.4n_{dsb} + n_{ds}]/[2.4n_c + 2.4n_w +$$
$$1.0(n_{mb} + n_{rt}) + 1.4n_{sb} + n_s] \times 100\%$$

式中　p_{sdm}——承重结构中危险构件（危险点）百分数；

　　　　n_{dc}——危险柱数；

　　　　n_{dw}——危险墙段数；

　　　　n_{dmb}——危险主梁数；

　　　　n_{drt}——危险屋架榀数；

　　　　n_{dsb}——危险次梁数；

　　　　n_{ds}——危险板数；

　　　　n_c——柱数；

　　　　n_w——墙段数；

　　　　n_{mb}——主梁数；

　　　　n_{rt}——屋架榀数；

　　　　n_{sb}——次梁数；

　　　　n_s——板数。

（3）围护结构中危险构件百分数按下式计算：

$$p_{esdm} = (n_d/n) \times 100\%$$

式中　p_{esdm}——维护结构中危险构件（危险点）百分数；

　　　n_d——危险构件数；

　　　n——构件数。

4.4.3.2　房屋组成部分的评定等级

在进行危险构件百分数计算以后，进行房屋组成部分的等级评定，根据相应构件危险点所占比重将房屋组成部分划分为 a、b、c、d 四个等级。在此只需要将房屋各组成部分的危险构件百分数 p 带入以下各式中，即可得地基基础、上部承重结构和维护结构对 a、b、c、d 等级的隶属度。

（1）房屋组成部分 a 级的隶属函数按下式计算：

$$\mu_a = 1 \quad (p = 0\%)$$

式中　μ_a——房屋组成部分 a 级的隶属度；

　　　p——危险构件（危险点）百分数。

（2）房屋组成部分 b 级的隶属函数应按下式计算：

$$\mu_b \begin{cases} 1 & (p \leqslant 5\%) \\ (30\% - p)/25\% & (5\% < p < 30\%) \\ 0 & (p \geqslant 30\%) \end{cases}$$

式中　μ_b——房屋组成部分 b 级的隶属度；

　　　p——危险构件（危险点）百分数。

（3）房屋组成部分 c 级的隶属函数按下式计算：

$$\mu_c \begin{cases} 0 & (p \leqslant 5\%) \\ (p - 5\%)/25\% & (5\% < p < 30\%) \\ (100\% - p)/70\% & (30 \leqslant p \leqslant 100\%) \end{cases}$$

式中　μ_c——房屋组成部分 c 级的隶属度；

　　　p——危险构件（危险点）百分数。

（4）房屋组成部分 d 级的隶属函数按下式计算：

$$\mu_d \begin{cases} 0 & (p \leqslant 30\%) \\ (p - 30\%)/70\% & (30\% < p < 100\%) \\ 1 & (p = 100\%) \end{cases}$$

式中　μ_d——房屋组成部分 d 级的隶属度；

　　　p——危险构件（危险点）百分数。

4.4.3.3　房屋的综合评定

进行完房屋组成部分的等级评定以后，进行房屋的综合评定，步骤如下。

（1）房屋 A 级的隶属函数按下式计算：

$$\mu_A = \max\left[\min(0.3, \mu_{af}), \min(0.6, \mu_{as}), \min(0.1, \mu_{aes})\right]$$

式中　μ_A——房屋组成部分 a 级的隶属度；

　　　μ_{af}——地基基础 a 级的隶属度；

　　　μ_{as}——上部承重结构 a 级的隶属度；

　　　μ_{aes}——维护结构 a 级的隶属度。

（2）房屋 B 级的隶属函数按下式计算：

$$\mu_B = \max\left[\min(0.3, \mu_{bf}), \min(0.6, \mu_{bs}), \min(0.1, \mu_{bes})\right]$$

式中　μ_B——房屋组成部分 b 级的隶属度；

μ_{bf}——地基基础 b 级的隶属度；

μ_{bs}——上部承重结构 b 级的隶属度；

μ_{bes}——维护结构 b 级的隶属度。

（3）房屋 C 级的隶属函数按下式计算：

$$\mu_C = \max\left[\min(0.3, \mu_{cf}), \min(0.6, \mu_{cs}), \min(0.1, \mu_{ces})\right]$$

式中　μ_C——房屋组成部分 c 级的隶属度；

μ_{cf}——地基基础 c 级的隶属度；

μ_{cs}——上部承重结构 c 级的隶属度；

μ_{ces}——维护结构 c 级的隶属度。

（4）房屋 D 级的隶属函数应按下式计算：

$$\mu_D = \max\left[\min(0.3, \mu_{df}), \min(0.6, \mu_{ds}), \min(0.1, \mu_{des})\right]$$

式中　μ_D——房屋组成部分 d 级的隶属度；

μ_{df}——地基基础 d 级的隶属度；

μ_{ds}——上部承重结构 d 级的隶属度；

μ_{des}——维护结构 d 级的隶属度。

（5）最后，根据以上计算结果进行房屋综合等级评定，即当隶属度为下列值时：

1）$\mu_{df} = 1$，则为 D 级（整幢危房）。

2）$\mu_{ds} = 1$，则为 D 级（整幢危房）。

3）$\max(\mu_A, \mu_B, \mu_C, \mu_D) = \mu_A$，则综合判断结果为 A 级（非危房）。

4）$\max(\mu_A, \mu_B, \mu_C, \mu_D) = \mu_B$，则综合判断结果为 B 级（危险点房）。

5）$\max(\mu_A, \mu_B, \mu_C, \mu_D) = \mu_C$，则综合判断结果为 C 级（局部危房）。

6）$\max(\mu_A, \mu_B, \mu_C, \mu_D) = \mu_D$，则综合判断结果为 D 级（整幢危房）。

4.5　公路桥梁技术状况评定

4.5.1　桥梁技术状况评定原理

依据《公路桥梁技术状况评定标准》（JTG/T H21—2011），桥梁技术状况评定包括桥梁构件、部件、桥面系、上部结构、下部结构和全桥评定。公路桥梁技术状况评定采用分层综合评定与 5 类桥梁单项控制指标相结合的方法，先对桥梁各构件进行评定，然后评定桥梁各部件，再对桥面系、上部结构和下部结构分别进行评定，最后进行桥梁总体技术状况的评定。评定指标如图 4 - 12 所示。

公路桥梁检查与评定工作流程如图 4 - 13 所示。

4.5.2　桥梁构件技术状况评定

桥梁构件是组成桥梁的最小单元，也是桥梁技术状况评定的最基础评定资料，桥梁单

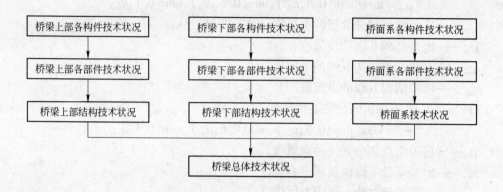

图 4-12 桥梁技术状况评定指标

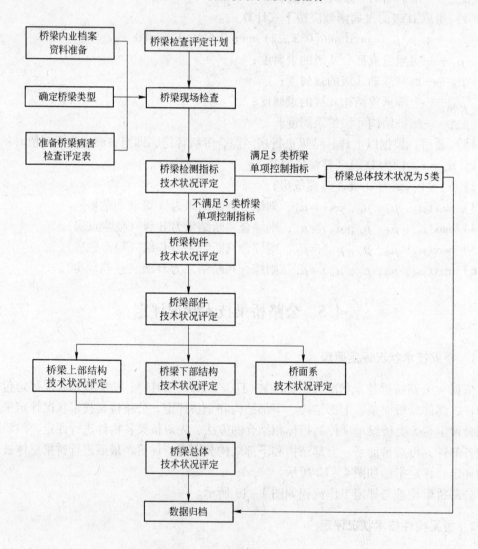

图 4-13 桥梁技术状况评定工作流程

个构件评分按下式计算:

$$PMCI_l(BMCI_l \text{ 或 } DMCI_l) = 100 - \sum_{x=1}^{k} U_x$$

当 $x = 1$ 时 $\qquad\qquad U_1 = DP_{il}$

当 $x \geqslant 2$ 时 $\qquad U_x = \dfrac{DP_{ij}}{100 \times \sqrt{x}} \times \left(100 - \sum_{y=1}^{x-1} U_y\right)$ (其中 $j = x$)

当 $DP_{il} = 100$ 时 $\qquad PMCI_l(BMCI_l \text{ 或 } DMCI_l) = 0$

式中 $PMCI_l$——上部结构第 i 类部件 l 构件的得分;

$\qquad BMCI_l$——下部结构第 i 类部件 l 构件的得分;

$\qquad DMCI_l$——桥面系第 i 类部件 l 构件的得分;

$\qquad k$——第 i 类部件 l 的得分出现扣分的指标种类数;

$\quad U, x, y$——引入的变量;

$\qquad i$——部件类别;

$\qquad j$——第 i 类部件 l 的第 j 类检测指标;

$\qquad DP_{ij}$——第 i 类部件 l 的第 j 类检测指标的扣分值。

4.5.3 桥梁部件技术状况评定

桥梁构件状况评分后按下式计算部件技术状况评分:

$$PCCI_i = \overline{PMCI} - (100 - PMCI_{\min})/t$$
$$BCCI_i = \overline{BMCI} - (100 - BMCI_{\min})/t$$
$$DCCI_i = \overline{DMCI} - (100 - DMCI_{\min})/t$$

式中 $PCCI_i$——上部构件第 i 类部件得分;

$\qquad BCCI_i$——下部构件第 i 类部件得分;

$\qquad DCCI_i$——桥面系第 i 类部件得分;

$\qquad \overline{PMCI}$——上部构件第 i 类部件各构件得分均值;

$\qquad \overline{BMCI}$——下部构件第 i 类部件各构件得分均值;

$\qquad \overline{DMCI}$——桥面系第 i 类部件各构件得分均值;

$\quad PMCI_{\min}$——上部构件第 i 类部件分值最低的构件得分值;

$\quad BMCI_{\min}$——下部构件第 i 类部件分值最低的构件得分值;

$\quad DMCI_{\min}$——桥面系第 i 类部件分值最低的构件得分值;

$\qquad t$——系数,随构件数量而变动。

4.5.4 桥梁上部结构、下部结构、桥面系技术状况评定

计算桥梁部件技术状况得分后,桥梁上部结构、下部结构、桥面系技术状况评定按下式计算:

$$SPCI(SBCI \text{ 或 } BDCI) = \sum_{i=1}^{m} PCCI_i(BCCI_i \text{ 或 } DCCI_i) \times W_i$$

式中 $SPCI$——桥梁上部结构技术状况评分;

$\qquad SBCI$——桥梁下部构件技术状况评分;

$\qquad BDCI$——桥面系技术状况评分;

m——上部结构（下部结构、桥面系）的部件种类数；

W_i——第 i 类部件权重值。

4.5.5　桥梁总体技术状况评定

桥梁总体技术状况评定在桥梁上部结构、下部结构、桥面系评分完成后按下式计算：

$$D_r = BDCI \times W_D + SPCI \times W_{SP} + SBCI \times W_{SB}$$

式中　D_r——桥梁总体状况评分；

W_D——桥面系在全桥中的权重；

W_{SP}——上部结构在全桥中的权重；

W_{SB}——下部结构全桥中的权重。

桥梁技术状况分类界限按表 4-13 执行。

表 4-13　桥梁技术状况分类界限

技术状况评分	技术状况等级 D_j				
	1 类	2 类	3 类	4 类	5 类
D_r（$SPCI$、$SBCI$、$BDCI$）	[95，100]	[80，95)	[60，80)	[40，60)	[0，40)

桥梁总体评定中符合单项评定指标情况时，依据《公路桥梁技术状况评定标准》（JTG/T H21—2011）中相关单项评定方法确定桥梁类别。

当上部结构和下部结构技术状况等级为 3 类、桥面系技术状况等级为 4 类、且桥梁总体技术状况评分为 $40 \leqslant D_r < 60$ 时，桥梁总体技术状况等级应被评为 3 类。

桥梁总体技术状况等级评定时，当主要部件评分达到 4 类或 5 类且影响桥梁安全时，可按桥梁主要部件最差的缺陷状况评定。

例如，某桥梁技术状况评定情况见表 4-14。

表 4-14　桥梁技术状况评定表

部位	类别	评价部件	权重	重新分配后权重	桥梁部件技术状况评分	桥梁上部、下部、桥面系技术状况评分	桥梁结构组成权重	桥梁总体技术状况评分
上部结构	1	上部承重结构	0.70	0.700	100.00	100.00	0.4	99.74
	2	上部一般构件	0.18	0.180	100.00			
	3	支座	0.12	0.120	100.00			
下部结构	4	翼墙、耳墙	0.02	0.020	100.00	99.35	0.4	
	5	锥坡、护坡	0.01	0.010	84.87			
	6	桥墩	0.30	0.300	100.00			
	7	桥台	0.30	0.300	100.00			
	8	墩台基础	0.28	0.280	100.00			
	9	河床	0.07	0.070	100.00			
	10	调治构造物	0.02	0.020	75.00			
桥面系	11	桥面铺装	0.40	0.000	100.00	100.00	0.2	
	12	伸缩缝装置	0.294	0.000	100.00			

部位	类别	评价部件	权重	重新分配后权重	桥梁部件技术状况评分	桥梁上部、下部、桥面系技术状况评分	桥梁结构组成权重	桥梁总体技术状况评分
桥面系	13	人行道	0.000	0.000	100.00	100.00	0.2	99.74
	14	栏杆、护栏	0.118	0.500	100.00			
	15	排水系统	0.118	0.500	100.00			
	16	照明、标志	0.000	0.000	100.00			

经评分计算，该桥上部结构分值为 100.00，技术状况为 1 类；下部结构分值为 99.35，技术状况为 1 类；桥面系分值为 100.00，技术状况为 1 类；总体分值为 99.74，因此，该桥桥梁总体技术状况评定等级为 1 类。

4.6 隧道技术状况评定

按照《公路隧道养护技术规范》（JTG H12—2003）对隧道进行定期检查，以每座隧道单洞作为一个评价单元，对土建结构的 7 个部件进行单项评定，在此基础上再对单洞土建结构总体进行评价（7 个部件未涉及吊顶，吊顶及其他检查项目，如隧道环境的检查判定，根据具体要求进行附加说明）。

依据《公路隧道养护技术规范》（JTG H12—2003）中的规定，对于隧道的各部件按照 S、B、A 三个级别进行判定。其中：S—Safe，安全/正常；B—Back，返回、需进一步检查或观测/异常情况不明；A—Alert，警报/异常情况。

4.6.1 隧道各部件单项评定标准

根据隧道的实际情况进行定期检查评定，检查的判定标准按表 4 – 15 执行。

表 4 – 15 隧道定期检查判定表

项目名称	判 定		
	S	B	A
洞 口	完好、正常	存在滑坡、崩塌的初步迹象，尚不危及交通	山体开裂、滑动、岩体开裂、失稳、已危及交通
	完好、正常	存在此类异常情况，尚不妨碍交通	挡土墙、护坡等产生开裂、变形、位移等，可能对交通构成威胁
洞 门	完好、正常	墙身存在轻微开裂，尚不妨碍交通	由于开裂，衬砌存在剥落的可能，对交通构成威胁
	完好、正常	存在起层、剥落，不妨碍交通	在隧道顶部发现起层、剥落，有可能妨碍交通
	完好、正常	墙身存在轻微的倾斜或下沉等，尚不妨碍交通	通过肉眼观察，即可发现墙身有明显的倾斜、下沉等，或洞门与洞身连接处有明显的环向裂缝，有外倾的趋势，对交通构成了威胁

项目名称	判　定		
	S	B	A
洞　门	完好、正常	存在轻微的外露现象，尚不妨碍交通	混凝土保护层剥落，钢筋外露，受到锈蚀，对交通安全构成威胁
衬　砌	完好、正常	在拱顶或拱腰部位，存在裂缝且数量较多，尚不妨碍交通	衬砌开裂严重，混凝土被分割形成块状，存在掉落的可能，对交通构成威胁
	完好、正常	存在起层，并有压碎现象，尚不妨碍交通	衬砌严重起层、剥落，对交通构成威胁
	完好、正常	存在这类异常现象，尚不妨碍交通	接缝开口、错位、错台等引起止水板或施工缝砂浆掉落，发展下去可能妨碍交通
	完好、正常	存在漏水，未妨碍交通，但影响隧道内设备的安全	衬砌大规模漏水、结冰，已妨碍交通
路　面	完好、正常	存在此类异常情况，尚不妨碍交通	路面出现严重的拱起、沉陷、错台、裂缝、溜滑，以及漫水、结冰或堆冰等，已妨碍交通
检修道	完好、正常	道路局部破损，栏杆有锈蚀，尚未妨碍交通	道板毁坏，碎物散落，栏杆破损变形，可能侵入限界，已妨碍交通
排水系统	完好、正常	存在沉沙、积水，尚不妨碍交通	由于结构破损或泥沙阻塞等原因，积水井、排水管（沟）等淤积、滞水，已妨碍交通
内　装	完好、正常	存在此类异常情况，尚不妨碍交通	存在严重的污染、变形、破损，已妨碍交通
吊　顶	完好、正常	存在此类异常情况，尚不妨碍交通	存在严重的变形、破损、漏水，已妨碍交通
隧道环境	《隧道养护规范》第3.3.4条		
	《隧道养护规范》第3.4.8条第1款		
	《隧道养护规范》第3.4.8条第2款		

4.6.2　隧道单洞结构总体评价

按照《公路隧道养护技术规范》（JTG H12—2003），隧道定期检查土建结构总体评价按照表 4 - 16 进行评定。

表 4 - 16　隧道定期检查土建结构总体评价判定表

判定分类	检　查　结　论
S	情况正常（无任何异常，或虽有异常但很轻微）
B	存在异常情况，但不明确，应作进一步检查或观测以确定对策
A	异常情况显著，危及行人、行车安全，应采取处治措施或特别对策

4.7　鉴定报告的完成

对需要鉴定处理的建（构）筑物，根据现行规范，经调查检测、分析验算、可靠性鉴定和抗震鉴定评级后（针对特定房屋只需进行危房鉴定），最终得出鉴定报告。提出的鉴定报告中，应包括以下内容：

（1）工程概况。该部分内容有：

1）建（构）筑物的地理位置，相关单位（建设单位、设计单位、施工单位等），开工、竣工日期；

2）建（构）筑物建筑面积，结构组成、功能及设计要求等；

3）委托单位及要求。

（2）鉴定的目的、内容、范围及依据。针对要检测鉴定的建（构）筑物，确定鉴定的目的，鉴定过程中需要完成的工作、内容要求与可操作范围，以及鉴定过程中需要用到的相关文件、规程、规范、委托书等。

（3）调查、检测、分析的结果。该部分包括检测、鉴定的具体方法，检测的数量与分布情况，投入的检验设备和人员，现场检测安全及环保措施，检测数据的初步分析等。

（4）评定等级或评定结果。依据得到的检测数据，根据规范、规程对建（构）筑物进行等级评定并最终得出评级结果。

（5）结论与建议。根据数据分析与评级结果，说明建（构）筑物目前结构功能的状况，并提出相应的处理建议。

（6）附件。

5 土木工程安全检测与鉴定案例

5.1 某砖混楼可靠性检测鉴定

项目外景如图 5-1 所示。

5.1.1 项目概况

某砖混楼建成于 2001 年，建筑面积 6770.33m²，为 7 层砖混结构。

（1）检查项目：可靠性鉴定。

（2）检查方法或依据标准：《民用建筑可靠性鉴定标准》（GB 50292—1999）。

（3）使用仪器：

1）ZC4 型砖回弹仪。

2）DJD2-C 型电子经纬仪。

3）SJY800B 型贯入式砂浆强度检测仪。

图 5-1 项目外景图

5.1.2 鉴定目的、范围及内容

（1）鉴定目的。根据《中华人民共和国防震减灾法》、《建筑法》、《建设工程质量管理条例》等法律法规以及当前的地震形势，为保障人员及财产安全，满足住宅楼使用的安全性、抗震性要求，现对某砖混进行检测鉴定，对房屋使用现有状态下的安全性、可靠性进行全面评价。并给出处理意见及处理方案，以便采取相应措施进行加固或改造处理，确保房屋结构的安全正常使用。

（2）鉴定范围：该砖混楼。

（3）鉴定工作内容：

1）资料搜集和建筑现状调查。

2）外观和内在质量检查、检测：砌体外观质量及强度检测，混凝土梁、柱外观质量检查，屋盖现状调查。

3）荷载作用及使用条件的确定：荷载调查确定，包括结构自重、活荷载、雪荷载、风荷载等。

4）使用调查：包括结构防水、保护状况、维护检修情况等。

5）围护结构调查。

6）结构分析。

评价结构偏差、缺陷及损伤的容许性。在选择结构计算简图时，考虑结构的偏差，缺陷及损伤、荷载作用点及作用方向，构件的实际刚度及其在节点的固定程度，以及在结构检查时所查明的结构承载力。

对结构进行动静力分析，根据现场检查、检测情况确定构件的实际强度以及实际有效截面，确定结构构件在不同荷载组合下的内力状态，验算、复核结构构件的配筋情况及承载力。检查结构强度、刚度是否满足现行国家标准规范要求，为结构的鉴定和加固提供可靠的科学依据。

5.1.3 鉴定依据及评定标准

5.1.3.1 鉴定依据

（1）鉴定：

《民用建筑可靠性鉴定标准》（GB 50292—1999）；

《建筑抗震鉴定标准》（GB 50023—2009）；

《建筑结构可靠度设计统一标准》（GB 50068—2001）。

（2）检测：

《回弹法检测混凝土抗压强度技术规程》（JGJ/T 23—2011）；

《建筑工程施工质量验收统一标准》（GB 50300—2001）；

《砌体工程施工质量验收规范》（GB 50203—2011）；

《砌体工程现场检测技术标准》（GB/T 50315—2011）；

《混凝土结构工程施工质量验收规范》（GB 50204—2002）（2011版）；

《建筑结构检测技术标准》（GB/T 50344—2004）；

《贯入法检测砌筑砂浆抗压强度技术规程》（JGJ/T 136—2001）。

（3）荷载及结构验算：

《建筑结构荷载规范》（GB 50009—2012）；

《建筑抗震设计规范》（GB 50011—2010）；

《混凝土结构设计规范》（GB 50010—2010）；

《砌体结构设计规范》（GB 50003—2011）；

《建筑地基基础设计规范》（GB 50007—2011）。

（4）现场检测结果及原设计图纸。

5.1.3.2 可靠性评定标准

依据《民用建筑可靠性鉴定标准》（GB 50292—1999），在进行安全性和正常使用性的鉴定评级时，按构件、子单元、鉴定单元各分3个层次，每一层次分为4个安全性等级和3个使用性等级，可靠性鉴定的分级标准见表5-1。

表5-1 可靠性鉴定的分级标准

层次	鉴定对象	等级	分级标准	处理要求
一	单个构件	a	可靠性符合鉴定标准对a级的要求，具有正常的承载功能和使用功能	不必采取措施
		b	可靠性略低于鉴定标准对a级的要求，尚不显著影响承载功能和使用功能	可不采取措施

层次	鉴定对象	等级	分 级 标 准	处 理 要 求
一	单个构件	c	可靠性不符合鉴定标准对 a 级的要求，显著影响承载功能和使用功能	应采取措施
		d	可靠性极不符合鉴定标准对 a 级的要求，已严重影响安全	必须及时或立即采取措施
二	子单元中的每种构件	A	可靠性符合鉴定标准对 A 级的要求，不影响整体的承载功能和使用功能	可不采取措施
		B	可靠性略低于鉴定标准对 A 级的要求，但尚不显著影响整体的承载功能和使用功能	可能有个别或极少数构件应采取措施
		C	可靠性不符合鉴定标准对 A 级的要求，显著影响整体承载功能和使用功能	应采取措施，且可能有个别构件必须立即采取措施
		D	可靠性极不符合鉴定标准对 A 级的要求，已严重影响安全	必须立即采取措施
	子单元	A	可靠性符合鉴定标准对 A 级的要求，不影响整体的承载功能和使用功能	可能有极少数一般构件应采取措施
		B	可靠性略低于鉴定标准对 A 级的要求，但尚不显著影响整体的承载功能和使用功能	可能有极少数构件应采取措施
		C	可靠性不符合鉴定标准对 A 级的要求，显著影响整体承载功能和使用功能	应采取措施，且可能有极少数构件必须立即采取措施
		D	可靠性极不符合鉴定标准对 A 级的要求，已严重影响安全	必须立即采取措施
三	鉴定单元	I	可靠性符合鉴定标准对 I 级的要求，不影响整体的承载功能和使用功能	可能有少数一般构件应在使用性或安全性方面采取措施
		II	可靠性略低于鉴定标准对 I 级的要求，但尚不显著影响整体的承载功能和使用功能	可能有极少数构件应在安全性或使用性方面采取措施
		III	可靠性不符合鉴定标准对 I 级的要求，显著影响整体承载功能和使用功能	应采取措施，且可能有极少数构件必须立即采取措施
		VI	可靠性极不符合鉴定标准对 I 级的要求，已严重影响安全	必须立即采取措施

各级评级指标详见《民用建筑可靠性鉴定标准》（GB 50292—1999）有关条款。

5.1.4　现场检查结果

（1）原始资料调查。原始资料调查包括：原设计图纸、地勘报告以及竣工资料等。调查结果：该建筑有设计图纸留存。

（2）地基基础检查。该建筑采用混凝土条形基础，基础混凝土强度等级为 C20。

经现场检查建筑物上部无明显倾斜。建筑东南角地面破裂，阳台墙与建筑外墙连接处存在局部开裂，如图 5 - 2 所示。

（3）上部承重结构检查。房屋外纵墙为370mm厚，其他承重墙均为240mm厚。

经现场检查发现，建筑外饰面完好，内墙抹灰无脱落、起鼓现象，墙体结构完好。

二单元顶层墙体存在个别斜裂缝，根据裂缝分布及走向，判定为温度裂缝（见图5－3）。缝宽较小，对结构安全无影响。

图5－2　建筑东南角墙体现状

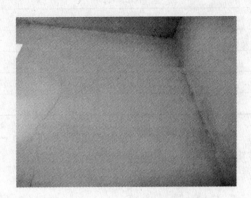
图5－3　墙体温度缝

（4）构造柱圈梁检查。该楼采用现浇楼板，横、纵墙交接处均设有构造柱。构造柱现状良好，无结构缺陷。

（5）楼、屋盖检查。房屋楼、屋盖为现浇板。从现场检查情况看，楼、屋面板现状良好，无危害性裂缝。

（6）围护系统检查。对建筑围护结构现场检查结果汇总如下：

1）屋面防水：屋面防水系统良好，无渗漏情况。

2）非承重内墙：与主体结构连接可靠，墙体无裂缝。

3）门窗：住户门窗外观完好，密封性符合设计要求，门窗开闭、推动正常；楼梯间窗普遍推拉困难，个别窗扇缺失。

4）地下防水：完好，满足正常使用要求。

5.1.5　现场检测结果

（1）砌体砖强度检测。砌体砖强度采用回弹法检测，结果见表5－2。

表5－2　回弹法检测砌体砖强度结果

楼　层	变异系数	平均值/MPa	最小值/MPa	推定强度等级
一单元1层	0.15	14.1	12.77	MU10
一单元2层	0.14	14.0	12.94	MU10
一单元3层	0.13	14.3	13.23	MU10
一单元4层	0.13	14.2	13.59	MU10
⋮	⋮	⋮	⋮	⋮

依据现场检测结果，实体砖回弹结果达到MU10的回弹值评定标准要求，符合原设计要求。

（2）砌体砂浆强度检测。砌体砂浆强度采用贯入法检测，结果见表5－3。

表 5 – 3　贯入法检测砌体砂浆强度结果

楼　　　层	推定强度/MPa
一单元 1 层	11.1
一单元 2 层	10.4
一单元 3 层	11.1
一单元 4 层	11.1
一单元 5 层	10.4
一单元 6 层	7.8
⋮	⋮

该建筑 1~5 层采用 M10 混合砂浆，6~7 层采用 M7.5 混合砂浆。从检测结果可知，该房屋砌体砂浆实测强度满足设计要求。

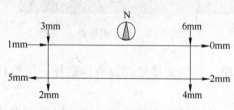

图 5 – 4　建筑垂直度测量结果

（3）建筑垂直度检测。现场用经纬仪对楼房阳角进行了垂直度测量，测量结果如图 5 – 4 所示。

现场对建筑物阳角进行了垂直度测量，最大偏差测量值为 6mm，根据《砌体工程施工质量验收规范》（GB 50203—2011）的相关规定，当建筑物全高超过 10m 时，允许偏差为 20mm。

该房屋全高 19.6m，可知建筑物垂直度满足规范要求，建筑物未发生影响安全和正常使用的倾斜变形。

5.1.6　结构验算结果

5.1.6.1　结构计算说明

该建筑物为砖混结构，共 7 层，按建筑抗震设防分类为丙类建筑；按结构重要性分类为安全等级二级。本建筑抗震设防烈度为 8 度抗震，场地类别为 Ⅲ 类。

根据现场检测结果，材料强度和几何尺寸均按照设计值取用。使用中国建筑科学研究院开发的建筑结构计算软件 PKPM 建立空间计算模型进行分析计算。

5.1.6.2　计算荷载

（1）荷载种类：

1）恒载：包括结构构件自重、楼面做法自重、屋面做法自重、吊顶等；

2）活荷载：包括楼面活荷载和屋面活荷载等；

3）地震作用：抗震设防烈度为 8 度，设计基本地震加速度值为 $0.20g$，设计地震分组为第一组，建筑场地类别为 Ⅲ 类。

（2）荷载取值：

1）风荷载：基本风压 $0.35kN/m^2$，地面粗糙度：C；

2）雪荷载：基本雪压 $0.25kN/m^2$；

3）楼面、屋面活荷载及装饰面层荷载：根据《建筑结构荷载规范》（GB 50009—2012）规定取值。

5.1.6.3 荷载效应组合

荷载基本组合公式为：

（1）由可变荷载效应控制的组合：

$$S = \gamma_G S_{Gk} + \gamma_{Q1} S_{Q1k} + \sum_{i=2}^{n} \gamma_{Qi} \psi_{Ci} S_{Qik}$$

式中　γ_G——永久荷载的分项系数；

　　　γ_{Qi}——第 i 个可变荷载的分项系数，其中 γ_{Q1} 为可变荷载 Q_1 的分项系数；

　　　S_{Gk}——按永久荷载标准值 G_k 计算的荷载效应值；

　　　S_{Qik}——按可变荷载标准值 Q_{ik} 计算的荷载效应值，其中 S_{Q1k} 为诸可变荷载效应中起控制作用者；

　　　ψ_{Ci}——可变荷载 Q_i 的组合值系数；

　　　n——参与组合的可变荷载数。

（2）由永久荷载效应控制的组合：

$$S = \gamma_G S_{Gk} + \sum_{i=1}^{n} \gamma_{Qi} \psi_{Ci} S_{Qik}$$

本次进行承载力验算时，分项系数分别取为 $\gamma_G = 1.2$，$\gamma_{Qi} = 1.4$。

考虑地震作用时，荷载效应的基本组合式为：

$$S = \gamma_G S_{GE} + \gamma_{Eh} S_{Ehk} + \gamma_{Ev} S_{Evk}$$

式中　γ_G——重力荷载分项系数；

　γ_{Eh}，γ_{Ev}——分别为水平和竖向地震作用分项系数；

　　　S_{GE}——重力荷载代表值的效应；

　　　S_{Ehk}——水平地震作用标准值的效应；

　　　S_{Evk}——竖向地震作用标准值的效应。

本次计算未考虑竖向地震的作用，分项系数分别取值为：$\gamma_G = 1.2$，$\gamma_{Eh} = 1.3$。

5.1.6.4 验算结果

（1）整体计算模型。本楼采用空间整体建模进行三维有限元计算分析，简化后的整体模型如图 5-5 所示。

（2）计算说明。上部承重结构经现场检查，墙体无截面损失，本次建模不考虑承载力折减。

（3）计算结果。上部承重结构安全

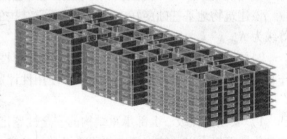

图 5-5　计算模型图

裕度计算结果 1~4 层部分墙体安全裕度在 0.9~1.0 之间。5~7 层墙体安全裕度均大于 1。

5.1.7　可靠性等级评定

依据《民用建筑可靠性鉴定标准》（GB 50292—1999），在本次鉴定计算分析、现场检查、检测结果的基础上，按照构件、子单元和鉴定单元 3 个层次，逐层对该建筑物进行可靠性评级，结果如下。

5.1.7.1　构件评级

（1）安全性评级：

1）砌体构件。砌体构件的安全性评级应按承载能力、构造以及不适于继续承载的位移和裂缝等4个检查项目，分别评定每一受检构件的等级，并取其中最低一级作为该构件安全性等级。

由计算结果可知，1~4层砌体个别墙段抗力与作用效应比在0.9~1.0之间。因此墙体安全性评定等级为c_u级。

2）混凝土构件。混凝土构件的安全性评级按承载能力、构造以及不适于继续承载的位移（变形）和裂缝等4个检查项目，分别评定每一受检构件的等级，并取其中最低一级作为该构件安全性等级。

根据混凝土梁、板、构造柱无开裂、钢筋外露及锈蚀情况，评定为a_u级。

（2）正常使用性评级：

1）砌体构件。砌体结构构件的正常使用性鉴定，应按位移、非受力裂缝和风化（或粉化）等3个检查项目，分别评定每一受检构件的等级，并取其中较低一级作为该构件使用性等级。

由检查结果可知：墙体无受力裂缝、风化，未出现影响继续承载的位移。正常使用性评定等级为a_s级。

2）混凝土构件。混凝土构件的正常使用性评级应按位移和裂缝2个检查项目，分别评定每一受检构件的等级，并取其中较低一级作为该构件使用性等级。

根据混凝土梁、板以及圈梁、构造柱等混凝土构件无开裂、钢筋外露及锈蚀情况，正常使用性评定等级为a_s。

5.1.7.2　子单元评级

（1）地基基础评级：

1）安全性评级。地基基础的安全性鉴定包括地基检查项目和基础构件。

该建筑物地基基础良好，满足上部承重结构的承载要求。地基基础子单元安全性评定等级为A_u。

2）正常使用性评级。地基基础的正常使用性可根据其上部承重结构或围护系统的工作状态进行评估。地基基础子单元正常使用性评定等级为A_s。

（2）上部承重结构评级：

1）安全性评级。上部承重结构的安全性鉴定评级应根据各种构件的安全性等级、结构整体性等级，以及结构侧向位移等级进行确定，评级结果见表5-4。

表5-4　上部承重结构安全性评级

构　　件		结构整体性	侧向位移	安全性评级
砌体构件	混凝土构件			
B_u	A_u	A_u	A_u	B_u

2）正常使用性评级。上部承重结构的正常使用性鉴定，应根据各种构件的使用性等级和结构的侧向位移等级进行评定，评级结果见表5-5。

表 5－5　上部承重结构正常使用性评级

构　件		侧向位移	正常使用性评级
砌体构件	混凝土构件		
A_s	A_s	A_s	A_s

（3）围护结构评级：

1）安全性评级。围护系统承重部分的安全性，应根据该系统专设的和参与该系统工作的各种构件的安全性等级，以及该部分结构整体性的安全性等级进行评定，评级结果见表 5－6。

表 5－6　围护系统结构安全性评级

屋　面	围护墙	结构间联系	结构布置及整体性	安全性等级评定
A_u	A_u	A_u	A_u	A_u

2）正常使用性评级。围护系统的正常使用性鉴定评级，应根据该系统的使用功能等级及其承重部分的使用性等级进行评定，评级结果见表 5－7。

表 5－7　围护系统正常使用性评级

屋面防水	吊　顶	非承重内墙	外　墙	门　窗	地下防水	其他防护	正常使用性评级
A_s	A_s	A_s	A_s	B_s	A_s	A_s	B_s

5.1.7.3　鉴定单元可靠性综合评级

某砖混楼可靠性综合评级结果见表 5－8。

表 5－8　某砖混楼可靠性综合评级结果

层　次			二	三
层　名			子单元评定	鉴定单元综合评定
安全性鉴定		等　级	A_u、B_u、C_u、D_u	A_{su}、B_{su}、C_{su}、D_{su}
		地基基础	A_u	
		上部承重结构	B_u	B_{su}
		围护系统	A_u	
使用性鉴定		等　级	A_s、B_s、C_s	A_{ss}、B_{ss}、C_{ss}、D_{ss}
		地基基础	A_s	
		上部承重结构	A_s	B_{ss}
		围护系统	B_s	
可靠性鉴定		等　级	A、B、C、D	Ⅰ、Ⅱ、Ⅲ、Ⅳ
		地基基础	A	
		上部承重结构	B	Ⅱ
		围护系统	B	

5.1.8　抗震鉴定

该建筑物为多层砖混结构，根据《建筑抗震鉴定标准》（GB 50023—2009）属 C 类建

150

筑，应按现行国家标准《建筑抗震设计规范》（GB 50011—2010）进行鉴定。

（1）第一级鉴定。该建筑按 8 度抗震设防标准进行抗震措施鉴定。

根据抗震鉴定标准，本房屋的抗震措施鉴定结果见表 5 - 9。

表 5 - 9　抗震措施鉴定结果

鉴定项目		鉴定标准要求	现场检查检测	鉴定意见
房屋的高度和层数		18m/6 层	19.6m/7 层	不满足
层　高		不宜超过 3.6m	2.8m	满足
结构体系	楼盖、屋盖形式和抗震横墙最大间距	现浇或装配整体式混凝土/11m 装配式混凝土/9m 木屋盖/4m	现浇式混凝土/4.7m	满足
抗震构造措施	构造柱布置	楼、电梯间四角，楼梯斜梯段上下端对应的墙体处； 外墙四角和对应转角； 错层部位横墙与外墙交接处； 大房间内外墙交接处； 较大洞口两侧； 内墙与外墙交接处； 内墙的局部较小墙垛处； 内纵墙与横墙交接处	所有纵、横墙交接处均设有构造柱； 结构无错层，较大洞口两侧均设构造柱	满足
	构造柱参数	8 度超过 5 层时，构造柱最小截面可采用 190mm×240mm，纵向钢筋宜采用 4φ14，箍筋间距不宜大于 200mm，且在柱上下端应适当加密； 房屋四角的构造柱应适当加大截面及配筋； 构造柱与墙连接处应砌成马牙槎，沿墙高每隔 500 设 2φ6 水平钢筋和 φ4 分布短筋平面内点焊组成的拉结网片或 φ4 点焊钢筋网片，每边伸入墙内不宜小于 1m； 构造柱与圈梁连接处，构造柱的纵筋应在圈梁纵筋内侧穿过，保证构造柱纵筋上下贯通； 构造柱可不单独设置基础，但应伸入室外地面下 500mm，或与埋深小于 500mm 的基础圈梁相连； 横墙内的构造柱间距不宜大于层高的 2 倍；下部 1/3 楼层的构造柱间距适当减小； 当外纵墙开间大于 3.9m 时，应另设加强措施。内纵墙的构造柱间距不宜大于 4.2m	构造柱最小截面 240mm×240mm，配筋 4φ14，箍筋 φ6@100/200； 构造柱与墙连接处砌成马牙槎，沿墙高设 2φ6@500 拉结筋，伸入墙内 1m，无网片； 外纵墙开间 3.9m，内纵墙构造柱间距 3m	满足
	局部尺寸限值	承重窗间墙最小宽度：1.2m； 承重外墙尽端至门窗洞边的最小距离：1.2m； 非承重外墙尽端至门窗洞边的最小距离：1m； 内墙阳角至门窗洞边的最小距离：1.5m； 无锚固女儿墙（非出入口处）的最大高度：0.5m	2.1m； 1.5m； 无非承重外墙； 无内墙阳角； 女儿墙有锚固	满足
其他项目		—	—	—

（2）第二级鉴定。由于该房屋原设计参数超过《建筑抗震设计规范》（GB 50011—2010）的限值，对其进行第二级鉴定。根据第5.1.6结构验算结果可知：

该楼1～4层墙体部分墙段安全裕度在0.95～1.0之间，个别墙段安全裕度在0.9～0.95之间。5～7层墙体安全裕度均大于1。上部承重结构（墙体）基本满足承载力要求。

5.1.9 结论

（1）可靠性评定。该砖混楼的可靠性评定等级为Ⅱ级，即其可靠性略低于《民用建筑可靠性鉴定标准》（GB 50292—1999）对Ⅰ级的要求，尚不显著影响整体承载功能和使用功能。

（2）抗震能力评定。该砖混楼抗震能力基本满足规范要求。

5.2 某钢混楼结构梁裂缝检测鉴定

项目局部内景如图5-6所示。

5.2.1 项目概况

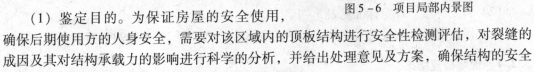

某钢混楼于2011年建成，为地下1层、地上5层全现浇钢筋混凝土结构。该楼建成后停置两年后启动使用。4楼以下已经装修后开始使用，5楼在进行加层施工时工人发现梁上出现较多较宽的裂缝。

5.2.2 鉴定的目的、范围及内容

图5-6 项目局部内景图

（1）鉴定目的。为保证房屋的安全使用，确保后期使用方的人身安全，需要对该区域内的顶板结构进行安全性检测评估，对裂缝的成因及其对结构承载力的影响进行科学的分析，并给出处理意见及方案，确保结构的安全正常使用。本次鉴定工作主要致力于解决以下问题：

1）对该楼现有状态下的安全性、可靠性、耐久性进行全面评价。

2）给出处理意见及处理方案，以便采取相应措施进行加固或改造处理，确保结构的安全正常使用。

3）结构裂缝出现的原因和分析。

（2）鉴定范围。检测鉴定范围为该钢混楼，建筑面积约5964.08m²。

（3）鉴定内容：

1）技术档案核实：核实内容主要包括设计图纸、变更洽商、竣工资料等。

2）结构现状检查：使用环境调查；使用历史调查；使用载荷调查；结构作用调查；结构损伤及裂缝检查。

3）结构检测：混凝土构件强度检测；混凝土碳化深度检测；钢筋位置、数量及保护层厚度检测；裂缝宽度检测。

4）结构分析：依据现场荷载调查结果，根据实际检测所得的构件几何尺寸、材料强度，按照现行国家有关标准、规范进行承载力验算，为结构的安全性和正常使用性评价提供依据。

5）鉴定结论及处理意见：按照《民用建筑可靠性鉴定标准》（GB 50292—1999）等国家有关规范要求，对鉴定范围内的结构可靠性及裂缝损伤情况综合鉴定评估，提出检测鉴定结论及处理意见。

5.2.3 鉴定依据及评定标准

（1）鉴定依据：

1）相关法律法规：

《中华人民共和国防震减灾法》（2009.5.1 实施）；

《建设工程质量管理条例》（2000.1.10 实施）；

《中华人民共和国安全生产法》（2002.11.1 实施）；

《中华人民共和国建筑法》（1998.3.1 实施）。

2）荷载及结构验算：

《建筑结构荷载规范》（GB 50009—2012）；

《建筑抗震设计规范》（GB 50011—2010）；

《混凝土结构设计规范》（GB 50010—2010）。

3）综合鉴定检测标准：

《民用建筑可靠性鉴定标准》（GB 50292—1999）；

《建筑结构可靠度设计统一标准》（GB 50068—2001）；

《混凝土结构工程施工质量验收规范》（GB 50204—2002，2011 年版）；

《建筑结构加固工程施工质量验收规范》（GB 50550—2010）（参考）。

4）现场检测结果及原设计图纸。

（2）评定标准。评定标准见表5-1。

各级评级指标详见《民用建筑可靠性鉴定标准》（GB 50292—1999）有关条款。

5.2.4 现场检查结果

（1）原始资料调查。原设计图纸：某商业楼部分设计图纸。

（2）裂缝调查。经过对现场裂缝的检查检测，主要结果如下：

1）裂缝走势较为单一，裂缝基本从梁底通到梁顶，并延伸至楼板；

2）裂缝分布从整体上来说，东西两边的裂缝比房屋中部分布较多；

3）少量裂缝为贯通裂缝，贯通后的板底裂缝最大宽度为0.4mm。

现场检查照片及主要裂缝示意图如图5-7～图5-9所示。

（3）现场检查结果小结。根据现场对该楼顶层梁的检查，其裂缝分布特点如下：

1）裂缝类型主要为竖向裂缝，沿梁跨较为均匀密集分布；

2）裂缝分布从整体上来说，A1轴、A7轴（端跨）裂缝数量比 A2 轴裂缝数量多；

3）部分裂缝为贯通裂缝；

4）裂缝最大宽度为0.57mm，间距为200～300mm。

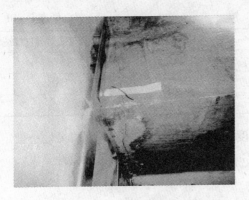 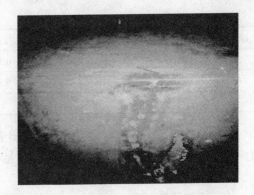

图 5-7 梁端部裂缝　　　　　　　图 5-8 跨中裂缝

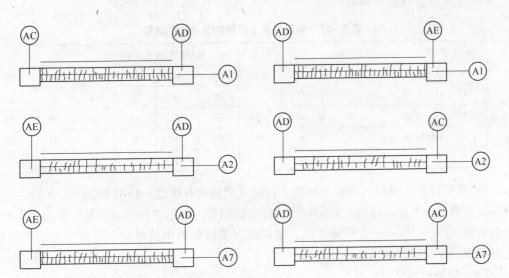

图 5-9 主要裂缝分布示意图

5.2.5 现场检测结果

（1）混凝土碳化检测：

1）混凝土碳化机理：略。

2）混凝土碳化深度的测定：略。

3）测试结果：由于混凝土浇筑时间较短，现场检测未发现楼板混凝土有碳化发生，可认为楼板混凝土碳化深度为零，对混凝土强度没有影响。

（2）混凝土强度检测：

1）回弹法检测混凝土强度机理：略。

2）检测结果：检测结果见表 5-10。

表 5-10　楼板混凝土强度检测结果（回弹法）

序号	构件类型	构件位置	碳化深度/mm	强度推定值/MPa	混凝土设计强度等级
1	梁	AE～AD/A6 梁	0.0	48.34	C35
2	梁	AE～AD/A7 梁	0.0	41.75	C35

续表 5 - 10

序号	构件类型	构件位置	碳化深度/mm	强度推定值/MPa	混凝土设计强度等级
3	梁	AC ~ AD/A6 梁	0.0	41.92	C35
4	梁	AE ~ AD/A4 梁	0.0	43.85	C35
⋮	⋮	⋮	⋮	⋮	⋮

3）检测结果小结：框架梁混凝土设计强度等级为 C35，回弹法检测结果最小推定值为 41.75MPa，最大推定值为 48.34MPa，抽样的所有梁混凝土强度满足原设计要求。

（3）钢筋位置及保护层厚度检测：

1）检测原理：略。

2）检测结果见表 5 - 11。

表 5 - 11　钢筋混凝土保护层厚度检测结果

构件名称		设计/mm	保护层厚度实测值/mm							
顶层	AE ~ AD/A6 梁	25	29	39	43	41	35	47	46	39
	AE ~ AD/A7 梁	25	34	33	36	31	42	46	36	36
	AC ~ AD/A6 梁	25	30	32	33	37	43	36	39	32
	AE ~ AD/A4 梁	25	34	37	30	39	36	39	41	29
	⋮	⋮	⋮	⋮	⋮	⋮	⋮	⋮	⋮	⋮

3）结果评价：根据《混凝土结构工程施工质量验收规范》（GB 50204—2002），在检测混凝土钢筋保护层厚度时，对梁柱类构件的纵向受力钢筋进行测试，其保护层厚度的允许偏差为 −7 ~ +10mm。分析梁、柱、梁侧面和裂缝处的钢筋保护层厚度检测结果可知：现有梁钢筋保护层厚度满足设计要求。

（4）现场检测结果小结。

本次检测主要包括混凝土构件碳化深度、混凝土构件强度、钢筋布置，经对该楼顶层梁结构的全面检测，主要有以下几条结论：

1）碳化深度：由于浇筑时间较短，现场检测未发现混凝土梁构件有碳化发生，可认为梁构件碳化深度为零，对混凝土强度没有影响。

2）混凝土强度：框架梁混凝土设计强度等级为 C35，回弹法检测结果最小推定值为 41.75MPa，最大推定值为 48.34MPa，抽样的所有梁混凝土强度满足原设计要求。

3）钢筋布置：钢筋间距与原设计基本上相符；钢筋保护层厚度与设计值基本相符。

5.2.6　构件计算分析

5.2.6.1　结构计算说明

根据现场检测结果，材料强度和几何尺寸均按照设计值取用。使用结构计算软件建立计算模型进行分析计算。依据实际检测结果数值，梁保护层厚度偏大，对梁进行了相应的计算分析。

5.2.6.2　计算荷载种类

（1）恒载：包括结构构件自重、楼面做法自重、屋面做法自重、吊顶等。

（2）活荷载：实际等效计算活荷载。

5.2.6.3 梁计算结果对比

（1）计算条件。

1）截面形式：矩形；高度 $h = 600mm$、宽度 $b = 400mm$。

2）受力状态：受弯构件受力特征系数 $\alpha_{cr} = 2.1$（《混凝土规范》8.1.2 条）。

3）构件计算长度 $l_0 = 8400mm$。

4）弯矩标准值 $M_k = 185.00kN \cdot m$，轴力标准值 $N_k = 0.00kN$。

5）是否为吊车重复荷载：否。

6）混凝土强度等级：C35；混凝土轴心抗拉强度标准值 $f_{tk} = 2.20N/mm^2$。

7）纵筋等级：HRB400；钢筋强度标准值 $f_{yk} = 400N/mm^2$。

8）混凝土弹性模量 $E_c = 31500N/mm^2$；钢筋弹性模量 $Es = 200000N/mm^2$。

9）混凝土保护层 $c = 25mm$。

10）受拉钢筋合力点至截面近边的距离 $a_s = 35mm$。

11）受压钢筋合力点至截面近边的距离 $a'_s = 35mm$。

12）受拉纵筋面积 $A_s = 1963mm^2$；受拉纵筋等效直径 $d_{eq} = 25.00mm$。

（2）裂缝计算。

1）按荷载标准组合计算构件纵向受拉钢筋的等效应力 σ_{sk}：

$$\sigma_{sk} = M_k/(0.87 \times h_0 \times A_s) = 185000000/(0.87 \times 565 \times 1963) = 191.68N/mm^2$$

2）按有效受混凝土截面面积计算的纵向受拉钢筋的配筋率 ρ_{te}：

受力状态为受弯，取 $A_{te} = 0.5 \times b \times h + (b_f - b) \times h_f$（《混凝土规范》8.1.2 条）

式中 b_f，h_f——受拉翼缘的宽度和高度。

$$A_{te} = 0.5 \times 400 \times 600 = 120000mm^2$$

$$\rho_{te} = A_s/A_{te} = 1963/120000 = 0.0164$$

3）裂缝间纵向受拉钢筋应变不均匀系数 ψ：

$$\psi = 1.1 - \frac{0.65f_{tk}}{\rho_{te}\sigma_{sk}} = 1.1 - \frac{0.65 \times 2.20}{0.0164 \times 191.68} = 0.644$$

4）最大裂缝宽度计算 ω_{max}：

最外层纵向钢筋外边缘值受拉取底边的距离 $c = 25mm$

受拉纵向钢筋的等效直径 $d_{eq} = 25.00mm$

$$\omega_{max} = \frac{\alpha_{cr}\psi\sigma_{sk}}{E_s}\left(1.9c + \frac{0.08d_{eq}}{\rho_{te}}\right) = \frac{2.1 \times 0.644 \times 191.68}{200000} \times \left(1.9 \times 2.5 + \frac{0.08 \times 25.00}{0.0164}\right)$$

$$= 0.220mm$$

5）验算：$0.220 < [\omega_{max}] = 0.40mm$，满足。

从以上验算结果可以看出，按结构现有状态进行承载力验算，框架梁安全裕度满足规范要求。

5.2.7 裂缝成因分析

（1）常见裂缝分析：略。

（2）本结构梁裂缝产生主要原因分析：

1）是否地基变形、不均匀沉降裂缝。

该类裂缝大部分出现在多层房屋的中下部，有时仅在底层出现，一般规律是：竖向构件较水平构件严重，填充墙开裂较框架严重，其中，柱上为水平裂缝；梁板为垂直裂缝；填充墙裂缝纵墙多、横墙少，外墙多、内墙少，斜裂缝多、水平裂缝和竖向裂缝少。

从以上描述可知，地基变形、不均匀沉降裂缝多出现在底层，且首先为竖向构件裂缝。该建筑物为框剪结构，主体结构抵抗不均匀变形的能力较强，且底部填充墙和框架未发现裂缝，本结构顶层梁裂缝分布现状与不均匀沉降裂缝形态不符，所以，地基变形作用并非顶层梁裂缝出现的主要原因。

2）是否受力裂缝（承载力不足）。

本结构梁裂缝不仅出现在梁跨中下部，而且沿梁跨度满跨均匀密集分布，裂缝方向基本竖直，而不是沿 $45°$ 方向跨中向上方伸展，与剪切裂缝分布形态不符；裂缝未呈现两端细中间宽的特点，与受压而产生的裂缝形态不符；本结构顶层梁未受到扭转与冲切荷载作用，不可能是扭曲裂缝或冲切裂缝。所以，荷载作用不是顶层梁裂缝产生的主要原因。

3）是否为收缩裂缝。

温度变化导致的裂缝，一般在经过夏天或冬天后出现或加大，现正值冬季，较大温差可引起构件开裂。本建筑自建成后停置 2 年未投入使用，所受温度变化影响较大。本结构梁裂缝出现于顶层，位于屋盖以下，建筑端部裂缝较为严重。裂缝方向基本一致，形状为一端宽一端窄，宽度无定值，数量较多，表面、深层以及贯穿这几种裂缝类型均有，符合收缩裂缝的形态分布。所以，收缩变形是该区域裂缝产生的根本原因。

综上所述，混凝土的收缩变形是本次检测裂缝的根本原因。

（3）裂缝是否需要处理的界限：略。

（4）常见裂缝处理的具体原则：略。

（5）裂缝处理方法及选择：略。

（6）本结构裂缝评定及处理意见。综上所述，对本结构的裂缝分析结论及处理意见如下：

1）裂缝分析结论：混凝土的收缩变形是本次检测裂缝的根本原因。

2）裂缝处理意见：该裂缝为收缩裂缝，为非受力裂缝。裂缝宽度较大，但考虑到开裂后应力释放，裂缝已经趋于稳定，顶层梁裂缝修复后承载能力能够满足要求，所以对顶层梁应进行灌缝、裂缝封闭等正常使用性处理，以保证结构的耐久性要求。可采用表面封闭法（缝宽小于 0.5mm）和压力灌浆法（缝宽不小于 0.5mm）进行修复处理。

5.2.8　可靠性等级的评定

依据《民用建筑可靠性鉴定标准》（GB 50292—1999），在本次鉴定计算分析、现场检查、检测结果的基础上，按照构件、子单元两个层次，对该建筑物顶层梁进行可靠性评级，结果如下：

（1）构件评级：

1）安全性评级。混凝土构件的安全性评级按承载能力、构造以及不适于继续承载的位移（变形）和裂缝等 4 个检查项目，分别评定每一受检构件的等级，并取其中最低一级作为该构件安全性等级。

由现场检查及验算分析结果可知，构件上裂缝宽度较大，考虑到裂缝不是受力裂缝，且不会影响结构的受力体系，最终结构构件安全性评级为 c_u。

2）正常使用性评级。梁构件：混凝土构件的正常使用性评级应按位移和裂缝两个检查项目，分别评定每一受检构件的等级，并取其中较低一级作为该构件使用性等级。

由现场检查结果可知，混凝土梁构件出现收缩裂缝，裂缝宽度较大，已经超过规范规定的正常使用性，评级结果为 c_s 的限值，梁构件正常使用性评级结果为 c_s。

（2）子单元评级：

1）安全性评级。该建筑物顶层梁构件的安全性鉴定评级应根据各构件的安全性等级进行确定。最终评定等级为 C_u。

2）正常使用性评级。该建筑物顶层梁构件的正常使用性鉴定，应根据各种构件的使用性等级进行评定。最终评定等级为 C_s。

3）可靠性评级。综上所述，该楼结构顶层梁的可靠性评定等级为 C 级，即其可靠性不符合《民用建筑可靠性鉴定标准》（GB 50292—1999）对 A 级的要求，裂缝的宽度已经超过规范规定的限值，影响结构的正常使用功能及混凝土结构的耐久性，所以应对裂缝采取灌缝或者裂缝封闭措施。

5.2.9 鉴定结论及处理意见

5.2.9.1 结论

依据《民用建筑可靠性鉴定标准》（GB 50292—1999），经对该楼结构顶层梁的现场检查、检测，计算及分析，得出可靠性鉴定结论如下：

（1）可靠性评定：该钢混楼结构顶层梁的可靠性评定等级为 C 级，即其可靠性不符合《民用建筑可靠性鉴定标准》（GB 50292—1999）对 A 级的要求，裂缝的宽度已经超过规范规定的限值，影响结构的正常使用功能及混凝土结构的耐久性，所以应对裂缝采取灌缝或者裂缝封闭措施。

（2）可靠性评定不满足 A 级的主要原因是：顶层梁存在较多收缩裂缝，且裂缝宽度较大。

（3）裂缝分析结论：混凝土的收缩变形是本次检测裂缝的根本原因。

1）裂缝类型主要为竖向裂缝，沿梁跨较为均匀密集分布。

2）部分裂缝为贯通裂缝。

3）裂缝最大宽度为 0.57mm，间距为 200～300mm。

（4）现场检测的主要结果：

1）碳化深度：由于浇筑时间较短，现场检测未发现混凝土梁构件有碳化发生，可认为梁构件碳化深度为零，对混凝土强度没有影响。

2）混凝土强度：框架梁混凝土设计强度等级为 C35，回弹法检测结果最小推定值为41.75MPa，最大推定值为48.34MPa，所有抽样检测的梁混凝土强度满足原设计要求。

3）钢筋布置：钢筋间距与原设计基本上相符；钢筋保护层厚度与设计值基本相符。

（5）结构计算分析：结构承载力验算结果显示顶层梁安全裕度满足规范要求。

5.2.9.2 处理意见

为使该结构达到安全使用，并在目标使用期内能够满足正常使用性的目的，建议采取如下加固处理措施：

（1）对于缝宽小于0.5mm的裂缝可采用表面封闭法进行修复，此方法是利用混凝土表层微细独立裂缝或网状裂纹的毛细作用吸收低黏度且具有良好渗透性的修补胶液，封闭裂缝通道。

（2）对于缝宽不小于0.5mm的裂缝可采用压力灌浆法进行灌缝修复，即利用较高压力将修补裂缝用的注浆料压入裂缝腔内。

需要说明的是：本鉴定报告是针对目前设计荷载和使用状况的情况下得出的鉴定结论，若发生设计方案的使用荷载变化、使用状况变化等，则应当结合本鉴定报告的结论再进行相应的验算分析，以确定改造后的实际承载力状况，并进行相应的处理，确保安全使用。

5.3　某钢结构厂房安全性检测鉴定

项目内景如图5-10所示。

5.3.1　项目概况

某钢结构厂房主体结构为焊接H型钢门式刚架轻型钢结构，建筑面积约11800m²。该厂房特点是结构体系简单，吊车吨位相对较大，吊车运动频繁、振动大。根据开料厂现场管理人员的情况说明，目前厂区内所有跨吊车梁，在天车运行时摆动、颤动，影响天车正常运行。

经过现场初步检查发现存在的一些隐患有：

（1）该厂房在使用中实际地面堆载

图5-10　项目内景图

较重，虽然在投入使用前曾进行真空预压排水固结法地基处理，但是厂房投产后地基沉降依然很大，由此导致柱基不均匀沉降，并使得成品区地面混凝土板开裂下沉，母材区部分钢柱出现明显倾斜。

（2）厂房结构体系的刚度较弱，受柱基不均匀沉降影响大，加之吊车吨位较大且运行频繁，使得厂房天车系统包括整个厂房钢柱、支撑在内在使用过程中都会产生晃动、振动，从而使得钢结构构件的连接部位很快松动或者撕裂或者焊缝开裂。

（3）吊车梁在天车运行过程中，会感觉到有明显的振动，个别部位甚至有明显晃动的情况，存在安全隐患。

（4）吊车梁与轨道连接构造有缺陷，压板松动、设置不规范，轨道偏心等。

（5）厂房地面堆载过重，特别是母材区（G、H区）尤为严重，调查中发现母材区目前堆载平均约为8t/m²，最大可达10t/m²，成品区（11~20轴）目前堆载平均约为4t/m²，最大可达8t/m²。

5.3.2 鉴定的目的、范围及内容

（1）鉴定目的。该厂房存在以上种种问题，因其使用时间不长，沉降及结构变形积累时间较短，为避免结构缺陷积累增加，在以后造成更大的安全隐患和损失，彻底解决目前厂房天车运行过程中摆动、颤动的问题，确保结构使用安全，应该对该厂房进行重新复核、检测、鉴定。因此，本次鉴定的工作主要基于现有厂房的现状及其实际的承载能力，进行检测、鉴定、分析，确定其安全裕度并提出鉴定意见、结论及加固或更换的建议。

（2）鉴定范围：该钢结构厂房。

（3）鉴定工作主要内容：

1）结构调查：将结构布置、支撑系统、结构构造和连接构造与设计图纸进行核对。

2）荷载调查：对该厂房目前使用过程中的荷载情况进行调查，以供结构鉴定评估使用。

3）地基检测：对该厂房结构的地基基础完损状况进行检查，对地面承载力进行检查。按照鉴定方案对厂房进行 24 周的沉降监测。

4）变形观测：对厂房地基基础进行倾斜观测，对建筑物整体和钢柱的倾斜状况进行测量，对钢梁、钢柱进行垂直度与水平度测量；对吊车梁及轨道进行垂直度与水平度测量。

5）综合上述检查、检测、测试结果，结合其他相关资料按现行规范对结构进行复核，确定该工程的结构安全性。

6）对厂房的结构安全性进行综合分析评定，对存在的问题提出处理意见，编写结构安全性检测鉴定报告。

7）根据鉴定结果和厂房目标使用期以及国家有关规范要求，提出详细可行的加固、修复或更换的结论和处理方案建议及必要的现场技术服务。

5.3.3 鉴定依据及评定标准

5.3.3.1 鉴定依据

（1）综合鉴定标准：

《工业厂房可靠性鉴定标准》（GBJ 144—90）；

《建筑抗震鉴定标准》（GB 50023—95）；

《建筑抗震加固技术规程》（JGJ 116—98）；

《钢结构加固技术规范》（CECS 77：96）；

《钢铁工业建（构）筑物可靠性鉴定规程》（YBJ 219—89）；

《门式刚架轻钢房屋钢结构技术规程》（CECS 102：98）（参考）；

《门式刚架轻钢房屋钢结构技术规程》（CECS 102：2002）；

《建筑结构可靠度设计统一标准》（GB 50068—2001）；

《钢结构工程施工质量验收规范》（GB 50205—2001）。

（2）荷载及结构验算：

《建筑结构荷载规范》（GB 50009—2001）；

《建筑抗震设计规范》（GB 50011—2001）；

《冶金建筑抗震设计规范》（YB 9081—97）；

《钢结构设计规范》（GB 50017—2003）；

《建筑地基基础设计规范》（GB 50007—2002）。

（3）检测：

《钢结构检测评定及加固技术规程》（YB 9257—96）；

《建筑结构检测技术标准》（GB/T 50344—2004）；

《建筑工程质量检验评定标准》（GBJ 301—88）；

《黑色金属硬度及相关强度换算值》（GB/T 1172—1999）；

《钢结构工程施工质量验收规范》（GB 50205—2001）。

（4）现场检测结果及原设计图纸。

5.3.3.2 评定标准

本鉴定依据《工业厂房可靠性鉴定标准》（GBJ 144—90）及《钢铁工业建（构）筑物可靠性鉴定规程》（YBJ 219—89）将结构及构件分为子项、项目、单元 3 个层次、4 级进行评定，分级标准如下：

（1）对于子项（用于构件中的某些子项）：

a 级：满足国家现行规范要求。

b 级：略低于国家现行规范要求，可不采取补救措施。

c 级：不满足国家现行规范要求，应采取措施。

d 级：严重不满足国家现行规范要求，必须立即采取措施。

（2）对于项目（用于构件）。按对项目可靠性影响的不同程度，将子项分为主要子项（如承载力、构造连接等）和次要子项（如结构的裂缝、变形等）两类。

A 级：主要子项应满足国家现行规范要求，次要子项可略低于国家现行规范要求，可不必采取措施。

B 级：主要子项满足或略低于国家现行规范要求，但尚能保证正常使用；个别次要子项可满足国家现行规范要求，应采取适当措施。

C 级：主要子项略低于或不满足国家现行规范要求，需采取加固、补强措施；个别次要子项可不满足国家现行规范要求，需采取加固、补强措施，个别次要子项可不满足国家现行规范要求，应立即采取措施。

D 级：主要子项严重不满足国家现行规范要求，必须立即采取措施。

（3）对于综合评定（用于区段或整座建筑）。

一级：可靠性满足国家现行规范要求。

二级：建（构）筑物的可靠性略低于国家现行规范要求，但不影响正常使用，可能有个别项目需采取适当措施。

三级：建（构）筑物的可靠性不满足国家现行规范要求，需要加固、补强，可能有个别项目必须立即采取措施。

四级：建（构）筑物的可靠性严重不满足国家现行规范要求，已不能正常使用（可靠性严重不足），必须立即采取措施。

各级评级指标详见《工业厂房可靠性鉴定标准》（GBJ 144—90）有关条款。

5.3.4 现场检查结果

（1）原始资料调查。原始资料调查包括原设计图纸、竣工图、设计变更等。

本鉴定主要依据收集到的该部分资料、现状检查及检测资料对厂房进行可靠性鉴定，主要包括原厂房的竣工图纸。

（2）地基基础检查。该厂房基底采用预应力管桩，桩径400mm，基础采用独立承台基础。

现场地面堆载存在不同程度下沉，从表面观察回填土部分与承台部分沉降量最大相差约1m。判断承台基础有可能存在不均匀沉降或水平位移，因此应对厂房进行持续的地基沉降监测，并对刚架柱进行倾斜测量。现场部分柱基由于地面下沉导致柱基侧面完全裸露，通过对裸露部分观察判定基础承台完整、状态良好。参考对照其他厂房现场情况及检测结果，本次未对基础进行开挖检查。

（3）刚架柱系统检查。厂房刚架柱为焊接H型钢，材质为Q345B钢。A、C~N轴框架部分，2~4轴刚架柱尺寸为H500×320×5×16，1轴和5轴断面尺寸为H500×260×5×12；B轴框架部分，2~4轴刚架柱尺寸为H500×320×5×16，1轴和5轴断面尺寸为H500×260×5×14。

门式刚架柱现状缺陷检查结果显示，该厂房刚架柱尺寸均满足图纸设计要求，防锈程度良好，柱身完整无破损现象，后期改造后柱身与吊车梁连接均较为完整，但从整体来看，刚架柱仍存在以下几个问题：

1）上柱顶均无刚性系杆，整体性较弱。

2）吊车梁与柱牛腿间通过塞入钢板垫块调整轨顶高度，建议将垫块刨平顶紧，以保证紧密贴合，同时应予以点焊固定。

（4）柱间支撑系统检查。柱间支撑均采用交叉支撑。目前厂房实际柱间支撑布置与设计相符。柱间支撑现场缺陷检查结果显示目前该厂房柱间支撑基本完好，未发现明显的碰撞损伤情况，但部分上柱支撑采用圆钢拉杆在吊车运行中晃动严重，应随时进行张力调整，考虑到加强结构稳定性和实际效果的因素，建议将其更换为型钢支撑。

（5）实腹钢梁及门式刚架梁。厂房刚架梁为焊接H型钢，材质为Q345B钢。刚架梁的布置符合设计图纸要求，同时现场未发现明显的破损和锈蚀现象。

（6）吊车系统检查。钢结构吊车梁选用Q345B钢，钢吊车梁的截面尺寸、厚度及强度检测见5.3.4"现场检测结果"。在现场检查中未发现吊车梁有明显的破损和锈蚀现象，其设置也符合图纸设计要求。

（7）构造检查：

1）结构形式和布置：当有桥式吊车时，门式刚架的平均高度不宜大于12m。该厂房檐口标高12.5m，已超过门式刚架规范要求，但符合钢结构规范要求。

2）构件形式及连接构造：在刚架转折处（单跨房屋边柱柱顶和屋脊），应沿房屋全长设置刚性系杆。该厂房不满足。

3）屋盖系统：屋盖系统现状良好，复合设计要求。

4）刚架构造：基本满足。

5）吊车系统：检查发现吊车梁突缘支座钢板未刨平。

6）围护结构：基本满足。

由以上分析可知，该厂房在结构布置、结构构件连接构造、吊车梁系统等方面有个别未满足《门式刚架轻钢房屋钢结构技术规程》（CECS102：2002）的相关要求，但大部分符合《钢结构设计规范》的要求。

5.3.5 现场检测结果

5.3.5.1 钢构件强度检测

（1）表面硬度法强度检测机理：略。

（2）检测结果：测试仪器采用时代公司的数显智能 DHT - 100 型硬度计，相对误差 0.8%（HLD = 800 时），工作温度 0 ~ 40℃，工作电压 4.7 ~ 6.0V。

若被测表面过于粗糙会引起测量误差，处理试件的被测表面使之露出金属光泽，并且平整、光滑、没有油污。检测结果见表 5 - 12。

表 5 - 12　钢构件强度检测总结表

板　件	检测平均强度/MPa	检测最大强度/MPa	检测最小强度/MPa
腹板	476.6	486.1	473.2
上翼缘	498.7	513.2	478.4
下翼缘	501.4	515.2	483.9

（3）数据分析：主结构（框架梁、柱、夹层梁）采用 Q345B 钢，其他构件按照设计选用相应钢材，Q345 钢的最小抗拉强度为 470MPa，Q235 钢的最小抗拉强度为 375MPa。由检测结果汇总可知：

钢吊车梁腹板、翼缘的实际最小强度在 473 ~ 484MPa 之间，实际平均强度在 476 ~ 501MPa 之间，达到原设计 Q345 钢的强度值，计算时按照 Q345 钢验算其承载力能力和疲劳强度。

刚架柱、刚架梁的实际最小强度在 466 ~ 473MPa 之间，基本达到原设计 Q345 钢的强度值，计算时按照 Q345 钢验算其承载力能力。

5.3.5.2 钢构件厚度检测

（1）钢板厚度检测机理：略。

超声波仪为 DC - 1000B 型智能化超声波测厚仪，液晶数字显示，检测范围 0 ~ 225mm，最大误差 0.1mm。

（2）检测结果见表 5 - 13。

表 5 - 13　钢构件钢板厚度检测汇总表

构　件	最大负公差/mm	占板材设计厚度的百分比/%
钢吊车梁	1.0	4.00
刚架柱	0.3	6.00
刚架梁	1.0	6.25

（3）数据分析：从检测数据及表 5 - 13 的汇总结果可以看出，厂房刚架、吊车梁钢构件钢板厚度在大多数位置偏差较小，基本上满足钢材验收要求，计算时可按照设计厚度

进行验算。

5.3.5.3 钢构件焊缝检测

（1）焊缝缺陷：略。

（2）着色渗透检测原理：略。

（3）检测结果：本次探伤对刚架柱、吊车梁焊缝进行了着色渗透检测，检测结果显示抽样检测的所有 30 条焊缝未发现超标缺陷，可定为 I 级合格。

5.3.5.4 刚架柱侧移检测

测试仪器：钢卷尺、经纬仪等。测量结果见表 5-14。

表 5-14 刚架柱侧移检测结果汇总表

柱 编 号	偏移方向和偏移量/mm			
	东 (X)	南 ($-Y$)	西 ($-X$)	北 (Y)
1A	18.5	—	—	9.0
1C	—	2.0	1.2	—
1E	—	5.5	5.5	—
1G	—	10.0	8.0	—
⋮	⋮	⋮	⋮	⋮

现行的《钢结构工程施工质量验收规范》（GB 50205—2001）中对单层钢结构中柱子安装的允许偏差做出明确的规定，对 $H > 10m$ 的柱子，其允许偏差为 1/1000 标高，且不大于 25mm。

5.3.5.5 轨距检测

根据《工业厂房可靠性鉴定标准》（GBJ 144—90）的相关规定，吊车轨道中心对吊车梁轴线的偏差 e：

a 级：$e \leqslant 10mm$；

b 级：$10mm < e \leqslant 20mm$；

c 级或 d 级：$e > 20mm$，吊车梁上翼缘与接触面不平直，有啃轨现象，可按《工业厂房可靠性鉴定标准》（GBJ 144—90）第 2.2.1 条原则评为 c 级或 d 级。

本次对该厂房全部吊车梁轨道间距进行了全面检测，从检测结果可以看出，截至检测时间，大部分轨距偏差值小于 20mm，相邻轨距偏差大于 20mm 的共有 7 处。

G 区检测结果总结：单跨轨距最大偏差值大于 20mm 的共有 4 处，如图 5-11 所示。

K 区检测结果总结：单跨轨距最大偏差值大于 20mm 的共有 2 处。

H 区检测结果总结：单跨轨距最大偏差值大于 20mm 的共有 1 处。

检测结果表明，K、G、H 区轨距曲线较差，其中 K 区单跨轨距最大偏差值达到 32mm，G 区单跨轨距最大偏差值达到 34mm，H 区单跨轨距最大偏差值达到 21mm。对于天车的运行以及吊车梁系统的受力体系会有较大影响。

5.3.5.6 轨顶标高检测

《钢结构工程施工质量验收规范》（GB 50205—2001）规定，同跨间横断面顶面高差

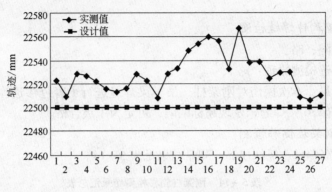

图 5 – 11　G 区轨距测量结果

不得大于 10.0mm，同列相邻柱间顶面高差按照规范规定，不得大于 $L/1500$，即 9m 柱距高差不得大于 6mm。

　　K 区轨顶标高检测结果总结：轨顶标高总体情况较差，有 8 处相邻柱间顶面高差超限，7 处同跨间横断面顶面高差超限，如图 5 – 12 所示。

　　G 区轨顶标高检测结果总结：轨顶标高总体情况较差，有 1 处相邻柱间顶面高差超限，1 处同跨间横断面顶面高差超限。

　　H 区轨顶标高检测结果总结：轨顶标高总体情况较差，有 6 处相邻柱间顶面高差超限，同跨间横断面顶面高差合格。

　　从检测结果可知，轨顶标高总体情况较差，相邻柱间顶面高差最大值 15.0mm，同跨间横断面顶面高差最大值 19.5mm，因此建议结合改造对吊车梁轨道系统进行调整。

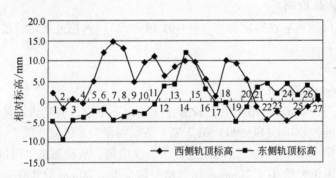

图 5 – 12　K 区轨顶标高数据

5.3.5.7　构件尺寸复核

　　本次对 8 根刚架柱、8 根吊车梁进行了尺寸复核，复核结果显示，构件尺寸与原设计大多数基本相符，对相符的结构构件，在计算时可以按照设计参数进行验算分析。

5.3.5.8　地基沉降监测

　　按照约定需要对厂房地基基础进行沉降监测（时间持续 24 周，每 2 周读数一次）。

5.3.6 结构验算结果

5.3.6.1 结构计算说明

主体承重结构为吊车梁及门式刚架梁柱，构件材料按照检测后的推定强度计算，并考虑刚架柱偏移、吊车梁偏心等影响因素。吊车荷载按照业主提供的吊车相关参数进行计算。

5.3.6.2 计算荷载

（1）荷载种类：

1）恒载：包括结构构件自重、设备自重等；

2）活荷载：包括积灰荷载、屋面活荷载、吊车荷载等；

3）地震作用：地震作用按规范反应谱计算。

（2）荷载取值：

1）地震作用：抗震设防烈度为 7 度，设计基本地震加速度值为 $0.10g$，设计地震第一组；

2）屋面恒荷载：$0.3kN/m^2$；

3）风荷载：基本风压 $0.60kN/m^2$；

4）屋面活荷载：0.3（钢架）$/0.5kN/m^2$；

5）吊车荷载见表 5 - 15。

表 5 - 15 吊车参数统计表

参数项目	1 号	2 号
起重量/t	10	5
级 别	A6	A5
最大轮压/kN	132	51
最小轮压/kN	29.4	7.4
小车质量/t	3.5	0.55
吊车轮距/m	4.05	3.5

5.3.6.3 荷载效应组合

荷载基本组合公式：略。

5.3.6.4 验算结果小结

由以上计算结果可知：在考虑刚架柱偏移、吊车梁偏心等影响因素下，根据厂房现状进行承载力计算得到如下结果：

（1）地基基础：所有刚架柱基础配筋均满足承载力要求。

（2）刚架柱：构件按设计承载力安全裕度大于 1.0，即能满足承载要求。但 5 轴柱平面内稳定应力比安全裕度略小，平面外刚度较弱，在承受频繁吊车荷载及吊车卡轨等非常规工作情况下能力较弱，建议进行平面外稳定性加固处理。

（3）刚架梁：按照刚架梁的设计承载力验算，构件设计承载力安全裕度大于 1.0，满足承载力要求。

（4）吊车梁：吊车梁承载力满足要求。

（5）屋面檩条、隅撑等：屋面檩条承载力在现有情况下不满足使用荷载要求，挠度不满足要求，需要进行加固处理；墙梁承载力满足使用荷载要求。

（6）抗风柱：在现有使用状况下，承载力基本满足使用荷载要求，挠度满足规范要求。

5.3.7　可靠性等级的评定

5.3.7.1　承重结构系统

（1）地基基础的评定。经验算地基承载力和独立柱基、桩基承载力均满足要求，但上部结构存在由于地基不均匀沉降造成的结构构件倾斜，经沉降监测显示建筑地基沉降速度较大，对上部结构造成明显影响。地基、基础项目评为 D 级。

地基基础组合项目评级为 D 级。

（2）刚架柱系统的评级。根据鉴定标准的相关规定，刚架柱系统综合评级为 C 级。

（3）吊车系统评级。根据鉴定标准的相关规定，吊车梁系统综合评级为 A 级，但考虑轨距超限和吊车卡轨较严重等因素后，吊车系统可靠性评定为 D 级。

（4）刚架梁系统评级。根据鉴定标准中各子项的评级结果，刚架梁评为 A 级。

（5）屋面系统评级。根据鉴定标准的相关规定，屋面系统综合评级为 C 级。

5.3.7.2　结构布置和支撑系统

（1）结构布置和支撑布置。在刚架转折处（单跨房屋边柱柱顶和屋脊），应沿房屋全长设置刚性系杆，该厂房不满足。

检查发现吊车梁突缘支座钢板未刨平。

结构布置和支撑布置项目评定等级为 C 级。

（2）支撑系统长细比见表 5 - 16。

表 5 - 16　支撑系统长细比评级表

支撑杆件种类		容许长细比	杆件长细比	长细比评级	项目评定等级
上柱支撑	压杆	≤150	123	A	A
下柱支撑	压杆	≤150	94	A	

支撑系统长细比项目评级结果为 A 级。

（3）组合项目评级。结构布置和支撑系统的组合项目评级结果为 C 级。

5.3.7.3　围护结构

围护结构基本完好，项目评级结果为 B 级。

5.3.7.4　可靠性综合评级

该厂房可靠性综合评级结果见表 5 - 17。

根据对厂房的现状检查、检测结果，在现有厂房结构体系、现有荷载状况下，该厂房可靠性评定等级为Ⅳ级，即其可靠性严重不符合国家现行标准规范要求，已不能正常使用，必须立即采取措施。

表 5 – 17 厂房可靠性综合评级结果

组合项目名称	项 目	项目评级 A、B、C、D	组合项目评级 A、B、C、D	单元评级 一、二、三、四
承重结构系统	地基基础	D	D	四
	刚架柱	C		
	刚架梁	A		
	吊车	D		
	屋面结构	C		
结构布置及支撑系统	结构布置和支撑布置	C	C	
	支撑系统长细比	A		
围护结构系统	使用功能	B	B	

5.3.8 吊车梁疲劳分析结论

通过以上验算分析可知，吊车梁疲劳验算满足规范要求，满足下一个目标使用期的要求。但应该认识到，工程结构的疲劳寿命是符合正态分布条件的随机事件，也就是当结构使用年限超过疲劳寿命临界值也不一定肯定破坏，只是破坏的可能性大一些；而结构使用年限在疲劳寿命临界值以内也不一定不会破坏，只是破坏的可能性小一些。

可见，对本厂房重级工作制吊车的吊车梁等承受动力荷载重复作用的钢结构加强定期检查、检测、维修还是非常必要的，否则一旦产生损坏其修复将是非常困难的，有时还会造成致命的损伤。

5.3.9 可靠性鉴定结论及处理意见

5.3.9.1 可靠性鉴定结论

依据《工业厂房可靠性鉴定标准》（GBJ 144—90），经对该钢结构厂房的现场检查、检测，计算及分析，得出可靠性鉴定结论如下：

在现有厂房结构体系、现有荷载状况下，该钢结构厂房可靠性评定等级为四级，即其可靠性严重不符合国家现行标准规范要求，已不能正常使用，必须立即采取措施。

5.3.9.2 处理意见

为使该结构在目标使用期内达到安全生产的目的，建议采取如下加固处理措施：

（1）地基基础。由于地面长期堆载过大，造成地基不均匀沉降对上部结构造成影响，建议立即减小堆载至 $1t/m^2$，若不能减小堆载，则应对所有母材区和部分堆载较大的成品区进行地基加固处理。

（2）吊车系统。彻底检查吊车梁与柱子系统的连接，所有连接一律采用高强螺栓连接，并按照设计图纸进行恢复。

对于轨道压板，应采用防松永久螺栓进行固定，并建议采用双螺母；压板设置齐全的将连接压板的松动螺栓拧紧，对于缺少垫板、垫圈及缺失或失效的轨道压板进行重新补足更换。

1）对于松动的高强螺栓应及时更换新螺栓，不得将松动的螺栓拧紧后继续使用。

2）对于吊车梁突缘支座钢板未刨平的，在吊车梁系统调整过程中，要进行吊车梁修复或者在调整好吊车梁位置偏差后，对吊车梁突缘支座与牛腿上支承垫板之间的间隙采用楔形钢板垫块揿紧，之后将垫块点焊于牛腿垫板上，保证吊车梁支座部位受力均匀、无晃动。

3）对吊车轨道接头间隙过大的部位进行焊接修补修复处理，避免对吊车梁系统产生过大的冲击振动。

4）对吊车梁轨道系统再次进行彻底调整，保证轨道的标高、轨距、轨道偏心、轨道接头等在规范允许范围之内，并定期进行检查调整。

5）建议在轨道下设置弹性复合橡胶垫板。

（3）刚架柱：

1）上柱顶增设一道刚性系杆；

2）对倾斜变形大于25mm的刚架柱进行纠偏处理；

3）刚架下柱（5轴）采取翼缘加焊角钢的方法增加平面外刚度。

（4）柱间支撑系统：

1）对振动较严重的支撑进行紧固矫正；

2）部分上柱支撑采用圆钢拉杆在吊车运行中晃动严重，应随时进行张力调整，考虑加强结构稳定性和实际效果的因素，建议将其更换为型钢支撑。

（5）屋面系统：

1）对有缺失和弯曲失效的屋面拉条和撑杆进行修补或更换；

2）沿屋盖两侧设置纵向水平支撑；

3）对局部不满足现有承载力要求的檩条进行加固处理。

（6）备注说明：

1）以上处理方法应该按照先基础后上部结构的顺序进行，建议立即进行减小堆载或地基处理步骤，然后进行刚架柱纠偏和加固处理、增设构造措施，最后进行轨距和轨道标高调整；

2）本鉴定报告是针对目前使用荷载和使用状况情况得出的鉴定结论，若进行工艺改造，发生使用荷载变化、使用状况变化等，则应当结合本鉴定报告的结论再进行相应的验算分析，以确定改造后的实际承载力状况。

5.4　某发电厂冷却塔可靠性检测鉴定

项目外景如图 5 - 13 所示。

5.4.1　项目概况

某发电厂冷却塔淋水面积为 5500m^2，高度自设计地面标高 ±0.000 起为 123.4m，池底直径 98.2m，通风筒喉部直径 50.784m。该冷却塔于 20 世纪 90 年代末建成投产，由于冷却塔施工质量较差，虽只使用 10 年左右，结构已有钢筋外露锈蚀及裂缝、破损。

5.4.2 鉴定的目的、范围及内容

对该构筑物安全性、耐久性、适用性及抗震性能进行检测鉴定，为今后利用改造提供可靠依据，保证结构安全正常使用。本次鉴定结论及加固建议可以作为进一步改造和加固的依据。

5.4.3 鉴定依据及评定标准

5.4.3.1 鉴定依据

（1）法律法规：

《中华人民共和国防震减灾法》

图 5 - 13 项目外景示意图

（1998.3.1 实施）；

《建设工程质量管理条例》（2000.1.10 实施）；

《中华人民共和国安全生产法》（2002.11.1 实施）。

（2）鉴定标准：

《建筑结构可靠度设计统一标准》（GB 50068—2001）；

《工业厂房可靠性鉴定标准》（GBJ 144—90）；

《建筑抗震鉴定标准》（GB 50023—95）；

《工业构筑物抗震鉴定标准》（GBJ 117—88）。

（3）设计规范：

《建筑结构荷载规范》（GB 50009—2001）；

《建筑抗震设计规范》（GB 50011—2001）；

《混凝土结构设计规范》（GB 50010—2002）；

《建筑地基基础设计规范》（GB 50007—2011）；

《构筑物抗震设计规范》（GB 50191—93）。

（4）检测规程：

《回弹法检测混凝土抗压强度技术规程》（JGJ/T 23—2001）；

《超声回弹综合法检测混凝土强度技术规程》（CECS02：88）；

《钻芯法检测混凝土强度技术规程》（CECS03：88）；

《混凝土强度检验评定标准》（GBJ 107—87）；

《混凝土力学性能试验方法》（GBJ 81—84）。

（5）施工规范：

《混凝土结构加固技术规范》（CECS25：90）；

《建筑抗震加固技术规程》（JGJ 116—98）；

《既有建筑地基基础加固技术规范》（JGJ 123—2000）；

《电力建设施工及验收技术规范》（SDJ 69—87）。

（6）其他：原有设计图纸、甲方提供的工艺参数等、现场检测结果。

5.4.3.2 评定标准

各级评级指标详见《工业厂房可靠性鉴定标准》（GBJ 144—90）有关条款。

5.4.4　现场检查结果

5.4.4.1　地基与基础

冷却塔为高耸薄壁筒形结构，对基础变形十分敏感。地基基础的承载能力和施工质量直接影响冷却塔的安全。冷却塔为先做挖孔桩及沉管灌注桩，桩基混凝土强度等级 C20，然后开挖基坑浇筑钢筋混凝土环型基础，混凝土强度等级 C25，基础底面环形中心线直径 93.224m，基础顶面直径（标高 -0.403m）91.377m；环形基础底面宽度 5000mm，环形基础底面埋深 -3.800m，地下水位为地面以下 3m。

检查未发现有基础不均匀沉降产生的柱倾斜变形和开裂。对地基土土壤酸碱度测试后，pH =6.7 左右，基本上中性，对结构或基础混凝土无侵蚀性。

5.4.4.2　柱子

冷却塔下由 44 对钢筋混凝土人字柱支撑，人字柱混凝土设计强度等级 C30，断面尺寸为 ϕ700mm。现场调查发现该冷却塔人字柱的现状较完好，人字柱钢筋保护层厚度基本满足设计要求。现场调查情况及结果如表 5-18 及图 5-14 所示。

表 5-18　1 号冷却塔人字柱现状调查表

构件编号	现状描述	构件裂缝变形评级
1-A	少量抹灰修补，外刷涂料	b
1-B	箍筋外露处的抹灰修补较多，外刷涂料	c
⋮	⋮	⋮

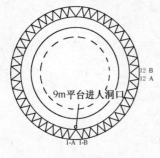

图 5-14　冷却塔人字柱
编号示意图

冷却塔人字柱评 b 级的数量为 85 根，所占比例为 96.6%，评 c 级的数量为 3 根，所占比例为 3.4%。

冷却塔人字柱包括裂缝等的现状综合评级为 B 级。

冷却塔人字柱的钢筋保护层设计厚度为 35mm。此次鉴定的冷却塔人字柱主筋实际保护层厚度较大且基本满足设计要求，现状检查中未见主筋锈胀裂缝。少量箍筋的保护层厚度较小，以至于外露锈蚀。

5.4.4.3　环梁

冷却塔通风筒筒身下的钢筋混凝土上部环梁底部标高 8.152m，高 3000mm，混凝土设计强度等级 C30，上部环梁设计保护层厚度 25mm。基础环梁顶面标高 -0.403m，混凝土设计强度等级 C25，基础环梁钢筋保护层设计厚度为 35mm。

现场调查发现塔上部环梁外侧有较多因实际保护层较薄引起的混凝土保护层脱落、钢筋外露锈蚀，详见表 5-19。

冷却塔上部环梁评 c 级的构件数量为 3 段，所占比例为 6.8%，评 b 级的构件数量为 41 段，所占比例为 93.2%。

冷却塔风筒环梁包括裂缝等的现状综合评级为 B 级。

表5-19 冷却塔上部环梁现状调查表

构 件 编 号	现 状 描 述	构件裂缝变形评级
1~2	侧面少量锈胀露筋	b
2~3	近2端上部侧面竖向筋外露锈蚀	c
⋮	⋮	⋮

5.4.4.4 通风筒

通风筒外壁的水平筋在竖向筋的外侧，塔风筒水平筋的设计保护层厚度为25mm，由于施工控制的不严，实际钢筋保护层厚度离散性较大，大量钢筋保护层厚度严重不足，钢筋锈胀外露，严重影响冷却塔的结构耐久性，见表5-20。

表5-20 冷却塔通风筒现状调查表

塔号及位置	现 状	构件裂缝现状评级
塔筒外壁	混凝土保护层薄，筒壁虽做过修补，但未见改善。较大范围围钢筋锈胀至表面混凝土酥裂，大量钢筋外露锈蚀，现状很差，外壁混凝土碳化深度10mm以上。锈胀破损面占总外表面积的40%左右。外筒壁西侧距环梁底4m左右高度处水平向裂缝，长度大于20m。塔筒壁施工放线不准，尺寸偏差较大	C
塔筒内壁	有涂料保护，部分孔隙处有白色析出物。内壁混凝土碳化深度2~3mm	B

5.4.4.5 其他

冷却塔淋水装置呈方格状，支柱有一百多根，截面尺寸450mm×450mm，主梁截面250mm×600mm，次梁截面200mm×600mm。主梁和支柱、次梁和主梁间用锚筋连接，水泥砂浆灌洞，缝隙用氯丁橡胶及高标号细石混凝土填充。冷却塔有支承挡风板的A形柱。冷却塔的淋水装置下的支柱、主次梁除有青苔外均基本完好，见表5-21。

表5-21 淋水装置下的支柱、梁的现状表

构 件	缺 陷	构件裂缝现状评级	备 注
支 柱	长满青苔，基本完好	B	—
主次梁	长满青苔，基本完好	B	—

此次鉴定的冷却塔有一个中央竖井及若干主水槽和分水槽，现状基本完好。

淋水板上下层均采用憎水、憎泥的塑料格板。两座冷却塔内部的格板少量缺失、破损。内部走道钢栏杆为刚更换过，基本无锈蚀。

存在少量配水不均匀，周边少量淋水板没水落下，少量集中落水。

5.4.4.6 构件尺寸检查及偏差

根据建设时期的《电力建设施工及验收技术规范》（SDJ 69—87），冷却塔模板安装允许偏差见表5-22。

冷却塔筒壁的实际测量构件尺寸偏差较大，不满足验收规范要求；其余基本满足验收规范要求。

表 5 – 22 塔体模板安装允许偏差

分 类	项 目	允许偏差/mm
半径偏差	环基、池壁	±10
	斜支柱（下）	±10
	斜支柱（上）	±15
	筒壁	±20
标高偏差	环基、池壁	±15
	斜支柱（环梁底）	±15
	筒壁（每一节）	±15
截面尺寸偏差	环基、池壁	±5
	斜支柱	±5
	筒壁	+8、−5
模板拼缝	钢模板	±2
	木模板	±3

5.4.5　现场检测结果

5.4.5.1　混凝土碳化检测

（1）混凝土碳化机理：略。

（2）碳化深度现场测试结果见表 5 – 23。

表 5 – 23　碳化深度测量结果汇总表

位　置		碳化深度/mm	备　注
冷却塔	8/B 人字柱	3 ~ 4	—
	42/B 人字柱	3 ~ 4	—
	风筒内侧	2	—
	风筒外侧	10 ~ 15	—
⋮	⋮	⋮	⋮

　　风筒内侧混凝土表面涂刷防腐涂料，碳化深度较小，人字柱的碳化深度也较小；风筒外侧混凝土碳化深度较大，且钢筋保护层厚度不均，保护层厚度较小处有露筋、锈蚀发生。

5.4.5.2　混凝土强度检测

超声回弹综合法：略。

根据超声回弹综合法，统计计算结果见表 5 – 24。

表 5 – 24　冷却塔人字柱超声回弹综合法检测结果

编号	声程/mm	声时/μs	声速/km·s⁻¹	回弹值	推算强度	平均值	标准差	推定值	设计强度等级
1	700	168.9	4.14	39.2	30.1	33.3	2.12	29.8	C30
2	700	164.0	4.27	39.0	31.4				
⋮	⋮	⋮	⋮	⋮	⋮				

根据检查结果，冷却塔人字柱混凝土强度满足设计强度要求。

5.4.5.3 氯离子含量检测

（1）氯离子对钢筋混凝土的侵蚀原理：略。

（2）氯离子含量的测定。对混凝土氯离子含量的测定是在现场取样，在试验室进行测定的。测定结果为：冷却塔人字柱氯离子含量为 0.0069%（水泥含量）。《混凝土结构设计规范》（GB 50010—2002）第 3.4 条规定，在非严寒和非寒冷地区的露天环境下，最大氯离子含量（占水泥用量）不得大于 0.3%；按严格的滨海室外环境下，最大氯离子含量（占水泥用量）不得大于 0.1%。

可见测定的混凝土中氯离子的含量小于规范规定的最大氯离子含量（占水泥用量），对照上述描述，该含量对钢筋的腐蚀无影响。

5.4.5.4 地基土的腐蚀性检测

地基土共取 3 个土样，现场进行 pH 值测定分析。测定结果，3 个土样 pH 值均在 6.7 左右，基本处于中性，对基础混凝土无影响。

5.4.5.5 钢筋位置、直径、数量及保护层厚度检测

钢筋位置、直径、数量及保护层厚度检测结果如图 5 – 15 所示。

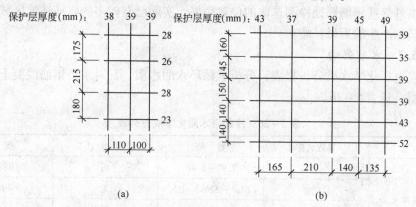

图 5 – 15 冷却塔人字柱、风筒外筒壁钢筋保护层厚度、间距检测图

（a）1 号塔 23/B 人字柱（圆柱）；（b）1 号塔外筒壁（进人洞旁）

现场实测和剖开检查结果表明，风筒钢筋直径、间距和数量基本与原设计图符合，人字柱钢筋直径、间距和数量与原设计图基本相符：冷却塔人字柱（直径为 700mm 的圆柱）整个配筋 20 Φ 28，实际配筋率 3.2%。

经检测冷却塔人字柱钢筋保护层厚度基本满足要求，人字柱钢筋实际保护层厚度基本按设计要求 30mm 配置。上部环梁钢筋的设计保护层厚度为 20～25mm；通风筒外壁的水平筋在竖向筋的外侧，水平筋的设计保护层厚度为 20～25mm，由于施工控制的不严，上部环梁及风筒外壁的实际钢筋保护层厚度离散性较大，大量钢筋保护层厚度不足 10mm，钢筋锈胀外露，严重影响冷却塔的结构耐久性。

5.4.5.6 混凝土内钢筋锈蚀程度检测

（1）原理：略。

（2）本次现场检测结果：本次检测工作中选用了 DJXS – 05 型钢筋锈蚀仪，对该电厂

冷却塔人字柱以及外筒壁进行了半电池电位法钢筋锈蚀无损检测。

钢筋锈蚀电位测试具体数据见表 5 – 25（表中右侧腐蚀情况示意图是相应的软件处理后的锈蚀位置色块图，颜色越深说明电位差越大，钢筋锈蚀的可能性也越大）。

表 5 – 25   冷却塔外筒壁钢筋锈蚀电位测试结果

检测位置	外 筒 壁				
列间距	10cm	行间距	10cm	单位	mV
	列 号				
		1	2	3	4
行 号	A	– 48	– 44	– 46	– 101
	B	– 114	– 149	– 139	– 204
	C	– 136	– 93	– 92	– 102
	D	– 99	– 106	– 113	– 206

由表 5 – 25 中数据可推断冷却塔外筒壁钢筋锈蚀电位处于 – 44 ~ – 206mV，平均电位为 – 112mV，钢筋处于腐蚀活化的概率为 10%。

冷却塔外筒壁钢筋锈蚀检测选取的位置稍好，实际已有较多的露筋锈蚀区域。

钢筋锈蚀产生的后果：略。

5.4.5.7 水质影响

根据发电厂化学水质分析报表，分析了循环水的水质，其对水塔钢筋混凝土结构的腐蚀性均较弱，见表 5 – 26。

表 5 – 26   冷却塔水质化学成分列表

水 类 别	参数名称	数 值	腐 蚀 性	备 注
冷却塔循环水	pH	7.97 ~ 8.46	弱	弱碱性
	总硬度	84.1 ~ 326.3mg/L	无	<400mg/L
	碳酸根	0mmol/L	弱	—
	Cl^-	66 ~ 130mg/L	弱	<500mg/L

5.4.6 结构计算分析

5.4.6.1 结构计算模型及基本假定

本次鉴定取空间整体模型进行验算。风筒部分采用壳单元，其他构件在结构静力、动力计算时，按三维杆系力学模型进行简化。即结构的各杆件均为空间杆单元，其他边界条件、荷载条件和截面特性等按其实际情况确定。淋水装置单独进行分析。计算模型如图 5 – 16 所示。

5.4.6.2 计算荷载

（1）恒载：包括结构自重、平台荷载及设备自重（按工艺提供的荷载）。

（2）活荷载：基本风压取 0.85kN/m²，地面粗糙程

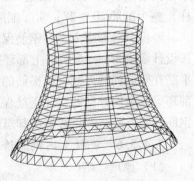

图 5 – 16   冷却塔计算模型图

度按 B 类划分。

（3）地震作用：地震作用按规范反应谱计算，设防烈度为 7 度，地震分组为第二组，设计基本加速度值为 0.10g，场地类别为Ⅱ类。

5.4.6.3 荷载效应组合

荷载基本组合公式如下：

（1）由可变荷载效应控制的组合：略，参见 5.1.6.3 节。

（2）由永久荷载效应控制的组合：略，参见 5.1.6.3 节。

5.4.6.4 验算结果

根据前述的前提条件和分析方法，用 SAP84 程序对本冷却塔各构件进行计算。

根据《构筑物抗震设计规范》（GB 50191—93），当采用振型分解反应谱法计算抗震承载力时，对淋水面积为 3500m^2、5500m^2 塔筒，宜取不少于 3 个振型。

计算上部结构的承载力，最小安全裕度见表 5 – 27。

表 5 – 27 冷却塔结构构件承载力汇总表

构 件 名 称	安 全 裕 度	备 注	承载能力评级
人字柱	>1.15	—	A
风筒及风筒环梁	>1.05	考虑钢筋截面积损失	A
淋水构架柱	>1.10	—	A
淋水主次梁	>1.10	—	A
竖 井	>1.10	—	A

经验算，冷却塔结构承载力满足要求。

冷却塔地基基础承载力：已有建筑物在静荷载的长期作用下，基础下的地基土会产生不同程度的压密并固结，土体的强度有一定程度的提高，一般情况下，砂性土强度主要依靠地基土的压密作用，使内摩擦角 ϕ 增大，从而提高地基承载力。黏性土由于压密和固结作用使黏聚力 c 值改变，从而使承载力增大。

因上部结构自重未增加，考虑地基长期作用强度增长，地基承载力满足要求。

5.4.7 冷却塔的破坏经验分析

5.4.7.1 概况

双曲线冷却塔是火力发电厂循环冷却水系统的重要构筑物，已在国内外应用几十年，设计、施工、运行等已有比较成熟的经验。但由于各种因素，也发生了一些事故，主要有以下 4 个方面：

（1）自然因素。冷却塔承受的主要荷载有自重、风、温度、地震作用、水、结冰及地基不均匀沉降等。这些均可能引起冷却塔破坏。冷却塔长期承受气象环境的影响，如侵蚀、冻融等也能引起损坏。

（2）勘察设计因素。对于冷却塔所处的自然条件调查研究不全面或分析处理不正确，对冷却塔工作条件估计不足等，均可能造成冷却塔存在潜在性的缺陷。多出现于早期的设计中。

（3）施工因素。所用的建筑材料和施工方法不当，缺乏有效的质量监督制度等，均会使工程质量达不到设计要求。

（4）运行管理因素。电厂的运行人员对冷却塔运行管理不重视，缺乏完善的管理制度，对发现的问题未及时维修和处理，以致发展成事故。

由于以上原因造成的破坏有：基础或风筒裂缝、中央竖井沉陷、风作用下冷却塔倒塌。

5.4.7.2　冷却塔的震害

我国遭遇的重要地震为 1976 年 7 月 28 日的唐山地震，在这次地震中，相对于其他构筑物，冷却塔的损坏尚不严重，如唐山电厂的 3 座冷却塔（$1 \times 1520 m^2$，$2 \times 2000 m^2$）为钢筋混凝土结构，内装水泥网格板填料，地震后发现以下破坏现象：

（1）沿中央竖井四周两跨梁范围内牛腿拉断，径向梁两端出现竖向裂缝，环向梁跨中出现裂缝。

（2）中央竖井 7m 高处有一条水平裂缝。

（3）主水槽位移，顶住筒壁，大部分主水槽端部与筒壁之间填充的混凝土破碎，部分预制主水槽二次灌浆接缝脱开。

（4）配水槽转角连接处均开裂，并有 10 多处水槽掉下。

（5）部分水泥网格板掉下。

（6）溅水碟支柱震倒，大部分错位。

根据对国内冷却塔的震害调查，3500m^2 淋水面积以下的冷却塔，在 9 度地震区以下，通风筒因地震而受到损害的还没有。对淋水面积在 4000m^2 以上的双曲线冷却塔，通风筒在 8 度或 8 度以上地震区时，地震组合才起控制作用。

但由于冷却塔的重要性，一旦发生事故，对生产和生命影响较大。根据以往经验，冷却塔的事故处理复杂而漫长，如英国克而温电厂两座自然冷却塔风筒裂缝的发展与处理完毕历时 20 多年；保定热电厂 1 号冷却塔裂缝处理也历时 6 年多。因此，应做好早期预防，防患于未然。

根据以上震害经验，本次鉴定的冷却塔需要进行加固、修复处理。

5.4.8　抗震鉴定

本冷却塔按照《工业构筑物抗震鉴定标准》（GBJ 117—88）的要求检查，基本符合要求。

按照《构筑物抗震设计规范》（GB 50191—93），检查对照结果如下：

（1）在每对斜支柱组成的平面内，斜支柱的倾斜角不宜小于 11°，冷却塔实际倾斜角 19.3°左右，满足此要求。

（2）柱的最小总配筋率不宜小于 1%，最大总配筋率不应大于 4%。冷却塔人字柱配筋 20 $\underline{\Phi}$ 28，实际配筋率 3.2%，满足要求。

（3）冷却塔人字柱箍筋配置为 $\phi 12 @ 200$ 箍筋，根部及上部 800mm 范围进行加密，加密区箍筋配置为 $\phi 12 @ 100$。

（4）斜支柱的截面最小边长或直径不宜小于 300mm，并满足下式：

$$l_0/b = 12 \sim 20 \quad 或 \quad l_0/d = 12 \sim 20$$

式中　l_0——斜支柱计算长度,m,径向可按斜支柱长度乘以 0.9,环向可按乘以 0.7 采用;

b——矩形截面的短边长度，m；

d——圆形截面的直径，m。

冷却塔人字柱 $\phi700mm$，满足尺寸要求。

（5）淋水构架柱上下端 500mm 范围内，箍筋应加密，加密区箍筋直径不应小于 8mm，间距不应大于 100mm。冷却塔淋水构架柱箍筋虽进行了加密，但不满足现行设计规范要求。

5.4.9　结构耐久性评估验算

5.4.9.1　碳化深度条件

现场测得混凝土平均碳化深度 $\overline{C_t}$ 见表 5－26，受力主筋保护层厚度按实测较小厚度考虑。

5.4.9.2　计算自然寿命剩余耐久性年限

$$Y_t = Y_0 \left(\frac{\overline{C}^2}{\overline{C_t}^2} - 1 \right) \alpha_c \beta_c \gamma_c \delta_c$$

式中　$\overline{C}$——混凝土结构构件截面受力主筋平均保护层厚度；

$\overline{C_t}$——混凝土结构构件受力主筋侧平均碳化深度；

Y_t——结构构件自然寿命剩余耐久年限（推算值）；

Y_0——结构构件已使用年限，按表 5－28 取值；

α_c——混凝土结构耐久性的混凝土材质系数，按表 5－29 取值；

β_c——混凝土结构耐久性的钢筋保护层系数，按表 5－30 取值；

γ_c——环境对混凝土结构耐久性影响系数，按表 5－31 取值；

δ_c——混凝土结构耐久性的结构损伤系数，按表 5－32 取值。

表 5－28　冷却塔结构构件耐久性年限汇总表

构件名称		耐久性年限/a	备注
冷却塔	风筒、环梁	0	
	人字柱	25	

表 5－29　混凝土结构耐久性的混凝土材质系数 α_c

混凝土强度/MPa	15.0	20.0	25.0	30.0	35.0	≥40.0
混凝土材质系数	0.85	1.00	1.15	1.30	1.45	1.60

表 5－30　混凝土结构耐久性的钢筋保护层系数 β_c

构件状况	混凝土构件保护层厚度/mm						
	10	15	20	25	30	35	≥40
受力主筋直径 $d_i \leq 10mm$	0.9	1.0	1.1	1.2	1.3		
受力主筋直径 $d_i > 10mm$		0.8	0.9	1.0	1.1	1.2	1.3

表 5 – 31　环境对混凝土结构耐久性影响系数 γ_c

腐蚀程度分类	环境状况：一般区		环境状况：干湿交替区	
	构件主筋直径/mm		构件主筋直径/mm	
	（≤ϕ10）	（>ϕ10）	（≤ϕ10）	（>ϕ10）
Ⅳ	0.6	0.7	0.4	0.5
Ⅴ	0.7	0.8	0.5′	0.6
Ⅵ，沿海 5km 以内	0.8	0.9	0.6	0.7
潮湿区、室外	0.9	1.0	0.7	0.8
一般室内	1.0	1.1	0.8	0.9
室内干燥区	1.2	1.3		

表 5 – 32　混凝土结构耐久性的结构损伤系数 δ_c

损 坏 程 度		C/d_i		备　注
		0.5 ~ 1.5	1.5 ~ 2.5	
主筋耐久性锈蚀，混凝土保护层成片脱落		0.5	0.3，且 $d < 10mm$	
构件截面角部沿主筋出现耐久性锈蚀裂缝		0.8	0.6	必须检查钢筋剩余截
保护层机械损伤	干燥区	0.9	0.8	面积，考虑折损，进行
	潮湿区	0.5 ~ 0.8	0.3 ~ 0.6	验算
无 损 伤		1.0	1.0	

　　根据以往经验，淋水构架柱、竖井和基础的耐久性年限要比风筒、环梁长很多。该冷却塔人字柱现状较好，主筋保护层厚度较大，未出现顺筋裂缝，耐久性较好。根据当地气象条件，未考虑冻融对混凝土的使用寿命的影响。

5.4.9.3　耐久性结论

　　根据以上分析，2 座塔风筒及上部环梁结构耐久性已经没有剩余使用寿命。原因是结构在经过若干年的使用后混凝土的碳化深度普遍已达到或超过实际的钢筋保护层厚度，钢筋周围失去碱性保护而出现大量的锈蚀。冷却塔风筒内壁有防腐涂料的保护，现状较好，碳化深度为 2.0mm 左右，要定期涂刷防腐涂料；而外壁无防腐涂料保护，钢筋的保护层厚度又偏小，因此锈胀比较严重，内外相差比较悬殊。冷却塔结构整体的耐久性等级较低，针对这些情况，应采取措施对结构进行耐久性加固处理。

　　（1）对冷却塔上部环梁和风筒外壁等的混凝土破损部位进行修补处理，钢筋彻底除锈，露筋及钢筋保护层较薄处全部用修补砂浆修补。

　　（2）对冷却塔各结构构件混凝土采用防腐涂料进行表面处理，阻止有害介质对混凝土的侵蚀，及侵入混凝土内部，保护钢筋免受进一步碳化影响，从而使混凝土具有较好的耐久性能。

5.4.10　可靠性综合评级

　　依据《工业厂房可靠性鉴定标准》（GBJ 144—90），按承重结构体系的传力树，并按基本构件及非基本构件中 A、B、C、D 级的数量及比例，将整体结构作为单元评定其可靠性等级，综合评级结果见表 5 – 33。

表 5 – 33　冷却塔可靠性综合评级表

项目名称		项目各子项评定			系统评定	综合评定
		承载力	构造连接	裂缝等现状		
结构布置		—	—	—	A	
地基基础	地基	A	A	A	A	
	基础	A	A	A		
结　构	混凝土人字柱	A	A	B	B	二　级
	基础环梁	A	A	B		
	上部环梁、风筒	A	A	B/C		
	淋水构架柱及主次梁	A	B	B/B		
	竖井	A	A	B		
淋水装置	水　槽	A	B	B	B	
	淋水板	A	B	B		

根据评级结果，该发电厂冷却塔综合评定为二级，即建（构）筑物的可靠性在未来目标使用期内略低于国家现行规范要求，但不影响正常使用，有个别项目需采取适当措施。

5.4.11　鉴定结论及处理意见

5.4.11.1　鉴定结论

依据《工业厂房可靠性鉴定标准》（GBJ 144—90）等，经对电厂冷却塔的现场检查、检测，计算及分析，得出可靠性鉴定结论如下：

（1）该火力发电厂冷却塔综合评定为二级，即建（构）筑物的可靠性在未来目标使用期内略低于国家现行规范要求，但不影响正常使用，有个别项目需采取适当措施。

（2）冷却塔上部环梁、风筒外壁的结构耐久性情况较差。原因是外筒壁、上部环梁的实际钢筋保护层厚度较小，在经过若干年的使用后混凝土的碳化深度普遍达到或超过实际钢筋保护层厚度，钢筋周围失去碱性保护而出现大量的锈蚀。

塔的风筒内壁有防腐涂料的保护，现状较好，碳化深度为 2.0mm 左右，涂料需要定期涂刷。风筒外壁无防腐涂料保护，钢筋的保护层厚度又偏小，因此锈胀比较严重，内外比较相差悬殊。

冷却塔的耐久性等级较低，针对这些情况，应采取措施对结构进行耐久性加固处理，改善其耐久性，提高剩余使用寿命。并且今后需要定期对人字柱、风筒外壁、内壁等构件表面涂刷防腐涂料。

（3）可靠性不满足国家现行规范要求的主要原因是：冷却塔的上部环梁、风筒外壁的耐久性缺陷较多并且有的相当严重。

（4）检测及检查表明，本建筑原结构混凝土强度等级基本达到原设计要求。

（5）经检测鉴定分析，地基基础、环梁、风筒筒身结构承载力满足要求，但上部环梁、风筒外壁的结构耐久性较差。

（6）淋水装置中支柱、主次梁、水槽的结构承载力满足要求；淋水板有少量缺失，需要恢复。

5.4.11.2 加固处理意见

（1）对于人字柱中的抗震构造和耐久性的处理：对冷却塔有少量轻微缺陷的人字柱进行修补，凿除外面疏松的混凝土，外露钢筋彻底除锈，清理干净后涂刷界面剂，用高标号的修补砂浆修补。

（2）对锈胀破损、露筋锈蚀的风筒环梁梁底、梁侧，先剔除破损、酥松混凝土，对露筋、破损部位除锈清理后用修补砂浆处理。再在表面整体涂刷混凝土防腐涂料，定期重刷。

（3）对风筒内壁定期清理、涂刷环氧煤焦油涂料或其他防腐涂料。冷却塔外壁先凿除、打磨酥松、粉化劣化混凝土，对露筋、破损部位除锈清理后用修补砂浆处理；对冷却塔的外筒壁裂缝处采用灌缝处理，再在表面整体涂刷混凝土防腐涂料，并每隔10年重刷一次。

（4）在冷却塔停用期间，应对淋水装置做一次全面检查修复，并使之满足工艺要求及抗震要求。水槽外缘距塔筒内壁应留有间隙，距离不小于50mm。对塔内预制混凝土水槽表面存在的少量破损要用砂浆修复并刷防腐涂料。

（5）对淋水装置支柱及主次梁的耐久性处理：先对淋水装置主梁与支柱、主梁与次梁的连接预埋件进行检查，如有锈蚀，应重新补焊或加固固定。对支柱、主次梁表面进行彻底打磨清理后，对表面重新涂刷环氧煤焦油两遍。

（6）对少量缺失的淋水板要恢复，选用优质塑料淋水填料。

（7）水池壁、竖井混凝土表面清理和少量修补后涂刷防腐涂料。

（8）塔内钢栏杆及塔顶处钢栏杆等钢构件要定期检查，进行防锈处理。爬梯、9m平台进人洞钢门等外露金属构件应定期除锈，刷底、面漆，如有破坏严重应重新锚固或更换。

（9）对新建冷却塔施工方面的建议：确保混凝土的强度、密实度和均匀性；钢筋保护层厚度一定要严格控制，这是确保结构耐久性的关键；风筒和人字柱的抹灰或防腐涂料的使用对改善结构耐久性、延长使用寿命有帮助。

按照本鉴定报告进行处理并严格进行实施后，可满足要求。但在使用过程中应当严格遵守建筑管理制度，一旦发现破损部位应当及时进行维修，避免形成进一步破损，影响主体结构安全及耐久性。

5.5   某发电厂烟囱腐蚀检测鉴定

项目外景如图5-17所示。

5.5.1   项目概况

某发电厂烟囱始建于2003年，原设计未考虑烟气脱硫。为响应国家环保总局关于火力发电厂脱硫改造的要求，减少烟气对环境的污染，烟囱于2007年6月进行脱硫改造，同年 8 月开始投产运行。经过一年多的运行，烟囱内壁防腐蚀层已产生腐蚀损伤，烟气内的酸液从烟囱施工时混凝土内对拉螺栓处流出，大量的酸液结晶物从烟囱外壁流出，导致烟囱外壁、检修平台层、爬梯严重污染。

图 5 – 17　项目外景图

5.5.2　鉴定的目的、范围及内容

5.5.2.1　目的

为防止烟气对烟囱结构的进一步腐蚀损伤，拟对烟囱进行全面的防腐处理。为了配合防腐施工的进行以及为制定防腐方案提供依据和指导，决定对烟囱腐蚀情况进行全面的检测鉴定，提出鉴定结论和处理意见，为下一步的防腐方案制定及防腐施工及改造工程提供科学依据和参考。

5.5.2.2　鉴定工作范围

本次鉴定工作的范围是烟囱整个单体构筑物。烟囱高 240m，底部 0～110m 范围内为套筒结构，外筒壁坡度 8.1%，内部设置有内筒，内筒外壁坡度 0.981%，外筒 110～240m 范围内，坡度 0.33%。外筒下部直径 31172mm，上部直径 10940mm；内筒下部直径 13000mm，上部直径 10940mm。烟囱中部 105m 标高、170m 标高和顶部 234m 标高处设置有信号平台。

5.5.2.3　鉴定工作主要内容

（1）技术档案核实。核实内容包括：原烟囱设计竣工图；水文地质资料；地质勘查报告；钢材和水泥等原材料的报告单；混凝土的配合比及强度测定的报告单；工程洽商记录；工程质量验收记录；竣工记录；隐蔽工程记录及验收记录；加固改造维修记录；主要荷载及作用位置等。

（2）结构现状检查：

1）地基基础：场地类别与地基土；地基变形，或其在上部结构中的反应；其他因素（如地下水抽降、地基浸水、水质、土壤腐蚀等）的影响或作用。

2）混凝土筒壁系统：检查构件破损情况并进行描绘；筒壁混凝土裂缝检查并描绘；检查构件的变形情况；构件腐蚀损伤等现状；抗震构造检查。

3）防腐系统：内衬的腐蚀破坏情况检查（开裂、剥落、腐蚀）；保温层腐蚀破坏情况检查。

4）附属设施：围栏、爬梯、信号标志等现状检查。

（3）荷载作用及使用条件的确定：确定荷载及作用的目的是找出结构受损伤的原因，以及查明对结构的承载影响。

1）荷载调查确定：结构自重荷载、内衬及保温层荷载；雪荷载、风荷载；积灰荷载；地震作用等。

2）作用调查：基础不均匀下沉；温度；腐蚀；磨损。

3）使用调查：结构防腐、保护状况；维护检修的周期。

（4）结构检测：

1）混凝土构件用有损（取芯法）或无损（回弹法、超声法）法进行强度测试；

2）混凝土碳化深度检测；

3）钢筋位置及保护层厚度检测；

4）钢筋锈蚀程度检查检测；

5）内衬砖强度检测；

6）筒壁、保温层、内衬腐蚀深度及烟气温度测量；

7）结构布置与构件尺寸复核；

8）裂缝宽度、位置、走向等检测；

9）Cl^- 含量、硫酸根、不溶物含量等检测；

10）倾斜检测；

11）红外测温仪测试温度及烟囱损伤；

12）环境状况测试。

（5）结构分析。依据国家有关规范，用结构分析通用程序及我院的结构验算后处理程序对结构进行动、静力分析，确定结构在使用条件和地震作用下构件及其节点及连接的安全裕度。在选择结构计算简图时，考虑结构的偏差、缺陷及损伤、荷载作用点及作用方向、构件的实际刚度及其在节点的固定程度，考虑改造后荷载的影响，结合现场检查及检测结果以及在结构检查时所查明的结构承载影响因素，从而得出结构构件的现有实际安全裕度。

（6）鉴定结论及处理意见。按照国家有关规范要求，并依据现场检查、检测结果及结构计算分析，对该结构在现有状况下的安全性、可靠性及腐蚀损伤情况进行全面评价，提出腐蚀检测鉴定结论及防腐处理意见。

5.5.3　鉴定依据与标准

5.5.3.1　鉴定依据

（1）综合鉴定标准：

《工业建筑可靠性鉴定标准》（GB 50144—2008）；

《钢铁工业建（构）筑物可靠性鉴定规程》（YBJ 219—89）；

《建筑结构可靠度设计统一标准》（GB 50068—2001）；

《工业构筑物抗震鉴定标准》（GBJ 117—88）；

《混凝土结构工程施工质量验收规范》（GB 50204—2002）；

《火力发电厂设计技术规程》（DL 5000—2000）；

《烟囱设计规范》（GB 50051—2002）；

《烟囱工程施工及验收规范》（GBJ 78—85）；

《建筑防腐蚀工程施工及验收规范》（GB 50212—2002）；

《建筑防腐蚀工程质量检验评定标准》（GB 50224—95）。

（2）荷载及结构验算：

《建筑结构荷载规范》（GB 50009—2001）；

《建筑抗震设计规范》（GB 50011—2001）；

《混凝土结构设计规范》（GB 50010—2002）；

《钢结构设计规范》（GB 50017—2003）；

《砌体结构设计规范》（GB 50003—2001）；

《构筑物抗震设计规范》（GB 50191—93）；

《建筑地基基础设计规范》（GB 50007—2002）。

（3）检测：

《建筑结构检测技术标准》（GB/T 50344—2004）；

《建筑工程质量检验评定标准》（GBJ 301—88）；

《砌体工程现场检测技术标准》（GB/T 50315—2000）；

《混凝土强度检验评定标准》（GBJ 107—87）；

《回弹法检测混凝土抗压强度技术规程》（JGJ/T 23—2001）；

《钻芯法检测混凝土强度技术规程》（CECS03：2007）。

（4）现场检测结果及原设计图纸。

5.5.3.2 评定标准

烟囱结构作为一种构筑物，依据《工业建筑可靠性鉴定标准》（GB 50144—2008），应划分为构件、结构系统、鉴定单元3个层次；其中结构系统和构件2个层次的鉴定评级，应包括安全性等级和使用性等级评定，需要时可由此综合评定其可靠性等级；安全性分4个等级，使用性分3个等级，各层次的可靠性分4个等级。

A　构件（包括构件本身和构件间的连接节点）

（1）构件的安全性评级标准：

a级：符合国家现行标准规范的安全性要求，安全，不必采取措施；

b级：略低于国家现行标准规范的安全性要求，仍能满足结构安全性的下限水平要求，不影响安全性，可不采取措施；

c级：不符合国家现行标准规范的安全性要求，影响安全，应采取措施；

d级：极不符合国家现行标准规范的安全性要求，已严重影响安全，必须及时或立即采取措施。

（2）构件的使用性评级标准：

a级：符合国家现行标准规范的正常使用要求，在目标使用年限内能正常使用，不必采取措施；

b级：略低于国家现行标准规范的正常使用要求，在目标使用年限内尚不明显影响正常使用，可不采取措施；

c级：不符合国家现行标准规范的正常使用要求，在目标使用年限内明显影响正常使用，应采取措施。

（3）构件的可靠性评级标准：

a级：符合国家现行标准规范的可靠性要求，安全，在目标使用年限内能正常使用或尚不明显影响正常使用，不必采取措施；

b级：略低于国家现行标准规范的可靠性要求，仍能满足结构可靠性的下限水平要求，不影响安全性，在目标使用年限内能正常使用或尚不明显影响正常使用，可不采取措施；

c级：不符合国家现行标准规范的可靠性要求，或影响安全，或在目标使用年限内明显影响正常使用，应采取措施；

d级：极不符合国家现行标准规范的可靠性要求，已严重影响安全，必须立即采取措施。

B　结构系统

（1）结构系统的安全性评级标准：

A级：符合国家现行标准规范的安全性要求，不影响整体安全，可能有个别次要构件宜采取适当措施；

B级：略低于国家现行标准规范的安全性要求，仍能满足结构安全性的下限水平要求，尚不明显影响整体安全性，可能有极少数构件应采取措施；

C级：不符合国家现行标准规范的安全性要求，影响整体安全，应采取措施，且可能有极少数构件必须立即采取措施；

D级：极不符合国家现行标准规范的安全性要求，已严重影响整体安全，必须立即采取措施。

（2）结构系统的使用性评级标准：

A级：符合国家现行标准规范的正常使用要求，在目标使用年限内不影响整体正常使用，可能有个别次要构件宜采取适当措施；

B级：略低于国家现行标准规范的正常使用要求，在目标使用年限内尚不明显影响整体正常使用，可能有极少数构件应采取措施；

C级：不符合国家现行标准规范的正常使用要求，在目标使用年限内明显影响整体正常使用，应采取措施。

（3）结构系统的可靠性评级标准：

A级：符合国家现行标准规范的可靠性要求，不影响整体安全，在目标使用年限内不影响或尚不明显影响整体正常使用，可能有个别次要构件宜采取适当措施；

B级：略低于国家现行标准规范的可靠性要求，仍能满足结构可靠性的下限水平要求，尚不明显影响整体安全，在目标使用年限内不影响或尚不明显影响整体正常使用，可能有极少数构件应采取措施；

C级：不符合国家现行标准规范的可靠性要求，或影响整体安全，或在目标使用年限内明显影响整体正常使用，应采取措施，且可能有极少数构件必须立即采取措施；

D级：极不符合国家现行标准规范的可靠性要求，已严重影响整体安全，必须立即采取措施。

C　鉴定单元

一级：符合国家现行标准规范的可靠性要求，不影响整体安全，在目标使用年限内不影响整体正常使用，可能有极少数次要构件宜采取适当措施；

二级：略低于国家现行标准规范的可靠性要求，仍能满足结构可靠性的下限水平要求，尚不明显影响整体安全，在目标使用年限内不影响或尚不明显影响整体正常使用，可能有极少数构件应采取措施、极个别次要构件必须立即采取措施；

三级：不符合国家现行标准规范的可靠性要求，影响整体安全，在目标使用年限内明显影响整体正常使用，应采取措施，且可能有极少数构件必须立即采取措施；

四级：极不符合国家现行标准规范的可靠性要求，已严重影响整体安全，必须立即采取措施。

各级评级标准详见《工业建筑可靠性鉴定标准》（GB 50144—2008）的有关条款。

《工业建筑可靠性鉴定标准》（GB 50144—2008）对于烟囱结构的评定侧重于可靠性方面，考虑到烟囱防腐检测的实际特点，根据多年烟囱检测经验，综合《工业建筑可靠性鉴定标准》（GB 50144—2008）及多年来进行烟囱检测的实际经验，总结出一套烟囱现状防腐综合评定标准，该标准根据烟囱的运行条件、裂缝情况、实际承载力、腐蚀情况等多个方面对烟囱进行评定，采用百分抵扣制，满分100分，每个指标根据其权重设置不同的评分档，对不同的缺陷状态进行不同程度的减分，最终得到烟囱的现状综合评分。具体评分规则如表5-34所示。

表5-34　单筒烟囱综合评定标准

序号	评价项目	扣　分　标　准
1	使用年限	5年以内0分，超出1年递增1分
2	自然环境	Ⅱ类环境以上0分，Ⅲ类环境1分，Ⅳ类以下3分
3	运行条件	负压0分，正压但在规范允许范围内1分，超出规范允许范围3分
4	烟气温度	在设计允许范围内，且高于结露点0分，最高温度超出允许范围1分，低于结露点3分
5	裂缝情况	最大裂缝宽度0.5mm以内0分，0.5~2mm之间5分，超过2mm以上10分
6	烟气腐蚀性	非腐蚀性0分，弱腐蚀性1分，强腐蚀性3分
7	防腐层	防腐层完好0分，局部破坏5分，大面积破坏或未设防腐层15分
8	筒壁腐蚀深度	3mm以下0分，3~5mm之间5分，5mm以上10分
9	内衬破坏程度	基本完好0分，局部破坏5分，大面积破坏10分
10	环向筋配置	满足现行规范要求0分，基本满足规范要求5分，严重不满足规范要求10分
11	实际承载力	满足现行规范要求0分，满足基本荷载组合但不满足地震作用组合要求30分，基本荷载组合不满足50分
12	整体倾斜	倾斜评级a级0分，倾斜评级b级5分，倾斜评级c级10分，倾斜评级d级20分
13	附属设施	附属设施基本完好0分，轻微损坏2分，损坏较严重5分

满分100分，根据各项符合程度扣分，按照最终得分评定其等级：

A级：80~100分，烟囱现状较好，可以继续正常运行。

B级：60~80分，需对筒壁进行一定的加固维修、对内衬进行修复，防腐层可能需更新。

C级：0~60分，需立刻对烟囱进行加固维修，对内衬进行修复，防腐层必须更新。

5.5.4　现场检查结果

5.5.4.1　原始资料调查

原始资料调查包括：原设计图纸及地质勘查报告，历次维修改造情况等。本工程原基础及上部烟筒结构图纸基本齐全，但地质勘查报告缺失，本次检测鉴定主要依据设计图纸。

该烟囱由××设计院设计，由××施工建设，建设完成投入运行，4年后进行脱硫改造，脱硫投入运行后，烟囱渗漏严重，并于1年后进行了外筒壁的封堵清理。但由于渗漏部位为对拉螺栓孔部位，而对拉螺栓孔数量较多，目前仍存在多处渗漏部位。

烟囱运行条件：

（1）2台600MW机组共用，两侧钢烟道，设有隔烟墙；

（2）锅炉容量2×2008t/h；采用静电除尘，除尘器型号2F480-5；

（3）原设计烟气温度130℃，脱硫改造后不设GGH，正常情况下约40~50℃。

5.5.4.2　地基基础检查

烟囱内外筒彼此独立，基础均采用钢筋混凝土环形基础。基础混凝土强度等级为C30，底部有100mm厚C10素混凝土垫层。持力层与基础底面之间回填C10毛石混凝土，地基承载力标准值360kPa。

现场对烟囱周围地基土进行取样分析，地基土的pH值为6.9，酸碱度基本为中性，对混凝土基本无影响。

对烟囱地基基础的检查中，未发现由于地基不均匀沉降造成的上部结构明显倾斜、变形、裂缝等缺陷，建筑地基和基础无静载缺陷，地基基础基本完好。

5.5.4.3　烟囱筒壁现状检查

由于烟囱高达240m，外壁现状检查主要借助高倍率望远镜进行，并通过爬梯和高空作业吊篮进行实际复核。

外筒壁0~110m范围内由于有内筒的围护，现状基本完好；外筒壁110~240m范围内存在多处渗漏现象，经对照，渗漏部位均为筒壁模板对拉螺栓孔位，现场对对拉螺栓孔位钻开检查，发现封堵不密实，部分仅为表皮封闭，本身构成渗漏通道。此外，筒壁局部存在较细微的锈胀裂缝。

内筒壁0~105m范围内南侧多处挂有渗漏的腐蚀结晶产物，但筒壁外表面比较干燥。北侧则不仅有结晶物，而且伴随有液体渗漏流淌，筒壁常年潮湿，地面积水严重。渗漏部位仍为对拉螺栓孔位。此外，筒壁局部存在较细微的锈胀裂缝。如图5-18所示。

积灰平台底部严重漏水，漏水部位多发生在集灰平台与筒壁边缘连接部位，漏水部位局部钢筋已经锈胀剥落。此外，对拉螺栓孔部位也多处存在锈迹。如图5-19所示。

图5-18　外筒壁渗漏

图5-19　内筒壁北侧渗漏滴水

5.5.4.4　防腐系统检查

烟囱防腐系统包括内衬、保温层、筒壁防腐层等部分。内衬采用耐酸胶泥砌筑 TNL-

Ⅱ型耐酸陶粒砌块并勾缝，厚度120mm；保温层采用憎水珍珠岩保温隔板，厚度100mm；内筒壁涂刷防腐涂料。

由于烟囱未停止运行，内部防腐系统的检查采用随机取样的方式进行。每隔20m钻取一个全壁厚芯样。通过钻孔部位情况推断整个防腐系统的现状。

5.5.4.5 附属系统检查

附属系统主要包括围栏、爬梯、信号标志等。

现场检查发现围栏连接处局部脱开；爬梯与混凝土壁连接牢靠；105m平台和170m平台均存在塌陷现象，尤以170m平台较为严重；部分信号灯工作不正常，如图5-20、图5-21所示。

图5-20　105m平台塌陷　　　　　图5-21　爬梯围栏脱开

5.5.5 现场检测结果

5.5.5.1 现场取样

为辅助检查及检测工作的进行，对烟囱进行破损取样。沿烟囱全高钻取全壁厚芯样，然后分析观察内部内衬破坏腐蚀情况，并进行试验室分析。取样包括内筒、外筒直接接触烟气的所有部位，每20m钻取一个芯样。

取样需覆盖烟囱整个高度，并且兼顾不同圆周部位。

5.5.5.2 混凝土碳化检测

（1）混凝土碳化机理：略（检测结果见表5-35）。

表5-35　混凝土碳化深度检测结果

检测部位	外侧碳化深度/mm	内侧碳化深度/mm
外筒30m高度	14	8
外筒60m高度	15	10
⋮	⋮	⋮

（2）测试结果分析：检测结果表明，外筒壁碳化深度较浅，尚未达到混凝土的保护层厚度；内筒壁外侧碳化深度较小，未达到混凝土保护层厚度，而内侧碳化深度较大，已经超过混凝土保护层厚度，内侧钢筋锈蚀可能性大大增加。

5.5.5.3 混凝土强度检测

（1）回弹法检测混凝土强度机理：略。

（2）采用钻芯法检测混凝土强度。钻取芯样后由实验室做好试样，用 300kN 压力机进行抗压试验，再进行计算后得出混凝土抗压强度值。

（3）检测结果。根据《建筑结构检测技术标准》（GB/T 50344—2004），按照对应样本修正系数法对回弹法进行修正后，结果见表 5-36。

表 5-36　检测结果

构　件	位　置	回弹推定值/MPa	修正后推定值/MPa	设计强度	结　论
外筒壁	高度 30m	29.39	35.08	C30	满足
	高度 60m	31.56	37.67	C30	满足
	⋮	⋮	⋮	⋮	⋮
内筒壁	高度 30m	38.51	45.97	C30	满足
	⋮	⋮	⋮	⋮	⋮

（4）检测结果小结。由回弹法和取芯法检测结果可以看出，经回弹法和取芯法综合比较，烟囱筒壁混凝土强度均满足原设计要求，可以按原设计强度进行结构计算。

5.5.5.4　钢筋位置及保护层厚度检测

（1）检测原理。此项检测采用电磁感应法，采用 KON-RBL（D）型钢筋探测仪进行检测。

（2）检测结果。现场对筒壁钢筋保护层、直径及位置进行了抽样检测，检测结果如图 5-22 所示。

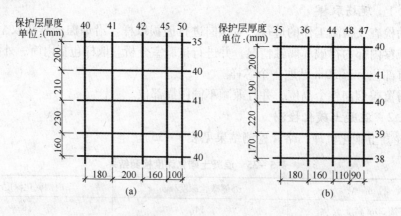

图 5-22　外筒壁钢筋位置、保护层厚度检测结果
（a）外筒壁标高 155m 处；（b）外筒壁标高 175m 处

（3）检测结果分析。检测结果表明：

总体来说，钢筋间距与原设计基本上相符，局部摆放不均；但外筒 115～175m 范围内，钢筋间距与原设计有一定偏差，计算时需按照实际检测结果进行承载力复核（见表 5-37）。

表 5 - 37　钢筋间距检测偏差结果汇总

序　号	检测位置	钢筋间距实测值/mm	钢筋间距设计值/mm	备　注
1	外筒壁 115m	173	121	竖向钢筋
2	外筒壁 135m	190	150	环向钢筋
⋮	⋮	⋮	⋮	⋮

　　钢筋保护层厚度以正公差为主，最大偏差 20mm，大于验收规范的要求，计算时需考虑截面有效高度的减少。

5.5.5.5　钢筋锈蚀检测

（1）钢筋锈蚀机理：略。

（2）评定与检测混凝土构件中钢筋的锈蚀方法：略。

（3）检测方法。本次检测采用半电池电位法。

（4）评价准则：略。

（5）检测结果。本次检测过程中，选用 DJXS - 05 型钢筋锈蚀仪，对烟囱筒壁进行了电位梯度法钢筋锈蚀抽样无损检测。检测结果见表 5 - 38、表 5 - 39。

表 5 - 38　外筒壁 30m 处钢筋锈蚀电位梯度测试结果

列间距		20cm		行间距		20cm	单　位	mV
构件编号	位置	列　号				腐蚀情况示意图		
		1	2	3	4			
行号	A	60	78	80	101			
	B	124	126	130	138			
	C	126	107	107	112			
	D	105	113	114	133			

表 5 - 39　其他位置钢筋锈蚀电位梯度测试结果

编　号	构件位置	平均电位梯度/mV	最大电位梯度值/mV
1	外筒壁 215m	125.6	136
2	外筒壁 235m	133.4	142
⋮	⋮	⋮	⋮

　　以上结果表明，测试部位筒壁外侧钢筋锈蚀可能性较小，可判定为基本无锈蚀。现场检查除一些渗漏等部位外基本未发现锈胀裂缝或掉角露筋现象，与检测结论基本相符。

5.5.5.6　构件尺寸复核

　　钻取芯样后，对烟囱筒壁、保温层，及内衬的厚度尺寸进行了现场测量，检测结果见表 5 - 40。

表 5 -40　筒壁厚度及保温层、内衬厚度测量结果

标高位置	筒壁厚度/mm	保温层厚度/mm	内衬厚度/mm	备　注
外筒 175m	480	—	120.0	保温层粉碎
内筒 90m	295.1	101.0	126.2	
⋮	⋮	⋮	⋮	⋮

检测结果表明，除局部差异外，构件尺寸与原设计基本相符。

5.5.5.7　内衬陶粒砌块强度检测

（1）检测方法。按照砌块强度检测标准，需取完整砌块进行试验，但由于无法停产，烟囱处在运行过程中，只能从烟道处取 1 块完整的砌块进行试验，其余则借助所钻取的内衬芯样进行。仅能对其强度有一个粗略的表征，而无法确定其强度等级。

（2）检测结果。内衬砌块抗压强度检测结果见表 5 -41。

表 5 -41　内衬砌块抗压强度检测结果

编　号	高　度　位　置	抗压强度/MPa	备　注
1	内筒 50m 高度	7.0	胶泥黏合而成的圆柱芯样
2	外筒 235m 高度	10.9	单块砌块的圆柱芯样
⋮	⋮	⋮	⋮

（3）检测结果分析。检测结果表明，单块砌块强度满足原设计 10MPa 的强度要求，由胶泥黏合而成的圆柱芯样抗压强度无法达到 10MPa，与胶泥的影响有关。但仍可满足粘贴玻璃砖内衬的要求。

5.5.5.8　腐蚀深度检测

钻取芯样后，对烟囱筒壁、内衬的腐蚀深度进行了检测，测量结果见表 5 -42。

表 5 -42　筒壁及保温层腐蚀情况检测结果

标高位置	筒壁腐蚀深度（mm）/速率（mm/a）	内衬腐蚀深度（mm）/速率（mm/a）	备　注
外筒 115m	0.3/0.0	1.0/0.5	内衬表面局部熏黑，挂硫
内筒 30m	1.0/0.5	1.5/0.75	内衬内表面饱水，潮湿严重，而且表面有积垢挂硫现象
⋮	⋮	⋮	⋮

腐蚀深度检测结果表明，外筒壁 110～240m 范围内内衬腐蚀深度在 1mm 以内，腐蚀速率 0.5mm/a（仅按脱硫后时间考虑），筒壁结构局部腐蚀深度在 0.5mm 以内；内筒 25.8～105m 范围内内衬腐蚀深度在 2mm 以内，腐蚀速率 1mm/a，筒壁结构碳化较深，局部腐蚀深度在 1.5mm 以内。由于直接接触腐蚀性烟气，内衬腐蚀速率较快，筒壁由于防腐层的保护，仅局部腐蚀，但一旦防腐层被破坏，腐蚀速率将会大大加快，进而危及结构安全。

5.5.5.9　烟气温湿度检测

钻取芯样后，从孔洞部位对内部烟气进行了检测，检测结果见表 5 -43。

表 5-43 内部烟气检测结果

标高位置	温度/℃				湿度/%	备 注
	筒 壁	保温层	内 衬	烟 气		
外筒 115m	10	26	43	44	100	烟气渗透明显
内筒 90m	15	30	44	45	100	烟气渗透明显
⋮	⋮	⋮	⋮	⋮	⋮	⋮

检测结果表明，烟囱外筒壁、保温层、内衬等的实测温度有一定的上下波动，但变化范围不大。内部烟气温度在 39~47℃ 之间，低于结露温度，相对湿度很大，处于低温全结露状态，且明显向保温层和筒壁渗透，为正压运行所致。

5.5.5.10 氯离子含量检测

（1）氯离子对钢筋混凝土的侵蚀：略。

（2）氯离子含量的测定。混凝土氯离子含量的测定是在现场取样，在试验室进行测定，检测结果见表 5-44。

表 5-44 氯离子检测结果

构件类型	氯离子含量/%	推算含量/kg·m^{-3}	混凝土强度等级	备 注
烟囱筒壁一	0.020	0.090~0.100	C30	满足规范要求
烟囱筒壁二	0.003	0.013~0.015	C30	满足规范要求
⋮	⋮	⋮	⋮	⋮

注：氯离子含量为氯离子在水泥中的含量，推算含量是指氯离子在混凝土的含量。

（3）测定结果分析。从检测结果可以看出，氯离子含量远小于规范规定的限值要求 0.2%（二类 b 环境）。最大推算含量 0.100kg/m^3，也远小于 0.6kg/m^3 的腐蚀下界条件。对钢筋的腐蚀基本无影响。

5.5.5.11 腐蚀产物含量分析

为了判断现状条件下烟囱结构的腐蚀程度，需要对包括筒壁、保温层、内衬在内的所有影响因素进行综合比对分析，为此，从钻取的芯样中抽取 6 组对其表面的腐蚀产物进行了酸性介质（主要是硫酸根离子）、不溶物含量等化学分析，通过对这些物质的定量分析，确定烟囱的腐蚀程度和发展情况。分析结果见表 5-45。

表 5-45 腐蚀产物含量分析

编 号	标高/m	部 位	SO_4^{2-}/%	酸不溶/%	水不溶/%
1	外筒 115	内 衬	1.53	83.15	95.42
		保温层	7.14	89.56	94.89
		筒 壁	1.53	20.28	89.91
⋮	⋮	⋮	⋮	⋮	⋮

检测结果表明，在现状条件下，烟囱内衬、保温层、筒壁的 SO_4^{2-} 离子含量均较低，内衬和保温层的酸不溶和水不溶物含量较高，总体上判定腐蚀程度较轻微，相对而言，内衬较严重，而筒壁由于有防腐层的保护，腐蚀较轻微。局部表现出保温层 SO_4^{2-} 离子含量

高于内衬和筒壁的情况，是烟气在正压作用下不断沿内衬胶泥孔洞渗透的结果。

5.5.5.12　倾斜检测

（1）测量原理。倾斜是烟囱可靠性评价的一个重要指标。目前比较通用的测量方法

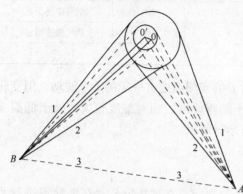

是前方交会法。分别在 A、B 两点设立测站。在每一个测站，分别在不同标高读取 1、2、3 三个方向角。并测量 A、B 两点之间的距离。则不同标高的中心位置完全确定，据此可计算倾斜方向及倾斜距离的大小。

（2）测量方法。由于现场条件限制，无法实现大角度前方交会，故分别进行两次小角度交会，以验证检测结果的正确性。倾斜测量方法示意图如图 5-23 所示。

（3）测量结果。两测回的倾斜汇总结果如表 5-46 所示。

图 5-23　倾斜测量方法示意图

表 5-46　倾斜检测结果

测　回	偏移量/mm	倾角/‰	平均倾角/‰	倾斜评级
一	228	1.19		
二	27	0.21	0.7	a
⋮	⋮	⋮	⋮	⋮

5.5.5.13　红外热像分析

（1）检测原理：略。

（2）检测结果分析。由于该烟囱的特殊性，红外热像分析仅能对外筒 110～240m 范围内进行。检测结果表明，除环梁与筒壁有一定的温度差外，筒身个别部位仍然有局部温差。说明局部隔热效果不好，存在内衬局部破损现象。

5.5.5.14　周围环境条件检测

现场对烟囱周围环境条件进行检测，检测进行时温度为 10℃，湿度为 35.7%。夏天随着温度升高，湿度会有所增加，但仍属正常环境类别，对混凝土烟囱结构无明显不良影响。

5.5.6　结构验算分析

5.5.6.1　承载力计算说明

本次验算分析根据破损极限状态对结构构件进行验算分析，方法要点如下：

（1）截面混凝土抗压强度按检测评定结果取值；

（2）钢筋布置结合现场检测综合推定；

（3）沿用现行混凝土设计规范中的基本假定；

（4）结构构件截面按实际有效截面考虑；

（5）结构验算分析综合考虑结构工艺改变及荷载变化等因素。

5.5.6.2 计算荷载

（1）荷载种类：

1）恒载：包括烟囱筒壁自重、内衬、保温层自重等。

2）活荷载：包括平台活荷载等。

3）温度作用：入口烟气温度130℃（由于进行了脱硫改造，烟气温度仅指事故状态下情况）；夏季极端最高气温38.4℃；冬季极端最低气温 −36.3℃。

4）地震作用。

（2）荷载取值：

1）风荷载：基本风压0.49kN/m²，地面粗糙度：B（图纸标注风荷载数值与规范数值有偏差，考虑到各地区可选用当地实测数据，故以图纸标注为准）。

2）地震作用：抗震设防烈度为7度，设计基本地震加速度值为0.10g，设计地震分组为第一组，建筑场地类别Ⅱ类（图纸标注抗震设防烈度与规范数值有偏差，考虑到各地区可选用当地实测数据，故以图纸标注为准）。

5.5.6.3 荷载效应组合

烟囱按承载能力极限状态设计，荷载基本组合公式为：

$$\gamma_0 \left(\gamma_G S_{Gk} + \gamma_{Q1} S_{Q1k} + \sum_{i=2}^{n} \gamma_{Qi} \psi_{Ci} S_{Qik} \right) \leqslant R$$

式中　　　　R——结构构件抗力的设计值；

　　　　　γ_0——烟囱重要性系数，取1.1；

　　　　　γ_G——永久荷载的分项系数；

　　γ_{Q1}，γ_{Qi}——分别为第1个和第i个可变荷载的分式系数；

S_{Gk}，S_{Q1k}，S_{Qik}——分别为永久荷载、第1个可变荷载和其他第i个可变荷载的荷载标准值效应；

　　　　　ψ_{Ci}——第i个可变荷载的组合值系数。

进行承载力验算时，分项系数分别取为 $\gamma_G = 1.2$，$\gamma_{Qi} = 1.4$。

考虑地震作用时，荷载效应的基本组合式为：

$$\gamma_G S_{GE} + \gamma_{Eh} S_{Ehk} + \gamma_{Ev} S_{Evk} + \psi_{cWE} \gamma_W S_{Wk} + \psi_{cMaE} S_{MaE} \leqslant R/\gamma_{RE}$$

式中　γ_{RE}——承载力抗震调整系数，钢筋混凝土烟囱取0.9；

　γ_{Eh}，γ_{Ev}——分别为水平和竖向地震作用分项系数；

　　　　S_{Ehk}——水平地震作用标准值的效应；

　　　　S_{Evk}——竖向地震作用标准值的效应；

　　　　S_{MaE}——附加弯矩效应；

　　　　γ_W——风荷载分项系数；

　　　ψ_{cWE}——含地震作用效应的基本组合中风荷载的组合值系数，取0.2；

　　ψ_{cMaE}——附加弯矩组合值系数，取1.0。

5.5.6.4 验算结果

（1）烟囱计算截面分段数据：略。

（2）烟囱验算周期及振型：略。

（3）构件验算结果：

1）筒壁内力组合：

承载能力极限状态荷载内力组合：略。

正常使用极限状态内力组合：略。

2）筒壁钢筋配筋验算：

各截面竖向钢筋验算：略。

环向钢筋配筋验算：略。

地基基础验算：略。

外筒基础底板下部钢筋采用径环向配筋，经计算，底板下部径向配筋面积为 $2070mm^2$，实际配筋面积 $2700mm^2$，满足要求。底板下部环向配筋面积为 $1929mm^2$，实际配筋面积 $2454mm^2$，满足要求。此外，基础底板的抗冲切及地基基础的沉降均满足规范要求。

内筒基础底板下部钢筋采用径环向配筋，经计算底板下部径向配筋面积为 $2070.59mm^2$，实际配筋面积 $2463.2mm^2$，满足要求。底板下部环向配筋面积为 $1029.55mm^2$，实际配筋面积 $1900mm^2$，满足要求。此外，基础底板的抗冲切及地基基础的沉降均满足要求。

5.5.6.5　验算结果小结

对烟囱结构的验算分析结果表明，烟囱经过工艺改造，考虑混凝土破损及实际钢筋配置后，地基基础满足承载力和变形要求，在正常工况下，内外筒筒体结构承载能力均能满足要求。在事故工况下，外筒 110～175m 标高外侧环向配筋不满足温度荷载要求。

5.5.7　结构耐久性评估

5.5.7.1　结构耐久性评估概述

对于使用时间较长、使用功能或者环境明显改变、已发生某种耐久性损伤的结构、或者其他特殊情况，需要对结构进行耐久性评估。

结构鉴定中耐久性评估的重点是估计结构在正常使用、正常维护的条件下，继续使用是否能满足下一个目标使用年限的要求。主要是根据结构的损伤程度、损伤速度、维修状况及其对结构安全的危害程度等进行评定。它和结构的设计水准、施工质量、使用条件、更换难易密切相关。

结构的耐久性评估应综合考虑结构或构件的重要性、环境条件、耐久性损伤及可修复性。

5.5.7.2　混凝土结构耐久性评定

（1）混凝土结构的耐久性评定等级。混凝土结构的耐久性评定依据《混凝土结构耐久性评定标准》（CECS220：2007）及《工业建筑可靠性鉴定标准》（GB 50144—2008）的附录 B 进行，根据该标准，结构的耐久性评定宜按照耐久性等级划分，也可进行文字表述。其耐久性等级按照标准分为三级：

a 级：下一个目标使用年限内满足耐久性要求，可不采取修复或其他提高耐久性的措施；

b 级：下一个目标使用年限内基本满足耐久性要求，可视具体情况不采取、部分采取修复或其他提高耐久性的措施；

c 级：下一个目标使用年限内不满足耐久性要求，应及时采取修复或其他提高耐久性的措施。

（2）结构耐久重要性等级及耐久重要性系数。根据《混凝土结构耐久性评定标准》（CECS220：2007），结构及构件的耐久重要性等级与耐久重要性系数见表 5-47。

表 5-47 结构及构件的耐久重要性系数

耐久重要性等级	耐久性失效的影响	耐久重要性系数
一 级	有很大影响或不易修复的重要结构	1.1
二 级	有较大影响或较易修复、替换的一般结构	1.0
三 级	影响较小的次要结构	0.9

（3）混凝土结构的耐久性极限状态。进行结构耐久性检测应根据需要按不同的耐久性极限状态进行评定，耐久性极限状态分为 3 种：

1）钢筋开始锈蚀：适用于对下一个目标使用年限内不允许钢筋锈蚀或严格不允许保护层锈胀开裂的构件（如预应力混凝土构件）。

2）混凝土保护层锈胀开裂：适用于对下一个目标使用年限内一般不允许出现锈胀裂缝的构件。

3）混凝土表面出现可接受的最大外观损伤：适用于对下一个目标使用年限内允许出现锈胀裂缝和局部破损的构件。

（4）钢筋开始锈蚀时间确定。钢筋开始锈蚀时间应考虑碳化速率、保护层厚度和局部环境的影响（计算过程略）。

（5）混凝土保护层锈胀开裂时间确定（计算过程略）。

（6）混凝土表面出现可接受的最大外观损伤确定。混凝土表面出现可接受最大外观损伤的时间应考虑保护层厚度、混凝土强度、钢筋直径、环境温度、环境湿度以及局部环境的影响（计算过程略）。

（7）耐久性分析。根据对该烟囱的实际情况，确定耐久性极限状态为混凝土表面出现可接受的最大外观损伤，并据此对其进行耐久性分析（见表 5-48、表 5-49）。

表 5-48 烟囱筒壁构件耐久性计算结果

评定部位	碳化深度平均值/mm	碳化速率	钢筋开始锈蚀时间/a	保护层开裂时间/a	表面出现最大可接受外观损伤时间/a
外筒外侧	10.5	4.29	30.9	188.7	190.4
外筒内侧	8.1	3.31	31.6	58.0	71.5
内筒外侧	3.0	1.22	66.7	115.7	137.5
内筒内侧	47.5	19.39	4.2	30.6	44.1

表 5 − 49　　烟囱筒壁构件剩余耐久性年限计算结果

评定部位	剩余耐久性年限/a
外筒外侧	184. 4
外筒内侧	65. 5
内筒外侧	131. 5
内筒内侧	38. 1

5.5.7.3　耐久性结论

从现场检查和检测结果及以上分析，该烟囱结构的耐久性结论如下：

按照混凝土表面出现可接受的最大外观损伤作为耐久性极限状态，总体现状条件下，该烟囱剩余耐久性年限较长，可以满足下一个目标使用期的要求。但积灰平台底部渗漏严重，对拉螺栓孔长期流淌酸液，这些部位的耐久性不容乐观。而且脱硫后烟气的腐蚀性都可能使结构的耐久性失效速度进一步加快。

针对烟囱结构的耐久性现状，应采取以下措施进行修复：

（1）对积灰平台底部进行清理，将渗漏部位表面疏松混凝土彻底凿除，钢筋除锈，采用防腐砂浆或防腐混凝土进行修补；裂缝部位压力灌浆进行封闭，最后整体涂刷混凝土保护液及防腐涂料，保护钢筋免受腐蚀影响，从而使混凝土具有较好的耐久性能；

（2）对拉螺栓渗漏部位进行封堵。考虑到长期的酸液腐蚀作用，封堵范围需扩至孔洞周围 30mm 范围内；

（3）内筒内侧碳化深度较深，建议在衬砌更换或有条件时进行混凝土耐久性处理，涂刷耐久性涂料。

5.5.8　烟囱腐蚀评价

5.5.8.1　概述

二氧化硫是大气中主要污染物之一，是衡量大气是否遭到污染的重要标志。二氧化硫的大量排放使城市的空气污染程度不断加剧。另外，二氧化硫的大量排放会形成"酸雨"。

燃煤电厂进行烟气脱硫以后，减少了对大气污染物的排放，但是，对烟囱本身的腐蚀却在加剧。

5.5.8.2　脱硫对烟囱的影响

烟气经过脱硫后，虽然烟气中的二氧化硫含量大大减少，但是，洗涤的方法对除去烟气中少量的三氧化硫效果并不好，只能除去约 20%。烟气脱硫后，对烟囱的腐蚀隐患并未消除；相反，由于经湿法脱硫，烟气湿度增加、温度降低，烟气极易在烟囱的内壁结露，烟气中残余的三氧化硫溶解后，形成腐蚀性很强的稀硫酸液，使腐蚀状况进一步加剧。

总之，脱硫后，烟气性状的变化导致其对烟囱结构的腐蚀性加强，尤其对原设计未考虑脱硫的烟囱，因其广泛采用砌体内衬方式，腐蚀现状不容乐观。

5.5.8.3　烟囱腐蚀现状

（1）检测方法。由于烟囱仍在运行过程中，本次检测采用破损取样检测和无损检测相结合的方法。

破损取样检测指沿烟囱全高钻取全壁厚芯样，然后分析观察内部内衬破坏腐蚀情况，并进行试验室分析。取样包括内筒、外筒直接接触烟气的所有部位，每20m钻取一个芯样。

无损检测法指借助红外热像仪，对烟囱进行红外热像分析，确定内衬及保温层的破损情况。

（2）腐蚀深度检测结果：略。

（3）化学分析结果：略。

（4）烟气分析结果：略。

（5）红外分析结果：略。

（6）腐蚀现状结论：略。

5.5.8.4 烟囱防腐设计现状

由于烟气脱硫是新近才开始大规模应用的生产工艺，在国家和电力行业烟囱的现行设计标准中，对进行脱硫处理的烟囱防腐要求比较模糊。《烟囱设计规范》（GB 50051—2002）仅从烟气腐蚀性等级对烟囱防腐设计进行了要求，而腐蚀等级的划分也仅仅适用于脱硫之前的高温烟气。故脱硫后烟囱的防腐设计尚处在摸索阶段。

5.5.8.5 防腐对策及处理意见

根据脱硫特点，目前常用的防腐方法见表5-50。

表5-50 防腐方法比较

	鳞片树脂内衬	硼酸砖内衬	复合涂料
防腐性能	良好	良好	很好
耐温性能/℃	≤160	≤300	≤200
耐磨、冲刷性能	较好	良好	很好
使用寿命/年	10～15	≥20	≥30
施工周期/天	≤70	≤80	≤60
维 护	工作量大	一般不需要维护	基本不需要
缺 点	施工较困难，温度过高可能烧蚀破坏其结构	施工较困难，要求高，砖有可能脱落	国内应用实例少，费用高

经综合比较，对于该电厂烟囱，以采用硼酸砖内衬（泡沫玻璃砖）为最理想方案，既可以满足防腐要求，又兼顾经济性和方便实际操作。但在实际施工中需注意以下几点：

（1）由于经历了未脱硫和脱硫两种不同的工况，烟囱内壁积灰和酸液混杂，尤其内筒范围内，积水积垢现象严重。需对烟囱内壁采用压力水进行彻底清理，特别是环梁、牛腿部位。

（2）局部存在内衬脱落，或者砌块松动现象，需先将脱落部位封堵，松动砌块重新砌筑，填塞密实，再进行防腐施工。此外，耐酸胶泥疏松脱落部位均应在玻璃砖底涂施工之前封堵密实。

（3）防腐处理能减少对筒壁结构的腐蚀，但烟气结露后的积液无法排出，目前积灰平台已经渗漏严重，渗漏部位钢筋锈蚀。需设置导流槽和导流管，进行有序排放，防止积液进一步破坏积灰平台结构。考虑到内部酸液的腐蚀性，导流管以 UPVC 材料为宜。

5.5.9　烟囱的可靠性等级评定

依据《工业建筑可靠性鉴定标准》（GB 50144—2008），在本次鉴定现场检查、检测、计算分析的基础上，该烟囱的可靠性评级结果如下。

5.5.9.1　筒壁项目评级

（1）安全性评级。筒壁构件的安全性等级按照承载能力项目的评定等级确定。计算结果表明，在现状条件下，部分环向钢筋配置不满足事故工况下的温度荷载要求，承载力项目评定等级为 d。

（2）正常使用性评级。筒壁的使用性等级按损伤、裂缝和倾斜 3 个项目分别进行评定，结果见表 5 - 51。

表 5 - 51　筒壁构件正常使用性项目评级

构 件 名 称	损 伤 评 级	裂 缝 评 级	倾 斜 评 级
筒　壁	c	b	a

5.5.9.2　结构系统评级

（1）地基基础系统：

1）安全性等级。地基基础的安全性按照承载力项目评定，经计算，地基基础的承载力满足现行国家标准《建筑地基基础设计规范》（GB 50007—2002）的要求，安全性评定等级为 A。

2）正常使用性等级。地基基础的正常使用性按照上部承重结构和围护结构使用状况评定，经现场检查，上部承重结构和围护结构的使用状况基本正常，正常使用性评定等级为 B。

（2）筒壁及支承结构系统：

1）安全性等级。筒壁及支承结构系统的安全性按照承载力项目评定，筒壁构件的安全性评定等级为 d，筒壁及支承结构系统的安全性评定等级为 D。

2）正常使用性等级。筒壁及支承结构系统的正常使用性等级按损伤、裂缝和倾斜 3 个项目分别进行评定，以 3 个项目的最低评定等级确定，其正常使用性评定等级为 C。

（3）隔热层和内衬结构系统：

1）安全性等级。隔热层和内衬结构的安全性等级按照承重结构的承载功能和非承重结构的构造连接 2 个项目进行评定。内衬砌体结构承载力能够满足要求，设置有防沉带，构造和连接基本合理，其安全性评定等级为 A。

2）正常使用性等级。隔热层和内衬结构的正常使用性按照承重结构的使用状况和使用功能 2 个项目评定，取 2 个项目中的较低评定等级作为其使用性等级。由于脱硫以后，对烟囱内衬结构造成了一定的腐蚀，其使用状况评级为 B，内衬系统无法起到隔绝烟气保护混凝土筒壁的作用，其使用功能评定等级为 C，综合确定其正常使用性评定等级为 C。

（4）附属设施。附属设施包括囱帽、爬梯、信号平台、避雷装置、航空标志等。现场检查，爬梯与混凝土壁连接基本牢靠；105m 平台和 170m 平台均存在塌陷现象，尤以 170m 平台较为严重；部分信号灯工作不正常；航空标志受渗漏影响，有一定破坏。因此，其评定结果为适合工作的轻微损坏，但不影响使用。

5.5.9.3 鉴定单元可靠性综合评级

根据以上项目和结构系统评级结果，该烟囱的可靠性鉴定综合评级结果见表 5 – 52。

表 5 – 52 鉴定单元可靠性综合评级结果

层 次		Ⅱ	Ⅰ
层 名		结构系统评定	鉴定单元综合评定
安全性鉴定	等 级	A、B、C、D	一、二、三、四
	地基基础	A	
	筒壁及支承结构	D	
	隔热层和内衬	A	
使用性鉴定	等 级	A、B、C、D	
	地基基础	B	四
	筒壁及支承结构	C	
	隔热层和内衬	C	
可靠性鉴定	等 级	A、B、C、D	
	地基基础	B	
	筒壁及支承结构	D	
	隔热层和内衬	C	

5.5.10 烟囱现状防腐综合评定

根据烟囱综合评定标准，需对烟囱运行条件、裂缝情况、腐蚀情况、承载安全性等 4 个大项、13 个类目进行综合评分。

5.5.10.1 分项评分

（1）运行情况。运行情况包括使用年限、自然环境、烟气运行条件、烟气温度等 4 个类目。

本次鉴定的烟囱 2003 年建成投产，到目前为止使用了 6 年，使用年限项减扣分数为 1 分。

烟囱所处自然环境为 Ⅱ 类，该项减扣分数为 0 分。

烟气在中上部基本处于正压运行范围，且正压现象明显，烟气运行条件项减扣分数为 3 分。

现场检测烟气温度在 39 ~ 47℃ 之间，低于结露点，处于全结露状态，该项减扣分数为 3 分。

综上所述，运行情况综合减扣分数为 7 分。

（2）裂缝情况。现场检查，托克托电厂一期烟囱筒壁除对拉螺栓孔部位的渗漏及局部轻微的锈胀裂缝外，未见明显裂缝。积灰平台底部有渗漏痕迹，但裂缝宽度较小，该项减扣分数为 0 分。

（3）腐蚀情况。腐蚀情况包括烟气腐蚀性、防腐层情况、筒壁腐蚀深度、内衬破坏程度等 4 个类目。

脱硫以后烟气的低温、高湿导致的弱酸性具有很强腐蚀性，为强腐蚀性等级，该项减扣分数为 3 分。

现状条件下，内部砖砌体防腐系统根本无法满足脱硫后烟气的防腐要求，该项减扣分数为 15 分。

由于脱硫后运行年代较短，而且筒壁内侧涂有防腐涂料，目前腐蚀深度较小，该项减扣分数为 0 分。

取样检测和红外检测表明，烟囱内衬存在局部脱落和破损，但没有大面积脱落现象，该项减扣分数为 5 分。

综上所述，腐蚀情况综合减扣分数为 23 分。

（4）承载安全性。承载安全性包括环向钢筋配置、实际承载力、烟囱整体倾斜、附属设施情况等 4 个类目。

通过计算分析，实际检测到的环向钢筋配置无法满足事故状态下的温度荷载要求，有可能在高温作用下开裂，该项减扣分数为 10 分。

计算结果表明，烟囱实际承载力能够满足规范基本荷载组合和地震荷载要求，该项减扣分数为 0 分。

现场检测结果表明，烟囱的整体倾斜满足《工业建筑可靠性鉴定标准》（GB 50144 - 2008）对 a 级的要求，该项减扣分数为 0 分。

现场检查发现爬梯、平台、信号灯等附属设施存在一定的缺陷和轻微损坏，该项减扣分数为 2 分。

综上所述，承载安全性综合减扣分数为 7 分。

5.5.10.2　综合评定

该烟囱的综合评定见表 5 - 53。

表 5 - 53　烟囱检测综合评定

序　号	评　价　项　目	减　扣　分　数
1	使用年限	-1
2	自然环境	0
3	运行条件	-3
4	烟气温度	-3
5	裂缝情况	0
6	烟气腐蚀性	-3
7	防腐层	-15
8	筒壁腐蚀深度	0
9	内衬破坏程度	-5
10	环向筋配置	-10
11	实际承载力	0
12	整体倾斜	0
13	附属设施	-2
14	综合评分	58
15	综合评定等级	C

综上所述，根据对该烟囱的现状检查、检测结果，试验室分析及计算分析，在现状条件下，烟囱的腐蚀现状综合评定等级为 C 级，即存在影响烟囱正常安全运行的问题，局部需立即进行加固处理，防腐系统必须更新。

5.5.11 结论与处理意见

该烟囱的可靠性评定等级为四级，即其可靠性极不符合国家现行标准规范对可靠性的要求，影响整体安全，必须立即采取措施。其不满足规范的主要方面是：外筒壁 110 ~ 175m 范围内环向钢筋的实际配置不满足事故工况下的温度荷载要求；脱硫改造后，烟气的特点导致原有内衬等防护系统不能满足防护要求。

根据对该烟囱的现状检查，检测结果，试验室分析及计算分析，烟囱的腐蚀现状综合评定等级为 C 级，即存在影响烟囱正常安全运行的问题，局部需立即进行加固处理，防腐系必须更新。

5.6 某农贸市场钢结构加固后施工质量及结构可靠性综合鉴定

项目外景如图 5 - 24 所示。

5.6.1 工程概况

某农贸市场占地面积 2000m²，建筑形式为跨度 26m 的管桁架，屋面为轻型彩钢板，结构主体采用焊接方法连接。

由于一场大雪，导致屋面局部坍塌。业主怀疑该市场钢结构存在安全隐患，遂对该农贸市场钢结构进行施工质量及结构可靠性鉴定。通过对现场实物进行踏勘及结构复核后，签发了编号为××的检查报告，报告最终结论如下：

图 5 - 24　项目外景图

通过对施工质量检测及对桁架结构的设计复核计算，认为该结构不满足规范要求，存在严重的安全隐患。

该农贸市场收到鉴定报告后，对农贸市场钢结构进行了加固处理，为保证钢结构加固后的使用安全性，遂对该农贸市场加固后钢结构施工质量及结构可靠性再次进行鉴定。

农贸市场甲方收到编号为××的检查报告后，对农贸市场钢结构进行了加固处理，主要内容如下：

（1）在原有结构基础上对 E、F 轴增加了两排钢柱。

（2）E 轴与（10 ~ 12 轴）相交的柱顶，以及 F 轴与（9 ~ 11 轴）相交的柱顶各增加三角屋架一榀。

（3）原有字母轴线钢柱间斜支撑增加或适当上移至石膏板吊顶上部。

（4）对编号为××的检查报告所提出的需返修、补强的钢结构连接焊缝进行了整改。

5.6.2　鉴定的目的、范围及内容

对该农贸市场加固后钢结构工程进行原始资料审查、原材料检查、现场结构测绘，新增构件规格及壁厚抽查，构件焊接质量抽查，构件焊接质量返修、补强技术交底，构件焊接质量复查（抽查），结构验算。

检测项目：原始资料审查，原材料检查，结构测绘，构件规格及壁厚检测，桁架矢高测量，基础测量，构件焊接质量检测，结构验算。

5.6.3　鉴定依据标准

《建筑结构可靠度设计统一标准》（GB 50068—2001）；

《钢结构焊接规范》（GB 50661—2011）；

《钢结构工程施工质量验收规范》（GB 50205—2001）；

《建筑结构荷载规范》（GB 50009—2001）（2006 版）；

《建筑抗震设计规范》（GB 50011—2010）；

《钢结构设计规范》（GB 50017—2003）；

《冷弯薄壁型钢结构技术规范》（GB 50018—2002）。

5.6.4　现场调查结果

5.6.4.1　原始资料审查

本工程原有结构无钢结构施工的任何相关原始资料（包括设计图纸、构件原材料材质单、焊接材料质量保证书、焊工技术等级证书、工程验收资料等）。加固新增结构钢结构施工的相关原始资料不全（仅见构件原材料材质单、焊接材料质量保证书，未见设计图纸、焊工技术等级证书、工程验收资料等）。

5.6.4.2　原材料检查

（1）原有结构：

1）钢材。由于该工程属于在用工程，无法进行现场取样复验。

2）焊接材料。由于该工程完工时间较长，无法获得施工期间所使用的焊接材料。

（2）新增结构：

1）钢材。现场无剩料，无法进行现场取样复验，检查了材质单。

2）焊接材料。现场无剩料，无法进行现场取样复验，检查了焊材产品合格证。

5.6.5　现场检测结果

5.6.5.1　现场结构测绘

由于本工程无原设计及施工图纸，结构进行加固后亦无设计及施工图纸，且与加固前发生较大变化，故对该工程加固后的结构重新现场测绘，并绘制出结构示意图，如图 5 - 25 所示。

5.6.5.2　构件规格及壁厚检测

对结构新增加主要构件进行了构件规格及壁厚检测，测量结果见表 5 - 54。

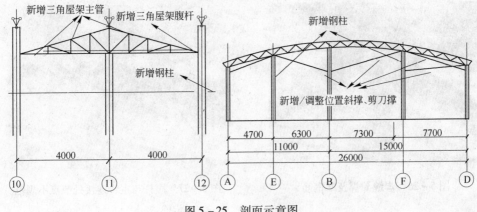

图 5 – 25　剖面示意图

表 5 – 54　新增主要构件规格及壁厚检测

序　号	构件名称	规　格	壁厚/mm	备　注
1	钢管柱	$\phi114$	3	
2	三角屋架主管	$\phi60$	3	
3	三角屋架腹杆	$\phi32$	—	
4	剪刀撑及斜撑	∟ 36×36	3	

5.6.5.3　钢柱基础测量

（1）原有钢柱基础。现场踏勘时发现市场地面已经浇筑混凝土，受现场条件限制，无法刨开基础进行进一步的检测。

（2）新增钢柱基础。本次加固处理主要是在 E、F 轴增加了两排钢柱，现场踏勘时发现市场地面已经浇筑混凝土，受现场条件限制，无法刨开基础进行进一步的检测。

5.6.5.4　构件施工及焊接质量检查

技术人员按照《钢结构工程施工质量验收规范》（GB 50205—2001）及《钢结构焊接规范》（GB 50661—2011）标准对现场新增加构件焊接质量进行了抽查，发现构件焊缝存在大量漏焊、塞钢筋、焊缝成型不良等缺陷；编号为××的检查报告中提及的焊缝质量问题亦未进行全面整改。

鉴于此，技术人员就焊缝质量较差需进行返修、补焊及部分节点不规范的情况向甲方及施工单位进行了全面技术交底。整改后，技术人员按照《钢结构工程施工质量验收规范》（GB 50205—2001）及《钢结构焊接规范》（GB 50661—2011）标准对现场构件焊接质量进行了重新抽查。经检查，发现大部分焊缝质量问题及节点不规范情况都已得到整改，焊缝外观质量基本能达到三级焊缝的质量要求，整改后抽查位置焊缝照片如图 5 – 26 ~ 图 5 – 29 所示。

5.6.6　结构安全计算

该建筑物为单层管式桁架结构，根据现场检测结果，材料强度按 Q235B 取值，几何尺寸按照实际检测值取用。采用空间简化建模进行有限元计算分析，简化成单榀桁架结

图 5 - 26　焊缝漏焊及塞钢筋

图 5 - 27　腹杆与主管连接处节点不规范

图 5 - 28　整改后钢柱与桁架连接节点

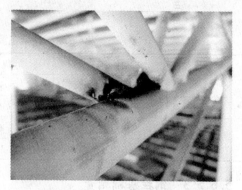

图 5 - 29　整改后的桁架腹杆连接焊缝

构。对该桁架结构设计复核评定如下：

（1）该桁架节点挠度变形基本满足规范关于正常使用极限状态的要求。

（2）该桁架构件绝大多数应力比小于1，个别构件应力比大于1，故认为该结构承载能力基本满足关于承载能力极限状态的要求。

5.6.7　结论

根据对该农贸市场钢结构工程加固后结构进行以上检测和结构验算结果，得出如下结论：

（1）本工程原有结构无任何构件原材料材质单、焊接材料质量保证书、焊工技术等级证书，新增结构仅有原材料材质单、焊接材料质量保证书，不符合《钢结构工程施工质量验收规范》（GB 50205—2001）中主控项目4.2.1、4.3.1和5.2.2的要求。

（2）基础部分：市场地面已经浇筑混凝土，受现场条件限制，无法刨开基础进行进一步的检测，故无从判断是否合格。

（3）新增三角屋架节点处理不规范，经整改后基本满足规范要求。

（4）构件焊接质量经整改后，抽查发现大部分焊缝外观质量基本能达到三级焊缝的质量要求。

（5）结构验算结果：

1）该桁架节点挠度变形基本满足规范关于正常使用极限状态的要求；

2) 该桁架构件绝大多数应力比小于 1，个别构件应力比大于 1，故认为该结构承载能力基本满足关于承载能力极限状态的要求。

综上所述，通过对施工质量检测及对桁架结构的设计复核计算，以及现场焊接质量抽查，根据《钢结构工程施工质量验收规范》（GB 50205—2001）第 3.0.5 条第 2 款 "一般项目其检验结果应有 80% 及以上的检查点（值）符合本规范合格质量标准的要求，且最大值不应超过其允许偏差值的 1.2 倍" 的原则，认为该结构基本符合国家规范要求，该结构可以在设计使用年限内使用（根据《建筑结构可靠度设计统一标准》（GB 50068—2001）第 1.0.5 条规定，认为该结构为临时性结构，结构设计使用年限为 5 年，结构使用5 年后应重新进行结构安全评定，方能继续使用）。

5.7 某梁桥外观检查、荷载试验检测

项目外景图如图 5 – 30 所示。

图 5 – 30 项目外景图

5.7.1 工程概况

某 T 梁桥桥梁总长 140m，桥宽 8m。桥墩直径 1m，桥梁下部结构采用柱式墩台、桩基础。

5.7.2 检测目的及依据

5.7.2.1 检测目的

（1）通过静载试验，检验全桥的承载能力和使用性能是否满足设计要求，评价其在使用荷载下的工作性能和成桥能否投入正常运营。

（2）通过动载试验，掌握桥梁结构的动力特性和动力响应。

（3）根据静动载试验观测了解结构的实际受力状况和工作性能，为今后大桥的营运及养护提供科学依据和指导。

（4）经过对实测资料的对比、分析，为同类型桥梁的设计、施工积累可靠资料。

为实现如上目标，受甲方委托，对该桥进行了公路—Ⅱ级荷载工况下的成桥荷载试验检测工作。

5.7.2.2 检测依据

《公路桥涵养护规范》（JTG H11—2004）；

《公路桥梁承载能力检测评定规程》（JTG/T J21—2011）；

《公路桥涵设计通用规范》（JTG D60—2004）；

《公路钢筋混凝土及预应力混凝土桥涵设计规范》（JTG D62—2004）；

《混凝土强度检验评定标准》（GBJ 107—87）；

《回弹法检测混凝土抗压强度技术规程》（JGJ/T 23—2001）；

相关图纸、资料。

5.7.3　检测工作内容

5.7.3.1　初步调查

（1）查阅原始资料：原始设计图、加固设计图及其他相关资料等；

（2）根据桥梁使用条件及设计图纸要求进行实地复核；

（3）根据现场情况制定检测安全措施方案和工作实施细则。

5.7.3.2　桥梁现场检查

（1）桥面及附属设施检查。依据《公路桥涵养护规范》（JTG H11—2004）的要求，主要对混凝土桥面铺装、伸缩缝、人行道、栏杆（护栏）、交通标志及照明、排水设施（防水层）等多种部件进行检查。

（2）原有主梁及桥台检查：主梁检查、桥台检查、桥台外观、开裂状况、附属设施工作情况。

5.7.3.3　现场荷载试验

荷载试验包括静载和动载试验。主要目的是通过模拟桥梁实际通行状况，检测该桥的结构刚度、构件强度和整体受力性能，从而判断该桥的实际承载能力和安全状态。

荷载试验主要测试内容如下：

（1）结构控制截面在试验荷载下的应力、应变；

（2）该桥在试验荷载下的挠度变形；

（3）桥体的自振频率及振幅；

（4）桥梁的动挠度、振动响应及冲击系数等动力特性。

A　静载试验

根据理论分析的结果对梁体主要受力部位进行静载测试。采用试验加载车进行等效加载，使各主控截面达到设计荷载标准规定的检验荷载所产生的内力或线形，并测试其应变及线形，评定结构的实际工作状况和承载能力，仪器见表 5 – 55。

表 5 – 55　静载试验仪器设备

项　目	仪　器　名　称	量测精度
应变测试	YJ – 4200 振弦式应变传感器	$2500 \times 10 – 6HZ$
应变接收	DT85G 数据采集仪	—
主梁挠度测试	百分表	0.1mm

B　动载试验

测试该桥在大地脉动下的结构自振特性，以及车辆荷载作用下的动力特性，仪器见表 5 – 56。

表 5 – 56　动载试验仪器设备

项　目	仪　器　名　称	量测精度
振动测试	动态信号测试分析系统 DH – 5922	—
振动采集	拾振器 891 – 4	—

5.7.3.4 承载力验算

根据原结构设计图纸和对该桥荷载试验的检测结果，按照现行相关规范，用通用有限元软件建立空间三位数值计算模型，对该桥进行成桥承载能力验算。

5.7.3.5 检测结论

分析现场检查检测数据，根据有限元数值计算数据并结合试验结果验证桥梁静力承载性能，根据动载试验结果判断桥梁动力特性，对该桥目前状况和安全性能做出综合评价结论。

5.7.4 现场检测结果

5.7.4.1 桥梁技术状况评定

根据《公路桥涵养护规范》（JTG H11—2004）中方法和标准，该桥技术评定结果见表 5 - 57。

表 5 - 57 该桥技术状况评定

部 件	部 件 名 称	权重 W_i	状况评分 R_i	扣 分	备 注
1	翼墙、耳墙	1	1	0.2	
2	锥坡、护坡	1	2	0.4	
3	桥台及基础	23	4	9.2	
4	桥墩及基础	24	4	14.4	
5	地基冲刷	8	1	1.6	
6	支座	3	5	3	
7	上部主要承重构件	20	5	16	
8	上部一般承重结构	5	5	3	
9	桥面铺装	1	4	0.8	
10	桥头跳车	3	3	1.8	
11	伸缩缝	3	5	2.4	
12	人行道	1	2	0.4	
13	栏杆、护栏	1	3	0.6	
14	照明、标志	1	0	0	未见此构造
15	排水设施	1	3	0.6	
16	调治构造物	3	2	1.2	
17	其他	1	1	0	
总 分			44.4		三类桥

注：总分 $= 100 - \sum R_i W_i / 5$。

5.7.4.2 桥梁病害（上部结构）检查结果

该桥上部结构中支座损坏严重。主要承重构件、次要承重构件的病害见表 5 - 58。梁裂缝展开如图 5 - 35 所示。

表5-58 上部结构病害表

缺损位置	缺损类型	缺损情况		评定类别 (1~5)	照片或图片 (编号/时间)
		缺损数量	病害描述（性质、范围、程度等）		
3 梁底板右侧	裂缝	2	距3号墩5m处纵向裂缝宽度为 $\Delta=0.05\text{mm}$，长度为 $L=1\text{m}$	2	图5-31
4 梁底板	空洞	1	跨中底板处空洞露筋2处，波纹管外露 $S=1.0\times0.6$ （m^2）	3	图5-32
5 梁底板右侧	蜂窝	1	(1/4) L 处蜂窝 $S=1\times0.5$ （m^2）	2	图5-33
5-1 支座	开裂	1	5-2 支座剪切变形	2	图5-34

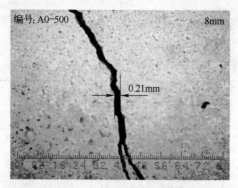

图5-31 底板纵向裂缝

图5-32 跨中底板处空洞露筋

图5-33 (1/4) L 处蜂窝露筋

图5-34 支座老化开裂、剪切变形

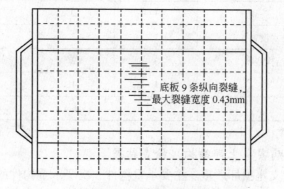

图5-35 梁裂缝展开图

5.7.4.3　桥梁病害（下部结构）检查结果

该桥下部结构中，桥台、翼墙耳墙、锥坡护坡完好，未发现严重病害。桥墩、基础的病害见表 5 - 59。

表 5 - 59　下部结构病害表

缺损位置	缺损类型	缺损情况		评定类别（1~5）	照片或图片（编号/时间）
		缺损数量	病害描述（性质、范围、程度等）		
2 - 1 号墩	冲刷淘空	1	左幅 2 - 1 号桥墩下部左侧砌石破损，$S = 0.5\text{m} \times 2.0\text{m}$	2	图 5 - 36
3 号墩	剥落	1	左幅 3 号桥墩下部右侧地面以上 0.5m 内混凝土剥落、露筋，$S = 1.5\text{m} \times 0.2\text{m}$	2	图 5 - 37
4 号墩	冲刷淘空	2	左幅 4 号桥墩下部基础被冲刷、淘空，$S = 2.0\text{m} \times 3.5\text{m}$	2	图 5 - 38
5 - 2 号墩	蜂窝麻面	3	左幅 5 - 2 号桥墩下部左侧地面以上 4.0 ~ 5.0m 内表面蜂窝、麻面，$S = 3.0\text{m} \times 1.5\text{m}$	3	图 5 - 39

图 5 - 36　桥墩砌石破损

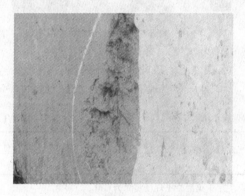

图 5 - 37　桥墩混凝土剥落、露筋

图 5 - 38　桥墩基础被冲刷、淘空

图 5 - 39　桥墩下部表面蜂窝、麻面

5.7.4.4　桥梁病害（桥面系）检查结果

该桥桥面系损坏严重，桥面铺装、护栏、排水系统均有不同程度病害，尤其以伸缩缝

最为严重，伸缩缝装置的病害见表5－60。

表5－60　桥面系病害表

缺损位置	缺损类型	缺损情况		评定类别（1～5）	照片或图片（编号/时间）
		缺损数量	病害描述（性质、范围、程度等）		
锚固区	破损	2	第2道伸缩缝向锚固区混凝土剥落钢筋外露	3	图5－40
伸缩缝	破损	1	第3道伸缩缝橡胶条破损	4	图5－41

图5－40　锚固区混凝土剥落钢筋外露

图5－41　橡胶条破损

5.7.4.5　混凝土材料强度

现场对主梁进行回弹测试，结果见表5－61～表5－63。

表5－61　T梁混凝土强度值

回弹测区强度平均值/MPa	回弹测区均方差/MPa	碳化深度/mm	混凝土强度推定值/MPa
31.7	0.34	4	31.16

注：T梁混凝土现场实测为C30。

表5－62　盖梁混凝土强度值

回弹测区强度平均值/MPa	回弹测区均方差/MPa	碳化深度/mm	混凝土强度推定值/MPa
31.6	0.33	3	31.05

注：盖梁混凝土现场实测为C30。

表5－63　墩柱混凝土强度值

回弹测区强度平均值/MPa	回弹测区均方差/MPa	碳化深度/mm	混凝土强度推定值/MPa
32.7	0.39	2.5	32.70

注：墩柱混凝土现场实测为C30。

5.7.5　静载试验

5.7.5.1　静载试验内容

根据该桥结构受力特点，确定如下静载试验内容。

在最大试验荷载下对桥梁进行如下测试和检查：

（1）测试跨中最大正弯矩控制截面的法向应力及截面挠度。

（2）测试墩顶竖向位移及墩顶水平位移（竖向位移采用水准系统测量，水平位移采用激光测距仪测量）。

（3）试验截面各工况观测可能出现的裂缝及发展情况。

（4）伸缩缝工作情况检查。

5.7.5.2 荷载试验相关结构计算

（1）分析程序采用 Midas Civil。

（2）设计荷载等级：

1）汽车：公路—Ⅱ级。

2）人群：$3.5 kN/m^2$。

（3）主要计算参数取值：

1）C30 混凝土弹性模量：$3.00 \times 10^4 MPa$。

2）梁单元截面面积等几何特性参数由程序自动计算。

根据桥梁结构特点，采用空间梁单元建立有限元模型，几何模型如图5-42所示。按照设计标准荷载对全桥进行正常使用极限状态分析，其中汽车荷载考虑冲击系数，以确定其内力控制截面和内力控制值。

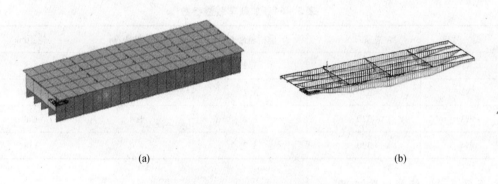

(a)　　　　　　　　　　　　　　　(b)

图5-42　某桥梁荷载试验计算模型及内力图

（a）MIDAS 主梁模型；（b）MIDAS 主梁汽车荷载下内力图

5.7.5.3 试验截面及测点布置

根据该桥的外观检查特点，依次选择第二跨、第六跨为试验跨，每跨选取内力控制截面1个（3跨共3个），详细布点如图5-43所示。

（1）试验用加载车。加载车的选择需考虑试验方便快捷，并不得使主梁顶板局部应力超过设计和规范值，本次试验选择加载车为320kN级3轴载重汽车。

（2）加载用车量的确定：以计算分析的内力或变位控制值作为控制值，采用320kN级载重车按照内力等效的原则，在其影响线上按最不利位置分级布载。根据试验荷载效率满足 $0.95 < \eta \leq 1.05$ 的要求，确定最大用车数和车辆加载的纵向位置。

经计算分析，完成全部试验工况共需4辆320kN级载重汽车，试验实际采用加载车载重参数见表5-64。

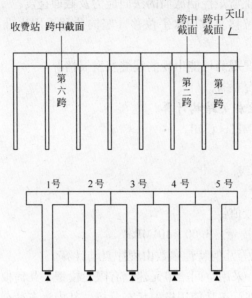

图 5 - 43　详细布点位置示意图
■—应变测点；▲—挠度测点

表 5 - 64　加载车载重参数

编　号	总重/kN	前桥轴距/m	后桥轴距/m	轮距/m
N1	320	3.2	1.4	1.8
N2	320	3.2	1.4	1.8
N3	320	3.2	1.4	1.8
N4	320	3.2	1.4	1.8

5.7.5.4　静载试验工况

（1）试验工况。根据试验内容和计算分析结果，确定如下 4 个试验工况。

跨中截面最大正弯矩正载工况，跨中下沉，墩顶竖向位移及水平位移，跨中偏载。

（2）第一跨静载试验数据整理及分析。跨中截面正载试验数据（加载车每辆 32t，共 4 辆）见表 5 - 65 ~ 表 5 - 68。

表 5 - 65　跨中最大正弯矩分级表（正载试验）

荷载分级	加载车/辆	加载弯矩/kN·m	控制弯矩/kN·m	荷载效率/%
1	1	263.1		30.6
2	1 + 1	484.1		56.3
3	1 + 1 + 1	678.5	716.6	78.9
4	1 + 1 + 1 + 1	875.4		101.8

表 5-66 跨中最大正弯矩截面正载工况应变观测结果 （με）

测点编号	1 车	2 车	3 车	4 车	残余	弹性应变 S_e	理论计算值 S_s	校验系数 (S_e/S_s)	相对残余应变 (S_p/S_t)/%
1 号	12	25	46	65	9	56	143	0.5	14
2 号	21	45	85	118	10	108	152	0.8	13
3 号	25	53	98	138	11	127	161	0.9	13
4 号	22	46	88	121	11	110	152	0.8	9
5 号	16	33	61	86	9	77	143	0.6	10

表 5-67 跨中截面正载工况加载挠度观测结果 （mm）

测点编号	1 车	2 车	3 车	4 车	残余	弹性变位 S_e	理论计算值 S_s	校验系数 (S_e/S_s)	相对残余变位 (S_p/S_t)/%
1 号	1.0	2.0	4.1	5.8	0.5	5.3	10.1	0.5	9
2 号	1.5	3.2	5.8	8.7	0.8	7.9	10.3	0.8	9
3 号	1.7	3.4	6.7	9.1	1.1	8.0	10.6	0.8	12
4 号	1.6	3.3	6.1	8.9	0.9	8.0	10.6	0.8	10
5 号	1.2	2.3	4.8	6.4	0.7	5.7	10.1	0.6	11

表 5-68 跨中截面 4 车正载横向分布系数

梁 号	1 号	2 号	3 号	4 号	5 号
挠度横向分布系数	0.140	0.209	0.219	0.214	0.154
试验荷载理论分布系数	0.199	0.201	0.202	0.201	0.199

（3）跨中截面偏载试验数据（加载车每辆 32t，共 4 辆）见表 5-69 ~ 表 5-72。

表 5-69 跨中最大正弯矩分级表 （偏载试验）

荷载分级	加载车/辆	加载弯矩/kN·m	控制弯矩/kN·m	荷载效率/%
1	1	429.4		34.7
2	1+1	857.5		69.3
3	1+1+1	1072.9	1031.2	86.7
4	1+1+1+1	1265.9		102.3

表 5-70 跨中最大正弯矩截面偏载工况应变观测结果 （με）

测点编号	1 车	2 车	3 车	4 车	残余	弹性应变 S_e	理论计算值 S_s	校验系数 (S_e/S_s)	相对残余应变 (S_p/S_t)/%
1 号	36	75	143	196	19	177	257	0.8	10
2 号	27	55	112	144	18	126	209	0.7	13
3 号	21	43	89	113	17	96	159	0.7	15
4 号	16	33	63	87	13	74	109	0.8	15
5 号	8	17	39	45	6	39	59	0.8	13

表 5 –71　跨中截面偏载工况加载挠度观测结果　　　　　　　（mm）

测点编号	1 车	2 车	3 车	4 车	残余	弹性变位 S_e	理论计算值 S_s	校验系数 (S_e/S_s)	相对残余变位 $(S_p/S_t)/\%$
1 号	2.2	4.1	8.6	11.8	1.8	10.0	13.5	0.7	15
2 号	1.8	3.2	7.2	9.1	1.2	7.9	11.0	0.7	13
3 号	1.4	2.5	4.8	6.5	0.7	5.8	8.3	0.7	11
4 号	0.8	1.4	3.1	4.3	0.4	3.9	5.7	0.7	9
5 号	0.5	0.9	1.9	2.3	0.2	2.1	3.1	0.7	9

表 5 –72　跨中截面 4 车偏载横向分布系数

梁　号	1 号	2 号	3 号	4 号	5 号
挠度横向分布系数	0.294	0.227	0.162	0.107	0.057
试验荷载理论分布系数	0.325	0.265	0.200	0.137	0.075

（4）其他跨静载试验数据整理及分析：略。

5.7.5.5　静载试验的结果评定

（1）应变评定：

1）第一跨跨中截面加载。在最大试验荷载作用下，实测应变小于理论计算值。正载工况应变校验系数为 0.5 ~ 0.9，卸载后的残余应变小于 20%。满足《公路桥梁承载能力检测评定规程》的要求。

2）第二跨跨中截面加载。在最大试验荷载作用下，实测应变小于理论计算值。正载工况应变校验系数为 0.4 ~ 0.8，卸载后的残余应变小于 20%。满足《公路桥梁承载能力检测评定规程》的要求。

3）第六跨跨中截面加载。在最大试验荷载作用下，实测应变小于理论计算值。正载工况应变校验系数为 0.4 ~ 0.8，卸载后的残余应变小于 20%。满足《公路桥梁承载能力检测评定规程》的要求。

（2）挠度评定：

1）第一跨跨中截面加载。在最大试验荷载作用下，实测第一跨最大正弯矩截面正载工况挠度为 9.1mm，小于对应理论计算值，正载工况挠度校验系数为 0.8；卸载后的残余变位均小于 20%，满足《公路桥梁承载能力检测评定规程》的要求，说明梁体处于整体弹性工作状态。

2）第二跨跨中截面加载。在最大试验荷载作用下，实测第二跨最大正弯矩截面正载工况挠度为 9.2mm，小于对应理论计算值，正载工况挠度校验系数为 0.7；卸载后的残余变位均小于 20%，满足《公路桥梁承载能力检测评定规程》的要求，说明梁体处于整体弹性工作状态。

3）第六跨跨中截面加载。在最大试验荷载作用下，实测第六最大正弯矩截面正载工况挠度为 9.5mm，小于对应理论计算值，正载工况挠度校验系数为 0.8；卸载后的残余变位均小于 20%，满足《公路桥梁承载能力检测评定规程》的要求，说明梁体处于整体弹性工作状态。

（3）墩顶水平及竖向位移。实测墩顶水平位移 0.6mm，墩顶竖向位移 1.1mm，满足

《公路桥梁承载能力检测评定规程》的要求。

（4）裂缝检测结果。试验过程中，各试验控制截面未观察到肉眼能见新增裂缝，结构抗裂性能满足要求。

5.7.6　动载试验

5.7.6.1　动载试验的检测内容及方法

（1）试验内容。为综合评定桥梁结构的实际承载能力和技术状况，有必要对新建的大跨径桥梁进行动载试验检测，测定桥梁的动力特性（振型、频率、阻尼系数）及动力响应（动应变、振幅、冲击系数）等，以便对结构承载能力作出全面、客观的评价。

（2）试验截面与测点布置。本次动载试验根据桥结构特点，选取试验跨跨中截面进行动力响应及动力特性试验。

（3）试验荷载与工况。根据荷载试验的目的及现场具体情况跑车工况时采用 1 辆 320kN 重车行驶，制动工况采用 1 辆 320kN 重车进行。

各具体试验工况如下：

1 车以 5km/h 时速对称于中线匀速通过全桥；

1 车以 10km/h 时速对称于中线匀速通过全桥；

1 车以 20km/h 时速对称于中线匀速通过全桥；

1 车以 30km/h 时速对称于中线匀速通过全桥；

1 车以 40km/h 时速对称于中线匀速通过全桥；

1 车以 40km/h 时速中跨制动。

5.7.6.2　动载试验结果及分析

动载试验：自振频率（特别是基频）和振型是综合分析和评价桥梁结构刚度的重要指标，试验结果如图 5-44 所示。

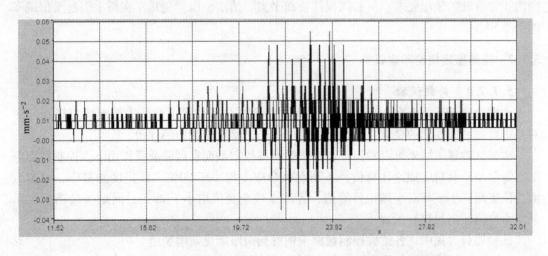

图 5-44　时速 5km/h 通过桥时梁时间—加速度竖向振动曲线

利用汽车在桥表面驶过后结构按固有频率衰减这一特点，记录结构的衰减信号来分析桥自身的基本振型。本次测试重车以 5km/h、10km/h、20km/h、30km/h 和 40km/h 车速通过桥面记录下桥的衰减信号，测点布置在跨中桥面上。

5.7.6.3　测试结果与分析

（1）跑车试验结果：以 5km/h、10km/h、20km/h、30km/h 和 40km/h 速度通过。跑车时，各种车速下桥梁结构主频几乎没有变化，结构振动基频为 2.34Hz，为典型的竖向振动频谱图，如图 5 - 45 所示。

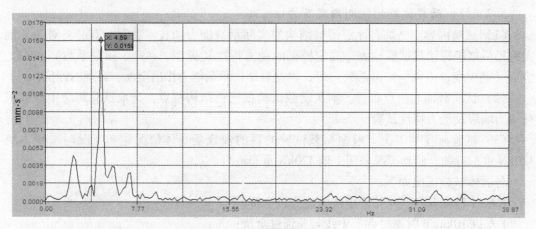

图 5 - 45　竖向振动频谱图

（2）刹车试验结果：以时速 30km/h 通过桥梁中跨跨中时紧急刹车，顺桥向刹车时，桥梁纵向和横向第一振动频率相同，均为 2.34Hz，为刚体振动频率。

（3）动荷载试验分析与评价：该桥动力特性测试的一阶面内（竖向）弯曲振动频率为 2.34Hz，大于理论计算值 2.32Hz，说明该桥整体刚度大于设计值，满足设计要求。

动载试验表明，该桥实测动力特性及动力响应基本正常，符合设计荷载在设计车速范围内正常行驶的使用要求，但必须保持桥面平整、清洁，以避免重车在桥上引起类似跳车的严重冲击。

5.7.7　检测鉴定结论和建议

5.7.7.1　静载试验

本次检验荷载效率在 0.95 ~ 1.05 之间，符合《公路桥梁承载能力检测评定规程》中对基本荷载试验规定的要求，其试验结果可用于桥梁承载能力的评价。

根据试验观测结果可以看出，该桥试验跨各控制截面在试验荷载作用下，控制截面应变实测值小于其对应理论计算值，各测点残余应变均小于 20%。在挠度测量中，控制截面变位实测值小于其对应理论计算值，各测点残余变位均小于 20%，满足《公路桥梁承载能力检测评定规程》的要求。

试验加载过程中，各试验控制截面未观察到肉眼能见新增裂缝。

总体评价结构变形规律和应变状态正常，结构强度、刚度及抗裂性满足设计荷载标准要求，能满足公路—Ⅱ级荷载要求。

5.7.7.2　动载试验

动载试验表明，该桥实测一阶竖向频率值 2.34Hz 稍大于理论计算值 2.32Hz，说明该桥整体刚度稍大于设计计算值，该结果主要是由于主梁裂缝较多，影响该桥梁整体刚度。实测动力特性及动力响应比较正常，但该桥整体刚度偏小，虽符合设计荷载在设计车速范围内正常行驶的正常使用要求，但仍需对该桥梁进行必要加固处理，提高全桥整体刚度，确保行车安全。

5.7.7.3 综合评估

通过对桥梁结构静载试验及动载试验的测试结果进行分析，该桥目前承载能力基本满足公路—Ⅱ级荷载要求，需要进行必要加固处理。

5.7.7.4 处理建议

对桥台、桥墩、盖梁等下部结构进行加固设计、对 T 梁等上部结构进行加固设计，重新设计桥面铺装，建议将栏杆改为防撞墙设计。

下部结构加固设计时，应注意对盖梁横向裂缝进行灌缝处理，对桥墩顶部横向裂缝进行灌缝处理，基层处理后，表面粘贴碳纤维布。粘贴碳纤维布加固更有利于增强墩顶部抗剪能力。

上部结构加固设计时，应注意对 T 梁腹板横向裂缝进行灌缝处理，对腹板侧面、横隔板、腹板与翼缘板交接处的裂缝进行灌缝处理，对钢筋锈蚀处进行除锈修补。基层处理后，表面粘贴碳纤维布。

鉴于该桥梁支座老化及变形较严重，建议更换支座。

建议根据《公路桥涵养护规范》（JTG H11—2004）第 3.3.1 条规定，对该桥进行定期检查，及时掌握桥梁的工作状态。

5.8 某景观索桥检测鉴定

项目立面图和平面图如图 5-46 所示。

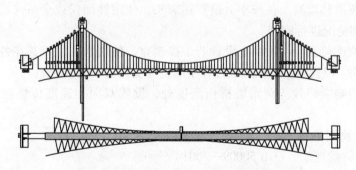

图 5-46 某景观索桥立面图和平面图

5.8.1 工程概况

某景观索桥主体结构形式为钢结构人行悬索桥。3 号索桥塔柱为钢筋混凝土结构，塔柱间设钢筋混凝土横梁，使得桥塔呈现 H 形，桥塔顶部为滑动鞍座。每根主缆由 7 根 ϕ32 钢丝绳组成，通过拉杆锚固在两端主缆锚碇上。风缆主索为一根 ϕ32 钢丝绳，通过拉杆锚固在两端风缆锚碇上，风缆拉索为一根 ϕ10 钢丝绳，通过滑轮连接主梁和风缆主索。两岸锚碇均采用重力式钢筋混凝土锚碇。

5.8.2 检测目的、内容及依据

5.8.2.1 检测目的

该景观索桥已经全部完工，因桥长宽比大于 50，侧向刚度较小，在行人通过桥面时会发生晃动，为了保证桥梁的安全和正常使用以及桥上行人的通行安全，需要进行设计荷载工况下的桥梁静态荷载试验，以验证成桥承载能力是否符合设计及规范要求，是否可以进行施工验收工作。应业主要求，对该景观索桥进行设计荷载工况下的静动荷载试验，并根据荷载试验数据及分析结果，做出成桥承载能力评价结论。

5.8.2.2 检测范围和内容

对于该景观索桥的承载能力进行现场荷载试验，荷载试验加载方式采用沙袋加载，加载级别为 0.1P、0.3P、0.5P、0.8P、1.0P，其中 P 为设计荷载值，加载过程中待每级荷载稳定 15min 后进行读数。如在分级加载试验过程中发现异常情况，则立即停止加载，分析其原因，根据分析结果决定下一步行动方案。

现场检测的主要项目为在加载过程中的缆索（主缆、风缆、竖向吊索）受力、索塔应力、锚杆应力、锚碇位移、鞍座滑移、桥面挠度、桥动力响应特性等项目。

（1）缆索受力监测。通过索力测试设备监测主缆、风缆、竖向吊索在不同荷载级别工况下受力情况及其分布。

（2）索塔应力监测。在索塔根部布置应变测点，接入 IMP 测试系统进行实时监测。3号桥设置 16 个测点。

（3）锚杆应力监测。在锚杆上布置应变测点，接入 IMP 测试系统进行实时监测。桥各端选取 6 对 12 根锚杆进行监测。

（4）锚碇位移监测。在锚碇上设置标志头，使用经纬仪或全站仪对其在各级荷载作用下发生的位移进行监测。

（5）桥鞍座滑移监测。在鞍座上设置标志头，使用经纬仪或全站仪对其在各级荷载作用下发生滑移情况进行监测。

（6）桥面挠度监测。在桥面上设置若干控制点，使用水准仪对其在各级荷载作用下的高程进行监测，以反映桥身在加载过程中的挠度变化。

（7）桥动力响应特性。在索塔桥面高度处，设置双向加速度传感器进行索塔振动监测。

5.8.2.3 检测依据

《建筑结构荷载规范》（GB 50009—2001）；

《钢结构设计规范》（GB 50017—2003）；

《建筑结构检测技术标准》（GB/T 50344—2004）；

《建筑变形测量规程》（JGJ/T 8—1997）；

《钢结构工程施工质量验收规范》（GB 50205—2001）；

相关设计图纸、资料。

5.8.3 景观 3 号桥荷载试验检测分析

现场对该桥进行了全面的荷载试验检测工作，现场检测工作照片如图 5 – 47、

图 5 - 48 所示。

图 5 - 47 桥面加载

图 5 - 48 索力检测仪

5.8.3.1 缆索受力监测

现场使用索力测试仪监测主缆、风缆、竖向吊索在不同荷载级别工况下受力情况,分级加载监测数据汇总见表 5 - 73。

表 5 - 73 分级加载中主缆、风缆、竖向吊索最大内力值　　　　　　　　　　（kN）

分级	施加荷载值	主缆力	风缆力	竖向吊索力
1	0.1P	12.7	4.8	2.5
2	0.3P	36.8	12.7	6.9
3	0.5P	62.9	21.8	11.4
4	0.8P	99.5	33.6	19.1
5	1.0P	121.8	42.5	22.6

从表 5 - 73 数据可知,主缆张力最大为 121.8kN,与其破断力值 666.4kN 相比,安全裕度比较大。同样地,对于风缆和竖向吊索而言,其安全裕度也很大。

5.8.3.2 索塔应力和位移监测

现场在索塔根部布置应变测点,接入 IMP 测试系统进行实时监测;同时监测塔顶沿桥向和横向的位移。分级加载监测数据汇总见表 5 - 74。

表 5 - 74 分级加载中索塔根部最大压、拉应变值（$\mu\varepsilon$）和索塔顶部最大位移值（mm）

分 级	施加荷载值	最大压应变	最大拉应变	沿桥向位移	横向位移
1	0.1P	18	2	0.5	0.4
2	0.3P	49	7	1.3	0.8
3	0.5P	80	12	2.2	1.3
4	0.8P	132	20	3.4	1.8
5	1.0P	153	27	4.2	2.3

由表 5 - 74 数据可知,索塔根部最大压应变为 153$\mu\varepsilon$,最大拉应变为 27$\mu\varepsilon$,现场观察可知,受拉区和受压区混凝土工作正常,无受力裂缝产生;同时,索塔顶部双向位移都

很小。综上所述，可认为索塔可以正常工作，其安全性满足设计和规范要求。

5.8.3.3　锚杆应力监测

现场在锚杆上布置应变测点，接入 IMP 测试系统进行实时监测，分级加载监测数据汇总见表 5 - 75。

表 5 - 75　分级加载中锚杆最大内力值　　　　　　　　　　　　（kN）

分　级	施加荷载值	锚杆最大拉力
1	0.1P	15.6
2	0.3P	42.7
3	0.5P	68.3
4	0.8P	112.5
5	1.0P	135.5

从表 5 - 75 数据可知，主缆张力最大为 135.5kN，与其破断力值 548.8kN 相比，安全裕度比较大。

5.8.3.4　锚碇位移和鞍座滑移监测

在锚碇上设置标志头，使用经纬仪或全站仪对其在各级荷载作用下发生的位移进行监测，加载过程中重力式锚碇未见有位移和相对滑动。

该桥索塔顶部为滑动鞍座，现场在鞍座上设置标志头，使用经纬仪或全站仪对其在各级荷载作用下发生滑移情况进行监测，检测结果表明，鞍座滑动正常。

5.8.3.5　桥面挠度监测

现场在桥面上设置若干控制点，使用水准仪对其在各级荷载作用下的高程进行监测，以反映桥身在加载过程中的挠度变化。分级加载监测数据汇总见表 5 - 76。

表 5 - 76　分级加载中索桥面挠度值　　　　　　　　　　　　（mm）

分　级	施加荷载值	1/4 跨长	1/2 跨长	3/4 跨长
1	0.1P	532	579	518
2	0.5P	619	712	597
3	1.0P	694	890	672

从表 5 - 76 数据可知，索桥跨中最大挠度为 890mm，挠跨比约为 1/181，认为桥梁加载的变形可以满足设计要求。

5.8.3.6　桥动力特性监测

该桥面由横梁经纵向槽钢连接，桥面两端与桥台部位只是简单搭接，因此整个桥面可以看作是一个相对独立体系，而两端桥塔作为支撑点，因此可以独立测试分析相应部位的动力特性。测试范围包括：塔柱部分（桥梁的塔柱纵向频率、横向频率），桥面（桥面纵向频率、横向频率和竖向频率）。在索塔桥面高度处，设置双向加速度传感器进行索塔振动监测。分级加载监测数据图如图 5 - 49 所示。

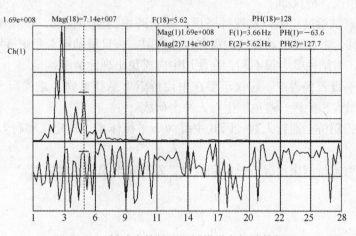

图 5 - 49　桥动力特性监测桥塔纵向振动数据图

动力特性监测数据汇总见表 5 - 77。

表 5 - 77　索桥动力特性数据值

结　构	横向频率	纵向频率	竖向频率
1 号桥塔	6.10Hz	3.91Hz	
2 号桥塔	6.16Hz	3.85Hz	
桥面及主缆	2.20Hz	2.44Hz	1.95Hz
主缆动内力增量	0.29kN	锚杆动内力增量	0.27kN
风缆动内力增量	0.18kN	桥塔动拉应变增量	$22\mu\varepsilon$
吊杆动内力增量	0.05kN	桥塔动压应变增量	$24\mu\varepsilon$

5.8.4　检测结论和使用建议

5.8.4.1　检测结论

根据《建筑结构荷载规范》（GB 50009—2001）、《钢结构设计规范》（GB 50017—2003）和《钢结构工程施工质量验收规范》（GB 50205—2001）及现场检测数据分析结果，可以认为：

该索桥在加荷载过程中及满荷载作用下的构件内力和变形满足设计和规范的相关要求，有足够的安全储备，可以进行验收并正常使用。

5.8.4.2　使用建议

因为该桥桥面为柔性结构，长宽比很大且侧向刚度较小，桥体中部横向约束不足，经测试发现桥面横向振动频率较低，不利于抵抗桥面冲击荷载，必须避免策动力频率与结构固有频率接近时产生共振现象，否则索桥容易产生较大振幅，不利于行人和结构安全。

针对上述情况，建议如下：

（1）在加载试验过程中，发现桥塔顶有偏于跨中的微小位移，桥鞍座内索也有偏于跨中的微小滑移，考虑到滑动鞍座内滑移尺寸有限，一旦滑轴被卡死则桥塔根部会受到很大的附加弯矩，对结构受力很不利，在使用中应避免出现此情况。

（2）在桥头设置警告牌，建议不要在中段桥索上悬挂重物，建议行人在桥上通行时不可剧烈晃动吊索和护栏，避免产生行人冲击荷载。

（3）严格控制桥上通行人数，因其主缆为不平衡体系，故建议将行人数量控制在70人以内。

（4）建议对索桥健康状况进行定期检查，发现安全隐患及时处理。

参 考 文 献

[1] 袁海军，姜红．建筑结构检测鉴定与加固手册［M］．北京：中国建筑工业出版社，2003.
[2] 韩继云．建筑物检测鉴定加固改造技术与工程实例［M］．北京：化学工业出版社，2008.
[3] 张立人，卫海．建筑结构检测、鉴定与加固（第2版）［M］．武汉：武汉理工大学出版社，2012.
[4] 卫龙武，吕志涛，郭彤．建筑物评估加固与改造［M］．南京：江苏科学技术出版社，2006.
[5] 卜乐奇，陈星烨．建筑结构检测技术与方法［M］．长沙：中南大学出版社，2003.
[6] 柳柄康，吴胜兴，周安．工程结构鉴定与加固改造［M］．北京：中国建筑工业出版社，2008.
[7] 牛继涛．既有结构可靠性评定与加固［M］．北京：科学出版社，2011.
[8] 李渝生，苏道刚．地基工程处理与检测技术［M］．成都：西南交通大学出版社，2010.
[9] 手册编委会．建筑结构试验检测技术与鉴定加固修复实用手册［M］．北京：世图音像电子出版社，2002.
[10] 韩继云．土木工程质量与性能检测鉴定加固技术［M］．北京：中国建材工业出版社，2010.
[11] 宋彧．工程结构检测与加固［M］．北京：科学出版社，2005.
[12] 吴体．砌体结构工程现场检测技术［M］．北京：中国建筑工业出版社，2012.
[13] 周详，刘益虹．工程结构检测［M］．北京：北京大学出版社，2007.
[14] 张可文．结构检测·鉴定·加固工程施工新技术典型案例与分析［M］．北京：机械工业出版社，2011.
[15] 冯文元，冯志华．建筑结构检测与鉴定实用手册［M］．北京：中国建材工业出版社，2007.
[16] 河南省建设工程质量监督总站编．地基基础工程检测［M］．郑州：黄河水利出版社，2006.
[17] 刘明．土木工程结构试验与检测［M］．北京：高等教育出版社，2008.
[18] 林维正．土木工程质量无损检测技术［M］．北京：中国电力出版社，2008.
[19] 中华人民共和国建设部．建筑结构检测技术标准（GB/T 50334—2004）［S］．北京：中国建筑工业出版社，2009.
[20] 中华人民共和国住建部．混凝土结构现场检测技术标准（GB/T 50784—2013）［S］．北京：中国建筑工业出版社，2013.
[21] 中华人民共和国住建部．钢结构现场检测技术标准（GB/T 50621—2010）［S］．北京：中国建筑工业出版社，2010.
[22] 交通运输部公路科学研究院．公路桥梁技术状况评定标准（JTG/T H21—2011）［S］．北京：人民交通出版社，2011.
[23] 张美珍．桥梁工程检测技术［M］．北京：人民交通出版社，2007.
[24] 张俊平．桥梁检测［M］．北京：人民交通出版社，2002.
[25] 范智杰．隧道施工与检测技术［M］．北京：人民交通出版社，2006.
[26] 刘自明，陈开利．桥梁工程检测手册［M］．北京：人民交通出版社，2010.
[27] 程绍革．建筑抗震鉴定技术手册［M］．北京：中国建筑工业出版社，2012.
[28] 王济川，卜良桃．建筑物的检测与抗震鉴定［M］．长沙：湖南大学出版社，2002.
[29] 柳炳康．工程结构鉴定与加固［M］．北京：中国建筑工业出版社，2000.
[30] 重庆市土地房屋管理局．危险房屋鉴定标准（JGJ/125—1999）［S］．北京：中国建筑工业出版社，1999.
[31] 四川省建设委员会．民用建筑可靠性鉴定标准（GB 50292—1999）［S］．北京：中国建筑工业出版社，1999.
[32] 中冶建筑研究总院有限公司．工业建筑可靠性鉴定标准（GB 50144—2008）［S］．北京：中国建筑工业出版社，2008.

［33］重庆交通科研设计院．公路隧道设计规范（JTG D70—2004）［S］．北京：中国建筑工业出版社，2004.

［34］惠云玲，常好诵，弓俊青，黄新豪．工业建筑结构全寿命管理可靠性鉴定及实例［M］．北京：中国建筑工业出版社，2011.

［35］袁海军，朱跃武．建设工程检测鉴定技术要点与典型案例［M］．北京：中国环境出版社，2013.

冶金工业出版社部分图书推荐

书　名	作　者	定价(元)
冶金建设工程	李慧民　主编	35.00
建筑工程经济与项目管理	李慧民　主编	28.00
土木工程安全管理教程（本科教材）	李慧民　主编	33.00
现代建筑设备工程（第2版）（本科教材）	郑庆红　等编	59.00
土木工程材料（本科教材）	廖国胜　主编	40.00
混凝土及砌体结构（本科教材）	王社良　主编	41.00
岩土工程测试技术（本科教材）	沈　扬　主编	33.00
地基处理（本科教材）	武崇福　主编	29.00
工程地质学（本科教材）	张　荫　主编	32.00
工程造价管理（本科教材）	虞晓芬　主编	39.00
建筑施工技术（第2版）（国规教材）	王士川　主编	42.00
建筑结构（本科教材）	高向玲　编著	39.00
建设工程监理概论（本科教材）	杨会东　主编	33.00
土力学地基基础（本科教材）	韩晓雷　主编	36.00
建筑安装工程造价（本科教材）	肖作义　主编	45.00
高层建筑结构设计（第2版）（本科教材）	谭文辉　主编	39.00
土木工程施工组织（本科教材）	蒋红妍　主编	26.00
施工企业会计（第2版）（国规教材）	朱宾梅　主编	46.00
工程荷载与可靠度设计原理（本科教材）	郝圣旺　主编	28.00
流体力学及输配管网（本科教材）	马庆元　主编	49.00
土木工程概论（第2版）（本科教材）	胡长明　主编	32.00
土力学与基础工程（本科教材）	冯志焱　主编	28.00
建筑装饰工程概预算（本科教材）	卢成江　主编	32.00
建筑施工实训指南（本科教材）	韩玉文　主编	28.00
支挡结构设计（本科教材）	汪班桥　主编	30.00
建筑概论（本科教材）	张　亮　主编	35.00
Soil Mechanics（土力学）（本科教材）	缪林昌　主编	25.00
SAP2000结构工程案例分析	陈昌宏　主编	25.00
理论力学（本科教材）	刘俊卿　主编	35.00
岩石力学（高职高专教材）	杨建中　主编	26.00
建筑设备（高职高专教材）	郑敏丽　主编	25.00
岩土材料的环境效应	陈四利　等编著	26.00
建筑施工企业安全评价操作实务	张　超　主编	56.00
现行冶金工程施工标准汇编（上册）		248.00
现行冶金工程施工标准汇编（下册）		248.00